1st edition

영양생화학

Nutritional Biochemistry

김송전 · 오성천 지음

청구문화사

머 리 말

현대 사회에서는 경제 발전과 더불어 생활수준의 향상으로 인하여 국민의 건강에 관한 관심과 욕구가 급속도로 증대되고 있는 실정이며 이러한 현상에 부응하여 영양과 건강에 관한 학문분야도 눈부신 발전을 거듭하고 있다.

건강은 개인의 행복을 추구하는데 필요하며 나아가 국가의 안위와 번영에도 절대적으로 필요한 가장 기본적인 요건임을 재론할 필요는 없을 것이다. 도한 우리가 갈망하는 건강의 가장 기본은 양호한 영양이라는 사실 역시 재론할 필요도 없을 것이다.

생물이 생명유지에 필요한 물질을 섭취하는 것을 영양이라고 하며 섭취하는 물질을 영양소라고 하는데 음식물 중에 함유되어 있는 5대 영양소에는 탄수화물, 지방, 단백질, 무기질, 비타민 등이 있는데, 이것들이 생체를 구성하는 기본물질이 된다. 이들 영양소는 에너지원으로서 생명유지와 인체 내의 물질대사와 생리적 기능을 조절함으로서 인간의 건강과 수명에 밀접한 관계가 있다.

영양생화학은 인체를 구성하는 물질들의 생화학적 성분과 기능을 조사하고 그 물질들이 인체 내에서 어떠한 생화학적인 변화를 일으키는지를 알아보고 더 나아가 이 물질들의 변화가 생명현상에 어떤 영향을 미치는지를 연구하는 학문이다. 이 책에서는 영양소에 관한 생화학적 기초지식을 정리하였으며 영양 과잉 및 결핍에 따르는 건강과의 관계도 알기 쉽게 다뤘다.

본 교재의 출판을 계기로 금후의 발전을 기대하며 이 책의 펴냄에 있어서 기꺼이 출판을 맡아 고생을 감수해 주신 청구문화사 이상태사장님과 편집부 여러분께 사의를 표하는 바이다.

2014년 9월

저자 씀

차 례

chapter 1

세포

제1장
세포

1. 원핵세포(prokaryotes)와 진핵세포(eukaryotes)

생물의 세포에는 원핵세포와 진핵세포가 있다. 원핵세포에는 핵막이 없어서 일정한 핵이 없고 핵 영역만 있다. 그리고 미토콘드리아나 골지체 같은 복잡한 세포 내 소기관도 없다. 원핵세포를 가진 생물에는 세균(bacteria)과 남조류(blue green algae)가 있다. 진핵세포에는 핵막과 핵이 있고, 크며 세포 내 소기관을 가지고 있어서 복잡하다[표 1-1].

표 1-1 진핵세포와 원핵세포의 비교

구분	진핵세포	원핵세포
핵막과 인	있다	없다
핵소체	있다	없다
소포체	있다	없다
골지체	있다	없다
세포분열	유사분열	무사분열
호흡효소	mitochondria	mesosome
리보솜	80S	70S
운동기관(편모)	9+2	단일 섬유
세포의 크기	10㎛이상	1~10㎛
소재	고등생물, 미생물	미생물에만 있는 것

2. 진핵세포의 구조와 기능

세포(cell)란 희랍어의 작은 방이란 의미에서 유래되었다. 1669년에 R. Hook (1635~1703)가 cork 단면을 현미경으로 관찰하고 발견한 작은 방에 붙여진 이름이다. 그러나 이것은 세포질이 사멸되고 세포벽만 남아있었던 빈방이었다.
생물체를 구성하는 세포는 여러 형으로 변형되지만 그 하나하나의 세포가 한 개체의 전체와 똑 같은 대사를 영위하고, 생활하고 있기 때문에 결국 세포는 생명의 단위이다. 한 개의 생물체를 나타내는 생명현상은 각 세포작용의 총합에 불과하다. 여기서는 진핵세포의 구조물을 중심으로 세포를 설명한다[그림 1-1].

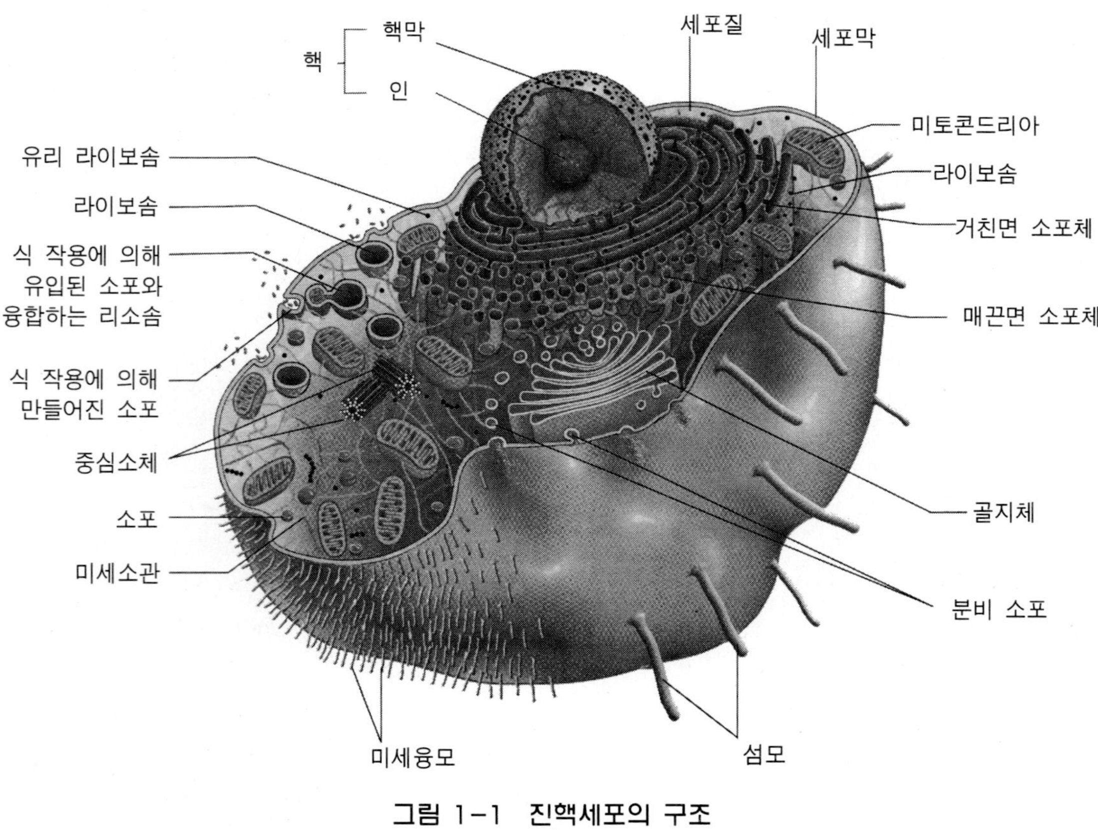

그림 1-1 진핵세포의 구조

1) 세포질(cytoplasm)

세포질은 세포의 수용성 부분으로 주성분이 단백질이고 그 외에 핵산과 지질 그리고 여러 종류의 염류용액이 혼합되어 있는 아주 점성이 높은 교질(colloid)을 말한다. 그리고 원형질이란 세포질 외에 핵을 포함한 것을 말한다. 세포질인 교질에서는 항상 물리적 또는 화학적 변화가 일어나서 생명현상이 영위된다. 세포질에는 미토콘드리아(mitochondria), 소포체, 리소좀 등의 소기관 등이 함유되어 있다.

세포질의 기능에는 해당 작용과 지방산합성 등이 있고, 그 외에 글리코겐, 지방 등의 저장물질 및 분비액과 액포 등을 저장하는 저장기능이 있다.

2) 세포막(cell membrane)

세포질의 가장 외측은 2중 막 구조를 가진 세포막으로 되어 있다. 세포막은 세포에 물질이 출입하는 경계 면이고, 또 세포의 형태를 규정하는 것도 이 막이다. 이 세포막은 인지질의 분자 층과 그것을 양측에서 둘러싸고 있는 단백질 분자의 막으로 이루어져 있다. 이 세포막의 외측에는 다당류를 함유한 층이 덮여있다. 동물세포에서는 이것이 뚜렷하지 않고 나선처럼 보이지만 많은 식물세포에서는 이것이 두껍게 되어서 세포벽을 만든다[그림 1-2].

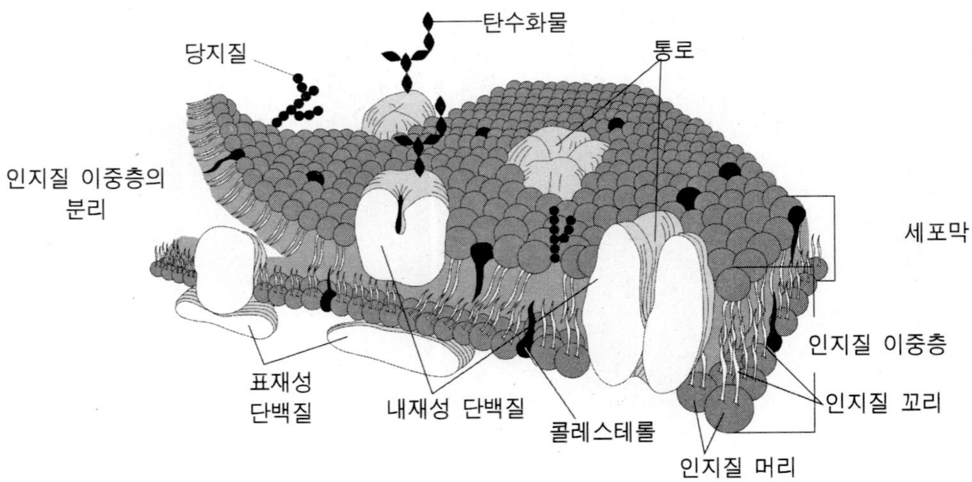

그림 1-2 세포막의 구조

3) 핵(nucleus)

세포에는 대개 1개의 핵이 있고, 핵은 세포분열시 생물의 종류에 따라 형태와 수 등이 항상 일정한 염색체로 구성되었으며, 그 염색체는 규칙 바른 행동을 한다. 예를 들면 인체의 세포에서는 22쌍의 상염색체와 1쌍의 성염색체(남자에서는 XY, 여자에서는 XX)로 모두 23쌍의 염색체가 발견된다. 염색체는 핵산과 단백질(histone)로 구성되었고, 유전현상과 밀접한 관계를 가진 것으로 세포 내용물 중 가장 중요한 것이다. 핵 속에는 1개 내지 수 개의 핵소체(인)가 있고, 핵은 핵막으로 세포질과 경계를 이루지만 핵분열 시에는 핵막과 핵소체가 소실된다.

4) 미토콘드리아(mitochondria)

세포질 속에는 특별한 색소로 염색되는 봉상의 미토콘드리아가 산재되어 있다. 이 미토콘드리아는 길이가 1~4㎛이고, 폭이 0.3~0.7㎛인 원통형으로 2중 막을 가지며, 그 내막은 안쪽으로 주름을 만들어 격벽처럼 보이는 능(crista)을 만든다. 내부에는 간질(matrix)이라고 하는 가용성 성분이 있다. 미토콘드리아는 영양소가 호흡에 의하여 이화작용을 받고 ATP를 생성하는 장소이다[그림 1-3].

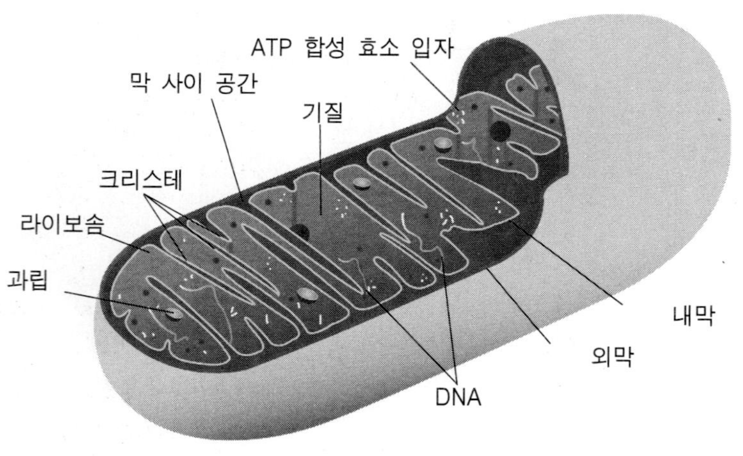

그림 1-3 미토콘드리아의 구조

5) 소포체(endoplasmic reticulum, ER)

핵 및 미토콘드리아를 둘러싼 세포질은 소포체라고 하는 막이 있는데 세포에 따라서 발달 정도 및 형태가 달라서 작은 주머니가 염주처럼 연결되어 있거나 납작한 주머니가 포개진 것처럼 보인다. 소포체에는 조면소포체와 활면소포체가 있다.

(1) 조면소포체(rough endoplasmic reticulum)

간이나 췌장세포처럼 분비기능을 가진 세포에서는 소포체에 적합한 핵산과 단백질로 이루어진 미세한 과립이 있는데 이 과립을 리보솜(ribosome)이라 하며 이와 같이 리보솜을 가지고 있는 소포체를 조면소포체라 한다. 리보솜은 아미노산으로부터 단백질을 합성한다.

(2) 활면소포체(smooth endoplasmic reticulum)

활면소포체는 세포막처럼 인지질과 단백질로 만들어졌고, 세포막과 핵막에 연결되어 있어서 서로 연락하고 있다. 물질의 수송로를 이루는 것으로 생각되고, 근육에서는 자극흥분의 전도 장소이며, 어느 세포에서는 물질의 수산화반응에 관여한다. 이 골지체의 주요한 역할은 분비액을 저장하는 곳이다. 활면소포체에는 리보솜이 없다.

6) 용해소체(lysosome)

미토콘드리아보다 약간 작은 과립으로 핵산과 단백질을 가수분해하는 효소가 함유되어 있다. 리소좀도 인지질과 단백질로 만들어진 2중 막으로 둘러싸여 있고, 리소좀이 파괴되면 그 속의 가수분해효소가 활동해서 세포내로 이동된 물질의 소화 역할을 한다.

7) 미소체(microbody)

세포 내 소기관에는 퍼옥시좀(peroxisome)과 글리옥시좀(glyoxysome)같은 것이 있다. 이것들을 미소체라고도 한다. 이 미소체는 동·식물과 원생생물의 미토콘드리아나 엽록체 근처에서 발견된다. 동물에서는 간과 신장의 세포에 많이 분포되어 있다.

간과 신장의 퍼옥시좀(peroxisome)은 주로 카탈라아제(catalase)이므로 다음 식과 같이 분해 작용을 촉매 한다.

$$2H_2O_2 \rightarrow 2H_2O + O_2$$

여기서 퍼옥시좀 효소의 역할은 세포를 보호하는 것이다. 과산화수소는 세포 내 화학작용의 산물로 다량 생성될 수 있는 반응성이 큰 산화제로 다소 위험한 화합물이다.

글리옥시좀은 종자의 지질 저장 부위에 많이 분포되어 있는 미소체이다. 글리옥시좀의 효소는 저장된 지질을 당으로 전환시켜서 어린 식물이 광합성을 통해 양분을 합성할 때까지 도와준다.

3. 사람 세포의 형태와 기능

1) 상피세포

인체의 여러 기관 중에서 장의 기원이 되는 원장(archenteron)이 가장 빨리 발생한다. 간, 췌장뿐만 아니라 호흡기 및 요도 등도 원장에서 발생한다. 원장은 장기의 고향이라 말할 수 있다. 소화관의 내면을 덮는 상피조직에 여러 종류의 세포가 혼합되어 있다. 세포는 같은 종류의 것이 집합해서 조직을 형성해야만 기능을 발휘할 수 있다. 간 및 췌장에는 동종의 세포가 집합하여 있지만 소화관은 다르다. 즉 소화관은 안쪽에서부터 점막층, 근육층, 장막층 등으로 분류 된다[그림 1-4]. 점막층은 복잡해서 다시 상피층, 고유층, 점막근판, 점막하조직층 등으로 분류된다. 음식물과 접촉하고, 외계와 내계를 구분하는 중요한 층이 상피층이다. 상피층은 기본적으로 원추형 세포가 일렬로 늘어서 있지만 식도에서는 예외적으로 중층편평상피세포를 가진다.

상피층 외측에 고유층이 있고, 이 고유층에는 세포성분이 풍부한 결합조직이 있으므로 림프절과 유사한 구조라 생각하면 좋다. 이 고유층 세포의 반 이상은 림프구, macrophage, 과립백혈구 등이다.

고유층 외측에 점막근판이라고 하는 판상의 평활근층이 있고, 점막근판과 근육층 간에 퍼져있는 점막하 조직은 혈관, 신경, 림프관 등이 통과하는 엉성한 조직으로 세포가 많지 않다. 점막하 조직층은 혈관과 신경의 통로로 이해하는 것이 좋다.

근육층은 기본적으로 내윤주근과 외종주근으로 되었고, 양자는 직교하는 경우가 많다. 근육층의 외측에는 장막층의 얇은 막이 있다. 장막층의 표면은 단층 편평상피이다. 그러나 흉강 및 복강의 밖에 있는 식도와 직장은 장막층을 갖고 있지 않다.

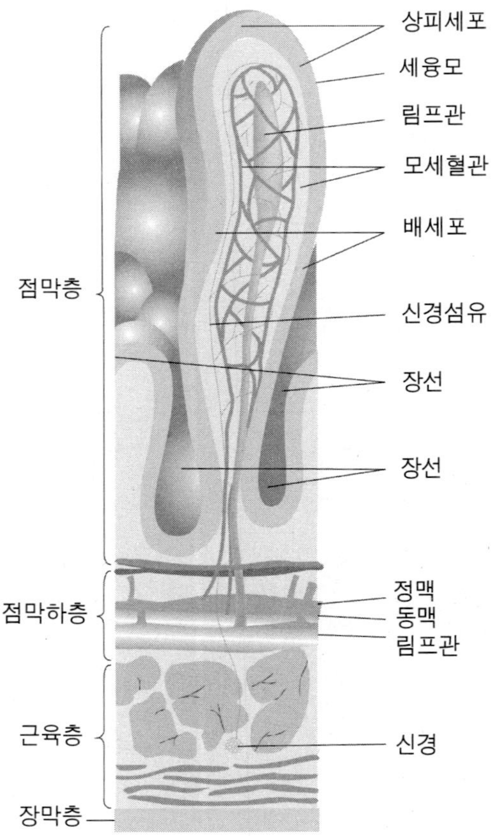

그림 1-4 소장의 기본구조

(1) 위 세포

위의 식도 쪽 3/4은 위산 분비영역이고, 이 영역의 점막층은 관상의 위선이 차지하고 있다. 위선은 4종류의 세포, 즉 벽세포, 부세포, 주세포, 소화관 내분비세포로 구성되었다[그림 1-5].

벽세포는 위선을 대표하는 대형의 세포로 산성의 위액(HCl)을 대량으로 방출하고, 주세포는 위선의 아래 쪽에 많고 단백질 분해효소인 pepsinogen을 분비하며 효소 단백질을 합성하는 조면소포체 및 골지체가 발달한 세포이다.

위 점막에서 위의 표면을 덮고 있는 점액세포는 벽세포에 의하여 분비된 위산이나 주세포에 의하여 분비된 pepsin으로부터 위를 보호한다. 그래서 이 점액세포가 생산하는 점액물질이 부족하면 위 점막이 자기소화액에 의하여 소화되어서 위염 및 위궤양을 일으킨다.

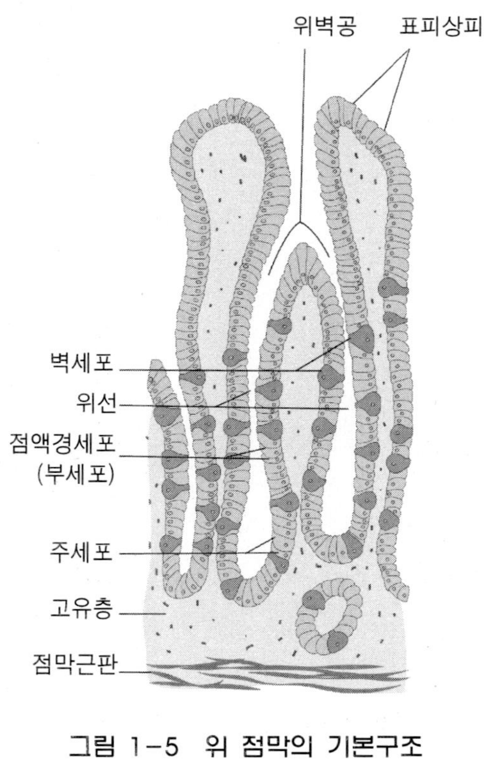

그림 1-5 위 점막의 기본구조

(2) 장 점막상피세포

소장과 대장의 점막상피를 구성하는 세포에는 장 세포, 배세포(gobelt cell), 내분비세포(기저과립세포)가 있고, 소장에는 이것 외에 파네드 세포(Paneth's cell)가 더 있다[그림 1-6].

장 세포는 소낭선에서 분화되어 융모의 선단으로 이동하고, 2~3일의 짧은 수명을 가진 세포이다. 장 세포들은 서로 결합장치로 견고하게 결합되어 있기 때문에 이온의 형태가 아니면 내부로 통과할 수 없도록 관문을 가지고 있다.

배세포는 각종 점막, 특히 호흡기, 기도 및 장의 점막상피세포에 있는 단세포의 점액선으로 세포의 상부에 큰 점액방울이 축적되어서 술잔모양으로 부풀어진다. 특히 장 점막층에 산재해 있는 점액세포는 당질이 풍부한 점액을 생산하고 분비한다. 그리고 내분비 세포에서는 소화호르몬인 secretin, cholecystokinin 등을 분비한다.

파네드 세포(Paneth's cell)는 세포 기저부에 가까이 있는 구상핵 또는 난형핵을 가진 좁은 추상체 또는 원주상의 상피세포로 Liberkuhn선 기저부에 존재하고, peptidase를 함유하기도 하는 커다란 분비성 과립을 갖는다. 이 세포가 분비하는 과립성분으로 세균용해효소인 리소짐(lysozyme)이 알려져 있다.

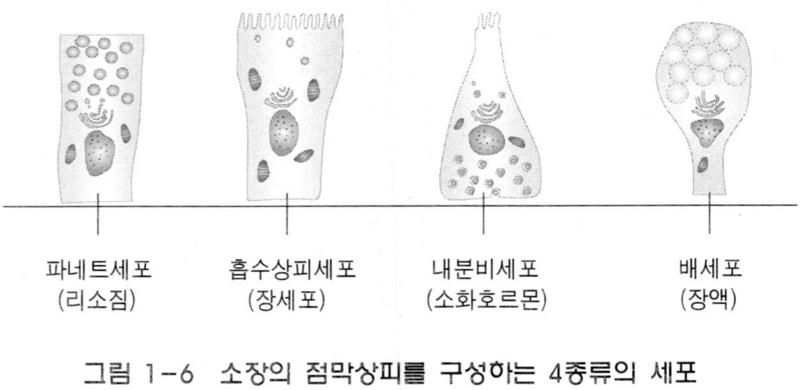

그림 1-6 소장의 점막상피를 구성하는 4종류의 세포

(3) 간세포

간이나 췌장도 장관에서 유래되고, 선 세포와 도관부로 되어 있다. 간은 담즙을 생산하고 분비하는 선인 동시에 문맥을 통해 영양소가 풍부한 혈액을 흡수하며, 그것을 최초로 처리하는 중요한 역할을 담당한다. 간세포는 양면, 즉 모세담관에 접하는 면과 동양모세혈관(유동)으로 향하는 면을 가지고 있다. 전자에서는 담즙을 분비하고, 후자에서는 혈액과 물질의 교환이 일어난다. 간의 기능으로 문맥에서 받아들인 영양소를 처리하고, 독소를 해독하는 일이 중요시되고 있지만 몸속에서 제일 큰 소화선인 것도 또한 잊어서는 아니 된다[그림 1-7].

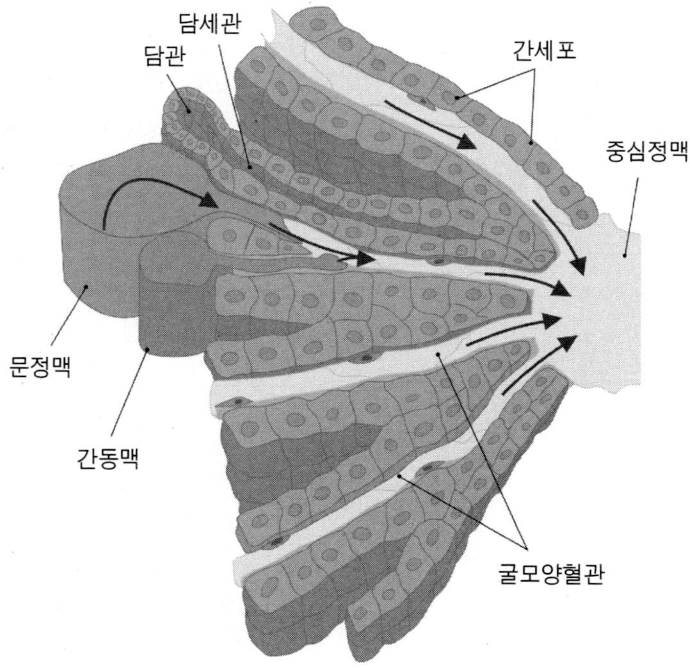

그림 1-7 간의 단면도

(4) 췌장세포

췌장은 포도송이와 유사한 형태를 하고 있는데 포도에 해당되는 부분이 선 송이이다.

선 송이 세포는 전형적인 단백질 분비세포이다. 선송이 세포의 기저층에는 조면소포체가 층상으로 두껍게 발달하여 있다. 췌장 효소가 혈액 속으로 들어가게 되는 것은 선송이 세포간의 접착장치가 불완전하기 때문에 생기는 것으로 보는 견해와 분비과립의 일부가 선송이 세포에서 개구 방출되기 때문에 생긴 것으로 보는 견해가 있다. 결론은 새어나가지 않는다는 것이다[그림 1-8].

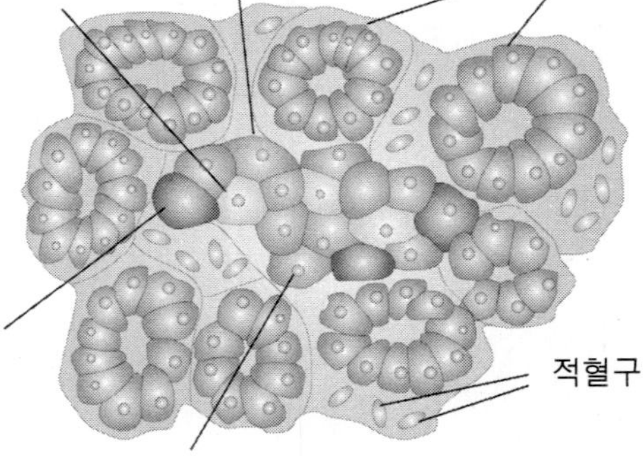

그림 1-8 췌장의 구조

2) 근육세포

근육세포는 actin filament와 myosin filament로 구성되었고 수축력을 가진다. 근육세포는 가늘고 긴섬유사의 신축성 세포이기 때문에 근섬유라고도 한다. actin filament와 myosin filament가 질서 정연하게 나란히 고막처럼 만들어진 것이 횡문근이고, 고막처럼 되지 않은 것이 평활근이다[그림 1-9]. 횡문근에는 골격근과 심근이 있다.

골격근 섬유는 세포가 합체할 수 있다. 1개의 근 섬유는 굵고, 핵은 주변부에 모여 있다. 이것에 비해서 심근섬유와 평활근섬유는 독립된 1개의 세포로 핵은 중앙부에 1개 존재한다. 근육세포의 수축운동에는 칼슘이온(Ca^{2+})이 필요하다. 그래서 근육세포는 칼슘이온을 저장함과 동시에 칼슘이온을 근섬유 전체에 민첩하게 공급하기 위해서 활면소포체가 발달되어 있다. 소포체 이외에 미토콘드리아와 에너지원인 글리코겐도 많이 있다.

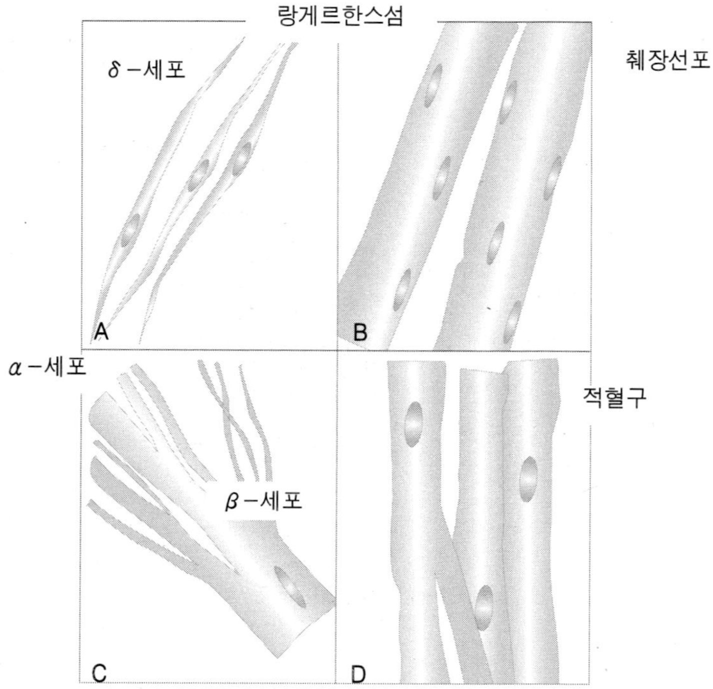

그림 1-9 평활근과 횡문근의 횡단면

3) 혈구세포(blood cell)

혈액에는 세포 성분인 혈구세포와 세포 외액인 혈장이 있다. 혈구에는 다음과 같은 종류가 있다.

포유류의 적혈구(erythrocyte)에는 핵이 없다. 무핵의 장점은 적혈구의 표면적이 증가되어도 변형능의 증가로 자기의 직경보다 가는 모세혈관을 통과할 수 있다. 백혈구(leukocyte)는 대형의 구형세포로 식작용, 항체생산 등으로 생체의 방어계를 담당한다[그림 1-10].

- 혈구
  - 적혈구
  - 백혈구
    - 과립구
      - 호중구 – 과립구 중 제일 많고, 염증이 생기면 대개 이 세포가 활약한다. 유주능과 식균작용이 있다.
      - 호산구 – 소화관 및 기도에 많고, allergy질환 및 기생충 감염 시 증가된다.
      - 호염기구 – 비만세포(mast cell)와 관계가 있다.
    - 무과립구
      - 림프구
        - T림프구 – 흉선에서 분화된 세포로 종양세포를 공격하는 세포성 면역을 담당한다
        - B림프구 – 골수에서 분화된 세포로 항체(액성 면역)를 생산한다.
      - 단구 — 혈관 외로 나와서 macrophage로 된다. 식균능이 강해서 식세포계라 한다.

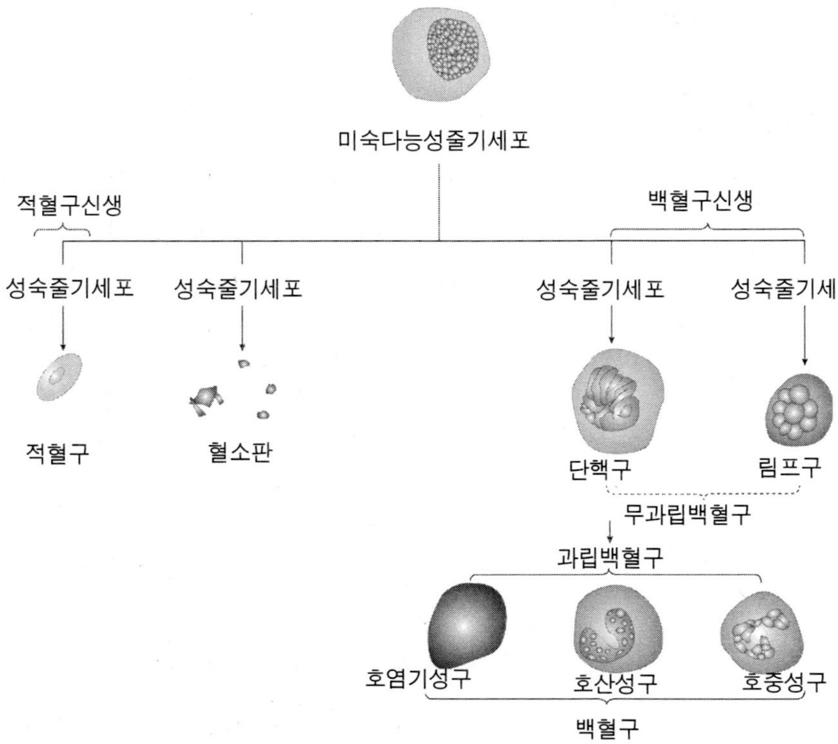

그림 1-10 사람의 혈구

4) 신경세포(neuron)

신경세포는 정보를 전달하기 위해서 특별히 분화된 세포이다[그림 1-11]. 돌기에는 크고 긴 축색돌기와 짧은 수상돌기가 있다. 즉 신경돌기는 분기되지 않고 길게 늘어져 있으며, 수상돌기는 굵은 근원으로부터 분기되면서 차츰 가늘게 되는 것이다. 신경돌기의 말단은 출력부이고, 수상돌기는 입력부이다.

신경세포와 신경세포의 연결부를 시냅스(synapse)라 한다. 시냅스에서 신경전달물질(neurotransmitter)이 사용되므로 정보가 전달된다. 신경전달물질은 막에 싸여있는 소포내에 함유되어 있고, 자극이 전해지면 시냅스간격으로 방출된다. 이전에는 1개의 신경세포에 1개의 전달물질이 있는 것으로 생각했지만 지금은 복수의 전달물질이 공존하는 것으로 알려져 있다. 전형적인 예로 저분자의 물질인

acetylcholine 및 noradrenaline과 peptide의 조합이 있다. 이 경우 전자는 소형의 시냅스 소포에, 후자는 대형의 시냅스소포에 함유되어 있다.

신경세포의 신경돌기 말단이 표적세포(target cell)까지 반드시 늘어져 있는 것이라고 말할 수 없다. 일부의 신경세포는 전달물질을 혈관 내로 방출하고 혈 행로를 개입시켜서 표적세포를 자극한다. 이 기구는 내분비 세포와 같아서 이것을 신경 분비라 한다. 또 자율신경계의 시냅스구조는 분명하지 않고, 전달물질은 신경돌기의 넓은 범위로 방출되어서 국소 호르몬으로 작용하는 것이 많다. 결국 신경전달과 내분비 간에는 경계가 없는 것으로 생각된다.

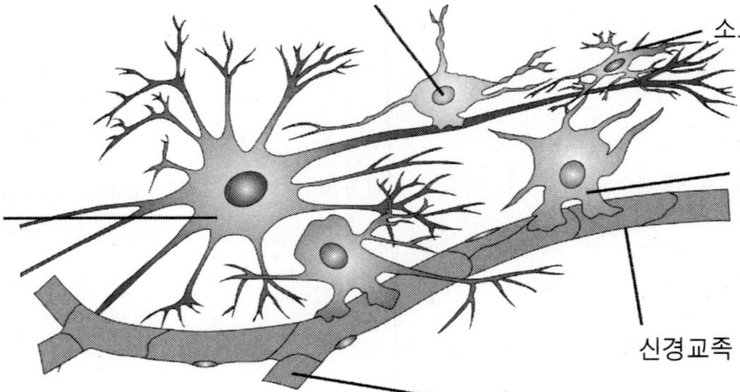

그림 1-11 신경세포의 종류

4. 생체막을 통한 물질의 이동

사람의 몸을 구성하는 60~70조의 세포에는 여러 가지의 종류가 있지만 각각은 서로의 발생, 성장, 증식을 억제하고, 다양한 세포기능을 통합하는 것으로 생명활동을 유지하고 있다. 각각의 세포는 생명 전체의 균형 중에서 각각의 특징적인 기능을 발휘하지만 그 통합을 위해서 서로 정보를 전달하고 있다. 각 세포의 역할과 그의 기능을 특징짓는 화학신호(signal) 수용과 그의 전달기구를 아는 것은 중요한 과제이다. 즉 음식물 섭취 정보와 그것에 대한 생체응답을 분자 수준에서 이해하는 것은 극히 중요하다.

세포 및 세포 내 소기관을 형성하는 것은 생체막이다. 생체막에는 세포의 외측을 둘러싸고 있는 세포막(plasma membrane)과 세포 내의 핵 및 미토콘드리아 등을 둘러싸고 있는 세포내막(internal membrane)이 있다. 생체막의 기본구조는 지질 2중층(lipid bilayer)이다. 생체막은 대사, 막 수송, 정보전달 등 여러 가지의 기능을 담당하는데 이 기능들을 이상적인 상태로 유지하는 것은 지질 2중층의 융합성과 유동성 때문이다.

세포막은 세포를 주위의 환경과 구분한다. 또 세포내막은 세포 내부의 공간을 여러 가지 부분으로 구분하고 있다. 이 구분에 의하여 각 부분은 독립적으로 기능을 완수할 수 있다. 즉 생체막은 물리적인 장벽이 되고, 물질의 선택적인 투과성 및 소수적 조건을 필요로 하는 화학반응의 장소가 된다. 선택적인 물질의 투과성 때문에 생체막 내에 각종의 막 투과기구가 발달해 있다[그림 1-12]. 예를 들면 세포질 중의 칼슘이온(Ca^{2+})농도는 세포 외액의 약 1만 분의 1인 10^{-7} M인데 이와 같은 저 농도로 유지되기 위해서 세포막 및 소포체, mitochondria 등의 막 중에는 Ca-pump 및 Ca- channel등의 Ca 수송기구가 존재해야 한다.
칼슘의 수송기구와 정보전달물질의 수용체는 생체막의 지질 2중층을 관통할 수 있는 형이거나 그 장소에 떠있을 수 있는 형으로 존재한다.

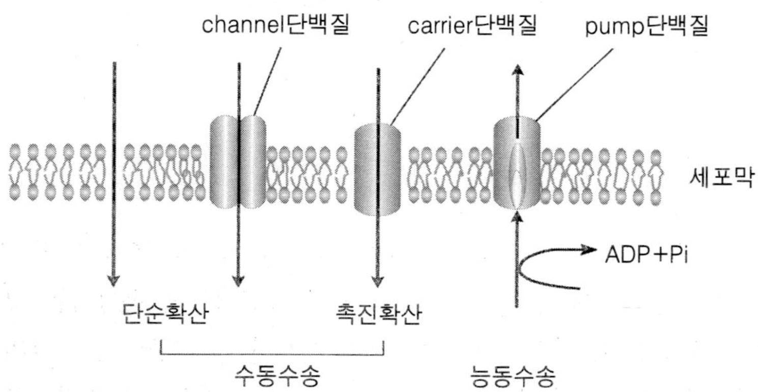

그림 1-12 세포막의 투과 기구

chapter 2

물

제2장
물

1. 물의 구조

1) 물 분자의 극성

물의 분자식은 H_2O이고, 구조식은 산소와 수소 원자가 H-O-H처럼 일직선상(180도)으로 배열된 것이 아니고 H와 H간에 109도의 각을 가짐으로써 산소(O)에는 전자가 풍부하여 음 전하(O_2^-)를 가지고, 수소(H)에는 전자가 부족해서 양 전하(H^+)를 가진다. 그러므로 물 분자는 쌍 극성을 가진 극성의 물질이다[그림 2-1].

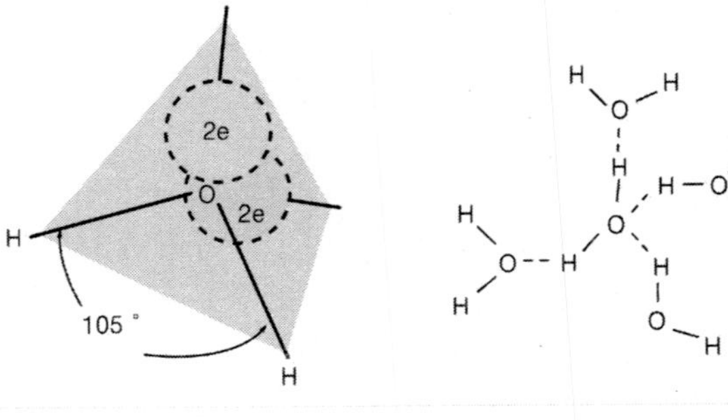

그림 2-1 물의 분자 구조

2) 물 분자의 수소결합 구조

수소결합이란 어떤 분자 중에 (+)로 대전한 H가 다른 분자의 (−)로 대전된 원자와 정전기적인 힘에 끌려서 결합하는 것, 또는 물 한 분자의 H^+과 다른 물 분자의 O_2^-이 비 공유전자쌍 간의 정전기적 상호작용에 의해 결합하는 것을 말한다.
물의 수소결합 1개를 파괴하는데 필요한 에너지는 4.5kcal/mol이고, 물 분자 내의 공유결합인 물의 O−H 결합을 파괴하는데 필요한 에너지는 110kcal/mol이므로 수소결합은 공유결합보다 약하다(공유〉이온〉금속〉수소결합〉Vander Waal's forces). 그러나 수소결합의 에너지가 개별적으로는 약하지만 생체 내의 물이 체중의 60%이상 존재함으로 수소결합도 그 만큼 많이 형성되기 때문에 생화학에서 매우 중요시한다.

2. 물의 기능

물은 성인 체중의 약 60%를 차지한다. 이렇게 많이 차지하고 있기 때문에 물은 생명에 필수 성분이다. 체내의 물은 그 존재 부위에 따라 세포막 내부에 있는 세포 내액과 세포막 외부에 있는 세포 외액으로 분류된다. 후자는 다시 세포를 흠뻑 적시고 있는 간질액과 혈액으로 분류된다[표 2-1].

표 2-1 정상적인 청년 남자의 평균 체수 분포

분획	mℓ/kg	%
세포 내 분획(intracellular)	330	55.0
세포 외 분획(extracellular)	270	45.0
혈장(plasma)	45	7.5
조직간의 림프액(lymph)	120	20.0
조밀한 결체조직과 연골	45	7.5
골격(inaccessible bone)	45	7.5
세포 투과성(transcellular)	15	2.5
총 체 수	600	100.0

물은 생물체의 구성성분 중 단일분자로 가장 많으며 물의 기능을 정리하면 다음과 같다 .

1) 물은 생물체에서 일어나는 화학반응의 장소이고 매개체로 참여한다.
2) 체액의 용매로 작용한다. 그래서 유미즙의 이동을 촉진한다.
3) 관절과 내부기관들 사이의 윤활작용을 돕는다.
4) 체세포의 건조를 방지하고, 세포와 혈관 사이의 물질이동을 가능하게 한다.
5) 물은 비열과 기화열이 크므로 체온 조절에 유효하다.
6) 물은 동 · 식물의 생 육지로 이용된다.
7) 체액의 산-염기 및 삼투압의 평형에 영향을 미친다.

3. 물의 특성

1) 물의 일반적 특성

(1) 물은 쌍 극성을 가짐으로 무기물과 유기물의 용매로 널리 이용된다.
(2) 물은 화학반응과 이온화 반응에 관여하여 물질의 활성화에 관여한다.
(3) 물은 산소와 수소를 발생할 수 있다.
(4) 물은 비열이 커서 갑작스런 체온의 변화를 방지할 수 있다.
(5) 물은 온도에 따라 형태가 바뀐다(0℃이하:얼음, 100℃이상:기체).
(6) 물은 기화열이 커서(540cal/g) 체온조절에 이용된다.

2) 물의 해리

(1) 물 해리의 한계

H_2O은 $H^+ + OH^-$로 해리 된다. 그리고 물 1g에 3.76×10^{22}개의 물 분자가 있다. 그리고 순수한 물에서 H가 H^+으로 존재할 확률은 1.8×10^{-9}이다. 또한 물 1L는 55.56 mol(1,000 ÷ 18)이므로 $1.8 \times 10^{-9} \times 55.56 = 1.0 \times 10^{-7}$mol이다.

(2) 물의 해리상수(dissociation constant, K)

물의 해리상수 K는 다음 식과 같다.

$$K = \frac{[H^+][OH^-]}{[H_2O]}$$

그러므로 $K = [H^+][OH^-]/[H_2O] = [10^{-7}][10-7]/55.56 = 0.018 \times 10^{-14} = 1.8 \times 10^{-16}$ molar이다. 그리고 물에 대한 이온 적(ion product)상수인 $Kw = K[H_2O] = [H^+][OH^-] = 1.8 \times 10^{-16} \times 55.56 = [10^{-7}][10^{-7}] = 1.0 * 10^{-14}$(24℃에서 이온 적 상수)이다. 그래서 Kw가 24℃에서는 10^{-14}molar이고, 25℃이하에서는 10^{-14}이하이며, 25℃이상에서는 10^{-14}보다 크다. 그리고 37℃(체온)에서는 순수한 물의 H^+는 10^{-7}molar보다 약간 크다.

(3) pH의 개념

pH란 용액내의 수소이온의 농도로 나타낸 값이다.

그래서 순수한 물의 $pH = -\log[H^+] = -\log 10^{-7} = 7.0$이다.

$$pH = -\log[H_3O^+]$$

[예] H^+의 농도가 3.2×10^{-4} molar인 용액의 pH는 얼마인가?

$pH = -\log[H^+] = -\log(3.2 \times 10^{-4})$

$= -\log(3.2) - \log(10-4) = -0.5 + 4 = 3.5$

[예] OH^-의 농도가 4.0×10^{-4} molar인 용액의 pH는 얼마인가?

pH에 대하여 OH^-에 대한 농도의 역 대수인 $-\log(OH^-)$를 pOH라 한다.

$\log[H^+] + \log[OH^-] = \log 10^{-14}$

$pH + pOH = 14$

그러므로 $[OH^-] = 4.0 \times 10^{-4}$

$pOH = -\log[OH^-] = -\log(4.0 \times 10^{-4}\}$

$= -\log 4.0 - \log 10^{-4} = -0.6 + 4 = 3.4$

그러므로 $pH = 14 - 3.4 = 10.6$ 이다.

(4) 완충용액

완충용액은 과량의 산과 염기가 가해졌을 때 pH 변화를 억제하는 화학계이다. 완충액은 보통 약산으로 만들어 진다. 만약 약산에 강염기(OH^-)가 가해지면 이온화된 약간의 H^+와 결합해서 물이 만들어진다. 그러면 평형상태가 깨져 더 많은 약산이 이온화되어 새로운 H^+를 만들게 된다. 새롭게 만들어진 H^+는 다시 OH^-와 결합하게 된다. 이러한 반응은 모든 OH^-가 중화될 때까지 일어나며 그 결과 OH^-가 pH변화는 거의 없이 중화된다.

4. 물의 섭취와 손실

1) 수분의 섭취량

수분섭취량은 2,500mℓ/day정도인데 물 또는 기타 음료로 섭취하는 양이 1,200~1,500mℓ이고, 음식물 속의 수분으로 섭취하는 양이 770~1,000mℓ정도이며, 대사수가 200~300mℓ(100g당 지방 110g, 탄수화물 60g, 단백질 40g)정도이다.

2) 수분의 손실

수분의 손실은 피부를 통한 발한, 폐를 거치는 호기에 의한 수분손실, 신장을 거치는 요, 대변을 통한 손실 등이 있다. 그리고 무더위나 장기적인 심한 운동 등으로 땀에 의한 수분 손실은 3,000mℓ/h까지 상승할 수 있다. 또한 질병에 의한 부가적인 수분손실에는 신장질환 시, 세뇨관에 기능이 저하 시, 설사와 구토로 인한 수분 손실도 있다[표 2-2].

표 2-2 정상인의 연령별 수분 손실 량

성장기	요(urine)	분(stool)	불감손실*	계(total)	허용량/1인	허용량/kg
유아(2~10kg)	20~500mℓ	25~40mℓ	1.3mℓ/kg/hr	300~840mℓ	330~1,000mℓ	165~100mℓ
소아(10~40kg)	500~800	40~100	300~600	840~1,500	1,000~1,800	100~45
>청년(60kg)	800~1,000	100	0.5mℓ/kg/hr	1,500~2,100	1.800~2,500	45~20

* 불감손실= 호흡손실 + 피부 손실

3) 탈수(dehydration)

(1) 탈수의 원인

어떤 이유로 수분의 공급이 제한되거나 손실이 많아져서 전해질 손실 속도보다 수분의 손실이 많아지면 세포 외액은 농축되어 세포 내액 보다 고장액이 된다. 그러면 세포 내의 수분은 세포 외 공간으로 이동하여 탈수의 증상이 나타난다. 또한 물의 과다 섭취에 의해 탈수현상이 나타나는 경우도 있다.

① 물을 과다 섭취하면 상대적으로 전해질의 결핍이 일어나서 세포 외액은 Na가 상대적으로 결핍되므로 저장성(hypotonicity)을 초래하게 되므로 물이 세포 내로 들어가 부종을 일으킨다.
② 세포 외액의 감소로 혈액량이 감소하고 이로 인해 혈압의 저하, 혈행의 완만, 그리고 신장 기능의 장해 등을 수반하게 되어서 위험하게 된다.
③ 이런 경우 쇠약해지지만 갈증을 호소하지 않으며, 오줌 량도 현저하게 감소되므로 hematocrit 또는 전체 혈장 단백질량이 상승되고, 혈장의 Na과 Cl 등의 농도가 감소된다.

탈수는 설사 및 구토에 의해 일어나지만 이외에도 진성 당뇨병(diabetes mellitus), 에디슨병(Addison's disease), 요독증(uremia), 지나친 화상과 충격 등이 원인이 될 수도 있다.

(2) 탈수의 증상

세포 내 탈수의 증후는 심한 갈증(thirst), 욕지기(nausea), 구토(vomiting), 뜨겁고 건조한 체온 조절의 상실, 그리고 소량의 소변 등으로 나타난다.

(3) 탈수의 교정

세포 내 탈수는 위와 같은 증상이 없어지고 오줌의 양이 정상으로 회복될 때까지 물을 경구 투여 하거나 또는 포도당과 물을 정맥 주사함으로써 교정될 수 있다. 즉 소화관으로부터 소장 폐쇄, 협착증, 위성 구토, 지속적인 위액 체취 등 액체를 상실할 때는 Na보다 Cl을 과량 손실하는데 이런 때에는 일반적으로 NaCl 용액을 경구 투여 하여 손실을 보상하도록 한다. 그리고 소화관에 의한 체액과 전해질의 손실에 의한 경우에는 등장성 염용액(isotonic saline solution)을 정맥 내에 주사하면 잘 회복된다.

chapter 3

효소

제3장
효소

1. 효소의 특성

효소는 촉매능을 가진 단백질이므로 단백질이 변성되는 조건에서 실활된다. 효소에는 단백질 이외에 유기화합물, 즉 보조인자(cofactor)를 가진 것이 많은데, 단백질 부분을 아포효소(apoenzyme), 전체를 전효소(holoenzyme)이라 한다. 효소에는 작용특이성, 기질특이성이 있는데, 기질은 효소와 결합해서 효소-기질복합체를 만든 후 효소의 작용을 받아 반응생성물로 되어 효소에서 유리된다[표 3-1].

효소의 반응속도는 효소농도, pH, 온도, 조효소, 금속이온 등의 영향을 받고, 반응속도와 기질농도의 관계는 쌍곡선을 그리며, 최대반응속도일 때의 pH를 최적 pH라 한다.

표 3-1 효소와 무기촉매제의 비교

효 소	무기 촉매제
모두 화학적으로 유사한 단백질	화학적으로 다양한 금속, 산, 염
쉽게 불활성화 된다.	열에 안정하나 중독 될 수 있다.
일반적으로 특이성이 있다.	비교적 비특이성이다.
특이적으로 억제된다.	일반적으로 효소를 억제하는 것과 같은 물질에 의하여 억제되지 않는다.

1) 화학반응의 촉매작용

화학반응은 반응하는 물질의 에너지가 활성화 에너지 이상이 되어야 한다. 활성화 에너지(activation energy)란 화학반응물질이 충분한 에너지를 얻어서 전이상태에 도달하는데 필요한 에너지를 말한다.

촉매는 활성화 에너지를 저하시켜서 반응속도를 빠르게 하는 작용을 말하고, 촉매작용을 가진 효소는 일반적인 촉매와 달리 고도의 촉매 능을 가진 단백질이고, 효소반응의 활성화 에너지는 일반 촉매반응에 비해서 그 값이 작다. 결국 효소는 유기촉매제로 활성부위(active site) 또는 촉매부위에서 기질과 결합하여 기질의 활성화 에너지를 현저하게 감소시켜 주는 역할을 한다. 즉 효소는 전이상태를 성취하는데 필요한 활성화 에너지의 수준을 감소시키는 단백질이다[그림 3-1].

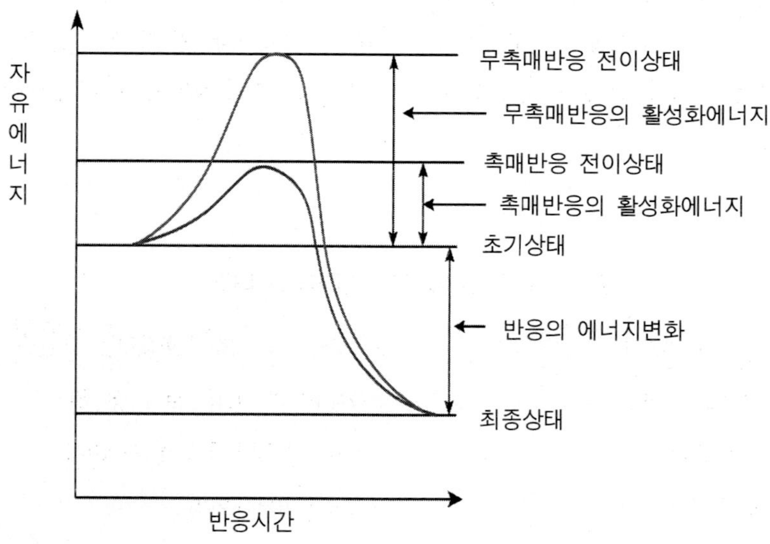

그림 3-1 효소의 활성화 에너지

2) 효소 단백질

(1) 효소의 구조

효소에 단백질 이외의 유기화합물이 결합되어 있는 것이 있다. 이 경우 단백질 부분을 주효소(apoenzyme)라 하고, 이것에 결합되어 있는 것을 조효소(coenzyme) 또는 보결분자족(prosthetic group)이라 하며, 전체를 전효소(holoenzyme)라 한다. 또한 Mg^{2+}, Fe^{2+}, Cu^{2+}, Zn^{2+} 등의 금속이온을 함유하고 있는 것도 있는데, 이것들을 금속효소(metalloenzyme)라 한다.

Holoenzyme = Apoenzyme+cofactor(보조인자)
- Prosthetic group(보결분자족) : 주로 금속이온
- coenzyme(조효소) : 비타민

효소는 단백질이므로 단백질의 특성을 모두 가지고 있다. 효소는 촉매능력을 잃어버리지 않은 상태로 세포 외에서 섭취할 수 있지만 단백질의 변성이 일어나는 고온, 고염농도, 특히 산성 또는 알칼리성의 pH 등에서는 촉매능을 상실하는데 이것을 실활이라 한다. 즉 효소가 작용하려면 특정한 입체구조를 유지하여야 한다.

(2) 효소의 작용기전

효소분자에 활성부위(active site)가 있고, 이곳에 효소의 작용을 받는 화합물인 기질(substrate)이 들어가서 쉽게 효소와 결합할 수 있게 되어 있다. 효소반응은 기질이 효소에 결합하여 효소-기질복합체를 만들고, 복합체가 생성물(product)과 원래의 효소로 분리된다. 기질이 효소에 결합해서 반응이 일어나는 부위를 효소의 활성중심(active center)이라 한다. 보결분자족을 가진 효소에서는 보결분자족이 활성중심의 일부를 구성한다. 효소의 활성부위와 기질의 관계는 자물쇠와 열쇠설(lock and key theory)에 비유되고, 효소-기질복합체는 이온결합, 수소결합, 소수결합 등을 형성해서 최적의 구조로 된다.

3) 조효소(coenzyme)

원래 조효소란 기질 이외에 효소반응에 관여하는 유기화합물이고, 특히 효소에 약하게 결합한 것을 조효소라 한다. 조효소는 촉매작용에 직접 관여함과 동시에 반응중간체의 운반체로 되며 많은 종류의 비타민이 생체 내에서 조효소로 변화된다. 즉 비타민 B_1은 thiamin pyrophosphate(TPP)로 aldehyde의 전이에 관여하고, 비타민 B_2(riboflavin)는 FMN(flavin mononucleotide)과 FAD(favin-adenine dinucleotide)로 산화환원반응에 관여하며, nicotinic acid는 NAD^+(nicotinamide adenine dinucleotide)와 $NADP^+$(nicotinamide adenine dinucleotide phosphate)로 산화환원에 관여한다. 그리고 pantothenic acid는 coenzyme A(CoA-SH or CoA)로 acetyl기의 운반체로 작용하고, 비타민 B_6는 pyridoxal phosphate로 아미노산 대사에 관여하며, biotin은 탄산화반응에 관여한다. 또한 엽산은 tetrahydrofolate로 1 탄소화합물의 운반체로 작용하고, 비타민 B_{12}는 cobalamine으로 methionine 합성 등에 관여하며, 이외의 보효소로 lipoic acid는 amyl기의 전이에 관여하고, heme은 전자전달에 관여한다[표 3-2].

표 3-2 비타민 B군과 조효소의 구성성분

비타민 B 군	조효소(활성기)	효소반응
B_1(thiamine)	Cocarboxylase(TPP)	피루브산, α-keto글루탈산의 탈탄산산화반응.
B_2(riboflavin)	FMN, FAD	아미노산, 지방산 산화반응
B_6(pyridoxin)	Pyridoxal phosphate	아미노기 산화 및 탈탄산반응
Nicotinc acid	NAD, NADP	탈수소반응
Pantothenic acid	CoA-SH	지방산의 아실기전이반응
Lipoic acid	아포효소의 라이신 잔기와 결합	α-케토산의 산화반응
Biotin		탄소고정반응
Folic acid	Tetrahydrofolic acid	C_1전이반응
B_{12}(cobalamin)	Cobamide	메칠기 전이반응

4) 효소반응의 특징

(1) 효소의 특이성(specificity)

① 기질특이성

1개의 효소가 1개의 기질에만 작용하는 것을 기질 특이성이라 한다. 한 효소가 한 기질과 반응하여 한 반응만을 촉매 하는 것을 절대적 특이성(absolute specificity)과 phosphatase처럼 공통의 작용기를 가진 기질에 작용하는 것을 군 특이성(group specificity)이 있다.

② 입체특이성

효소가 기질의 D-형 또는 L-형의 입체이성질체에 선택적으로 작용하는 것을 입체이성체 특이성(stereospecificity)라 한다. leucine aminopeptidase는 leucine이 L형일 때만 작용한다. 이런 효소의 특이성을 고려하면 생체 내에는 유용한 화합물의 수만큼 효소가 존재해야 한다.

(2) 효소반응에 영향을 주는 인자

① 효소 농도에 의한 영향

효소는 기질보다 훨씬 적은 농도로 존재할 것이므로 효소-기질복합체가 생성될 때까지만 효소의 반응속도는 효소농도에 비례할 것이다. 그러나 일정한 값 이상이 되면 비례관계를 상실한다[그림 3-2].

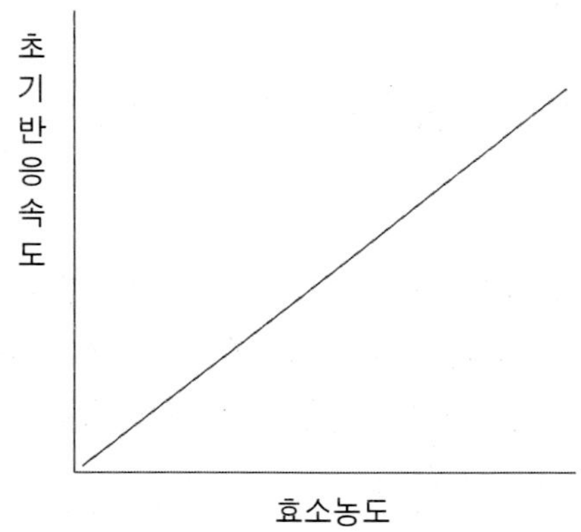

그림 3-2 효소반응속도에 대한 효소농도의 영향

② 기질농도에 의한 영향

효소반응의 속도는 기질농도에 의하여서도 정해지지만 직선관계를 이루지 못한다. 그 관계는 [그림 3-3]과 같이 쌍곡선 모양이다. 이 곡선은 최대반응속도에 접근하게 되면 그 이상의 기질농도를 높여도 반응속도는 변하지 않으며 allosteric 효소에 적용되지 않는다.

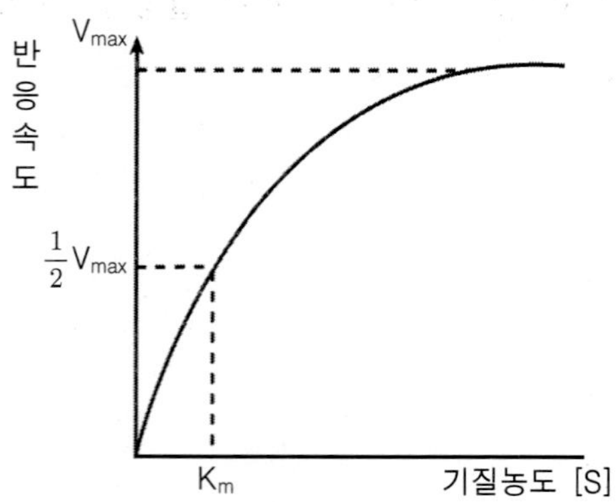

그림 3-3 기질농도와 반응속도의 관계

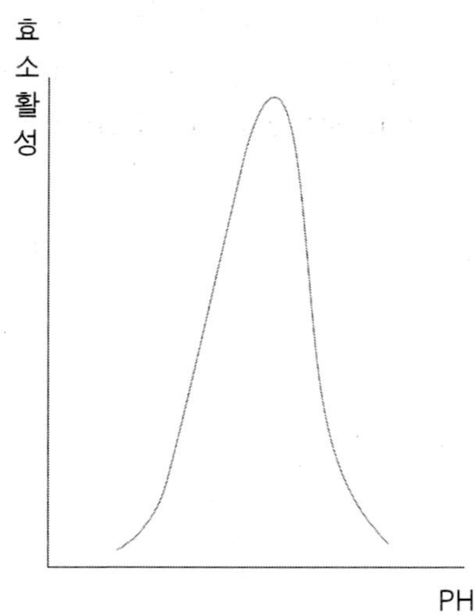

그림 3-4 효소의 최적 pH

③ 수소이온농도(pH)에 의한 영향

기질의 수소이온농도도 효소반응에 많은 영향을 주는 것으로 [그림 3-4]와 같이 대개의 효소에서는 종 모양으로 되고, 반응속도가 최대로 되는 pH가 존재하는데 이것을 최적 또는 지적 pH(optimum pH)라 한다. 최적 pH는 효소에 따라 다르지만 중성일 때가 많다[표 3-3].

표 3-3 효소의 최적 pH

효소명	최적산도(pH)	효소명	최적 pH
pepsin	1.5	췌장 amylase	7.0
trypsin	8.0	위장 lipase	5.0
ptyalin	6.9	췌장 lipase	8.0

④ 온도에 의한 영향

효소반응도 일반 화학반응과 같이 효소의 온도가 상승되면 반응속도가 증가한다. 그러나 고온이 되면 단백질에 변성이 생기기 때문에 반응속도가 오히려 저하된다. 효소의 반응속도가 최대로 되는 효소의 온도를 최적온도라 하고 하며 보통 45 정도이고 보통 60℃를 넘지 않는다[그림 3-5].

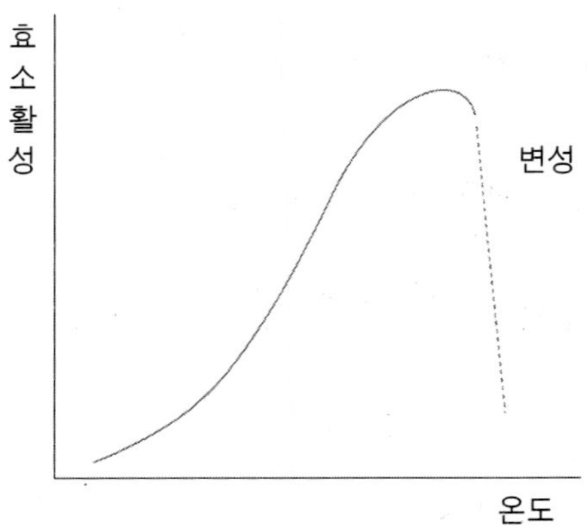

그림 3-5 효소의 최적온도

2. 효소의 명명과 분류

1) 효소의 명명

효소는 그 특이성에 따라서 분류되고 명명된다. 효소의 명명은 원칙적으로 작용을 받은 기질 명이나 촉매하는 반응명에 -ase를 붙인다. 예를 들면 전분을 가수분해하는 효소는 amylase라 한다. 단 옛날부터 알려진 것은 관용에 의한다. 예를 들면 타액 amylase를 프티알린(ptyalin)이라고도 한다.

효소가 많이 알려져 있지 않았을 때는 그 대부분이 가수분해효소이므로 명명도 간단하였지만 현재는 국제생화학연합(international union of biochemistry, IUB)의 효소위원회에서 계통적 명명법(1961)을 정하였다. 그래서 효소를 촉매하는 반응에 따라 ① 산화환원효소(oxidoreductase) ② 전이효소(transfera se) ③ 가수분해효소(hydrolase) ④ 이중결합효소(lyase) ⑤ 이성화효소(isomerase) ⑥ 합성효소(ligase) 등 6종류로 구분한다.

2) 효소의 분류

(1) 산화환원효소(oxidoreductase)

산화환원효소는 2종의 기질간의 산화환원을 촉매하는 것으로 대개 탈수소효소(dehydrogenase)이고 환원효소로(reductase)로 사용되며 산소를 수용체로 하는 것만 산화효소(oxidase)라 한다. 또한 H_2O_2를 분해하는 catalase, O_2를 기질에 받아들이는 산소첨가효소(oxygenase) 등도 있다.

$$AH_2 + NAD(P) \xrightarrow{\text{dehydrogenase}} A + NAD(P)H_2$$

$$AH_2 + FAD(FMN) \xrightarrow{\text{dehydrogenase}} A + FAD(FMN)H_2$$

$$AH_2 + O_2 \xrightarrow{\text{oxidase}} A + H_2O_2$$

$$H_2O_2 + H_2O_2 \xrightarrow{\text{catalase}} 2H_2O + O_2$$

$$H_2O_2 + AH_2 \xrightarrow{\text{peroxidase}} 2H_2O + A$$

$$S + AH_2 + O_2 \xrightarrow{\text{monooxygenase}} SO + A + H_2O$$

$$S + O_2 \xrightarrow{\text{dioxygenase}} SO_2$$

(2) 전이효소(transferase)

전이효소는 원자단의 한 기질에서 다른 기질로 이동시키는 반응을 촉매 하는 효소이다.

$$AX + B \leftrightarrow A + BX$$

① 아미노기 전이효소(aminotransferase 또는 transaminase)

R_1–CH(NH_2)–COOH + R_2〈–〉 R_1–CO–COOH + R_2–CH(NH_2)–COOH
(α–amino acid) (α–keto acid) (α–keto acid) (α–amino acid)

GOT

HOOC–CH_2CH_2CH(NH_2)–COOH + HOOC–CH_2CO–COOH $\xleftrightarrow{\text{GOT}}$
(glutamic acid) (oxaloacetate)

HOOC–CH_2CH_2CO–COOH + HOOC–CH_2CH(NH_2)–COOH
(α–ketoglutaric acid) (aspartic acid)

HOOC–CH_2CH_2CH(NH_2)–COOH + HOOC–CO–CH_3 $\xleftrightarrow{\text{GPT}}$
(glutamic acid) (pyruvic acid)

HOOC–CH_2CH_2CO–COOH + HOOC–CH(NH_2)–CH_3
(α–ketoglutaric acid) (alanine)

GOT : glutamate oxaloacetate transferase

GPT : glutamate pyruvate transferase

② 인산 전이효소(phosphotransferase, transphosphorylase)

$$\text{Glucose} + \text{ATP} \xrightarrow{\text{hexokinase}} \text{Glucose-6-phosphate} + \text{ADP}$$

③ Glycosyltransferase

$$\text{Maltose} + H_3PO_4 \xleftrightarrow{\text{maltose phosphorylase}} \text{Glucose-1-phosphate} + \text{D-glucose}$$

(3) 가수분해효소(hydroxylase)

가수분해를 촉매 하는 효소는 기질명의 어미에 hydrolase를 붙이는 것이 계통적 명명법이지만 일반적으로 기질 명에 ase를 붙여서 통상 명으로 사용하기도 한다.

① 전분 분해효소(amylase)

전분 및 glycogen의 가수분해에 의하여 맥아당을 생성하는 반응을 촉매하는 효소로 amylase가 있다. 이 효소가 불완전하게 작용하면 호정(dextrin)을 생성한다. 그리고 amylase에는 α-amylase와 β-amylase 가 있다.

[1] α-amylase(액화효소)

전분 분자의 α-1.4 배당결합을 임의로 절단하므로 endoenzyme이다.

[2] β-amylase(당화효소)

amylose 사슬의 비환원성 말단에서 맥아당 1분자씩을 절단하므로 exoenzyme이다. 그런데 이 효소의 작용도 amylopectin의 α-1.6 배당결합을 절단하지 못하므로 비환원성 말단 부분만 분해되고, 동체부분이 남는다. 이것을 한계 dextrin이라 한다[그림 3-6].

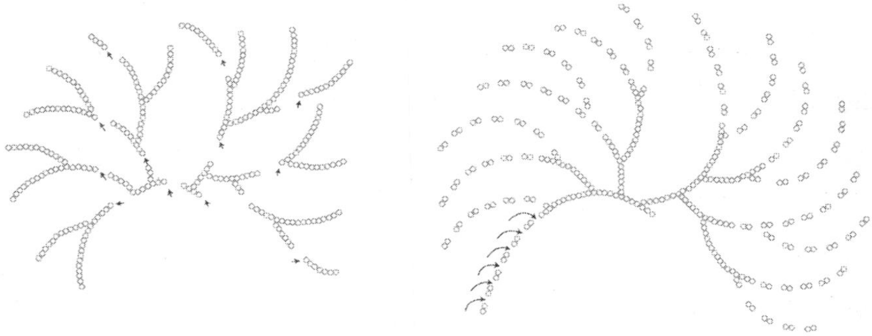

그림 3-6 α-, β-amylase에 의한 amylopectin의 분해

② 맥아당 분해효소(maltase)

맥아당을 가수분해하여 2분자의 포도당을 만드는 효소이지만, 원래는 α-glucoside의 배당결합을 절단하는 α-glucosidase이다. 소장의 점막과 타액에 많이 함유되어 있고 췌장액에도 소량 함유되어 있다.

③ 젖당 분해효소(lactase)

젖당을 가수분해하여 포도당과 galactose를 생성하는 β-galactosidase이다. 소장점막에서 분비되고, 특히 유아의 소장에서는 작용이 강하다. 그러나 성인의 소화관에는 이 효소가 부족해서 우유를 잘 소화하지 못하는 경우가 있다.

④ 설탕 분해효소(saccharase)

설탕을 가수분해하여 포도당과 과당을 생성하는 효소이지만, 이것에는 α-gluco sidase에 속하는 glucosaccharase와 β-fructosidase에 속하는 fructosaccha- rase가 있다. 전자는 소장점막 및 누룩곰팡이에 있고, 후자는 효모 및 고등식물에서 발견된다.

⑤ 지방 분해효소(lipase)

지방을 가수분해하여 지방산과 glycerol을 유리시키는 효소이지만, 그 특이성이 비교적 넓은 편이므로 glycerol 이외의 alcohol과 지방산이 ester 결합한 지질에도 작용한다.

⑥ 단백질 분해효소(protease)

단백질을 가수분해하는 효소에는 여러 종류가 있다. trypsin 및 pepsin 등은 proteinase로 peptide 사슬 내의 특정 장소를 절단하고, peptidase는 polypeptide 사슬의 말단에서부터 아미노산을 1분자씩 절단하므로 전자를 endopeptidase라 하고 후자를 exopeptidase라 한다.

1 pepsin

위액에 있고, 산성으로 최적 pH가 1.5~2.5 이다. polypeptide 사슬 중에서 주로 방향족아미노산, 또는 산성아미노산의 결합, 특히 2개의 방향족 아미노산간의 결합을 잘 절단한다.

2 trypsin

췌장액에 함유되어 있고, 약 알칼리성으로 최적 pH가 6~8 정도이고, arginine, lysine의 C-말단 결합을 잘 절단한다. 223개의 아미노산으로 구성된 한 사슬의 단백질로 일차구조가 판명되었다.

3 chymotrypsin

이것도 췌장액에 함유되어 있지만 단백질의 사슬을 절단하는 위치가 trypsin과 다르다. 방향족아미노산의 C-말단 결합을 잘 절단한다.

4 aminopeptidase

tripeptide 이상의 사슬에서 N-말단 아미노산을 가수분해하는 효소로 소장점막에서 분비된다.

5 carboxypeptidase

polypeptide 사슬의 C-말단에서 아미노산을 절단한다. 췌장액 중에 함유되어 있다.

6 dipeptidase

특정한 dipeptide를 아미노산으로 가수분해하는 효소로 소장점막에 있다. 기질에 따라서 다른 몇 개의 종류가 있다.

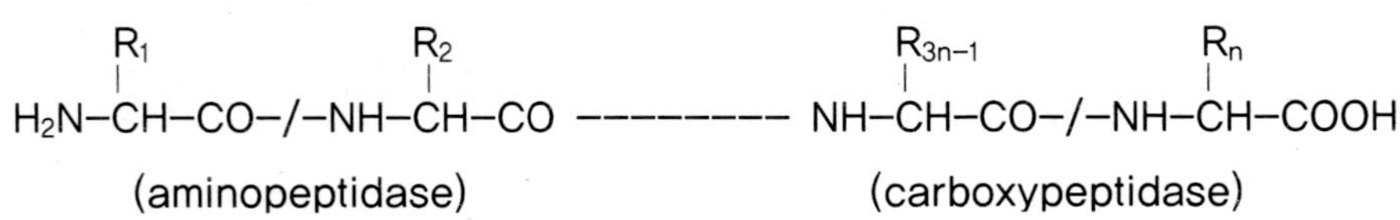

7 요소분해효소(urease)

요소를 CO_2와 NH_3로 가수분해하는 효소이다.

$$CO(NH_2)_2 + H_2O \longrightarrow CO_2 + 2NH_3$$

완두콩 및 대두 중에 함유되어 있다. 그리고 여러 세균 중에도 있다.

8 인산분해효소(phosphatase)

인산 ester를 가수분해하는 효소로 기질특이성이 넓고, 많은 동식물에 분포한다. 최적 pH가 산성인 것을 산성 phosphatase라 하고, 알칼리성인 것을 알칼리성 phos phatase라 한다. 알칼리성 phosphatase는 소장점막, 신장, 간, 골조직 등에 많아서 소화, 당질대사, 골의 석회화 등에 깊이 관계한다. 또한 특이적으로 nucleotide를 nucl eoside와 무기인산으로 분해하는 nucleotidase와 같은 특수한 phosphatase도 몇 개 있다.

(4) 분해효소(lyases)

가수분해나 산화 이외의 방법으로 분자를 2 부분으로 분해되거나 2개가 접합하여 1 개의 분자로 되는 반응을 촉매 하는 효소로 탈탄산효소(decarboxylase), 가수효소(hydratase), 탈수효소(dehydratase, aldolase) 등이 있다.

$$X\text{-}C\text{-}C\text{-}Y = X\text{-}Y + C{=}C$$

(5) 이성화효소(isomerase)

어떤 화합물의 분자 내 변화를 일으켜서 이성체로 변화시키는 효소로 아미노산의 racemization(racemase), 당의 epimerization(epimerase), cis-trans변환(mutase) 등을 촉매하는 효소를 말한다.

(6) 합성효소(ligases)

ATP의 가수분해를 수반하고 2분자의 화합물을 결합시키는 반응을 촉매하는 효소로 synthetase란 이름을 가진 것이 많다. 즉 ATP가 ADP와 인산 또는 AMP와 pyrophosphate로 분해될 때 생성되는 에너지를 이용하여 물질 A와 B를 결합시킬 때 ligase가 사용하며 고에너지 결합이다.

3. 효소의 반응속도론

1) 미카엘리스-멘텐 반응속도론

효소(E)가 기질(S)에 작용하는 경우 효소와 기질은 결합해서 효소-기질복합체(ES)를 형성하고, 가역반응 한다. 이 때 기질농도와 효소반응속도의 관계를 보면 기질의 농도가 증가하면 효소분자가 기질분자와 결합할 기회가 많아져서 효소반응이 일어날 확률이 커지므로 효소반응속도도 커진다. 기질의 농도가 비교적 낮았을 때에는 대개 효소반응속도가 기질농도에 비례하지만 기질농도가 높아지면 효소는 모두 기질과 결합하였으므로 그 이상 기질농도를 높여도 효소반응속도는 증가하지 않는 최대효소반응속도에 도달한다. 그러므로 횡축에 기질농도를, 종축에 효소반응속도를 놓고 그림을 그리면 [그림 3-3]과 같이 쌍곡선을 나타내는데 이 쌍곡선은 Michaelis-Menten식을 나타낸 것이다.

$$V = \frac{V_{max}[S]}{K_m + [S]}$$

[S]는 기질농도, V는 반응속도, Vmax는 최대반응속도(maximal velocity), K_m은 Michaelis 정수이다.

$[S]=K_m$이면 $v = V_{max}[S]/([S]+[S]) = 1/2V_{max}$이다. 즉 K_m은 최대반응속도의 1/2일 때의 기질의 농도이다. Km은 효소의 중요한 특성을 나타낸다. K_m값이 적은 효소일수록 기질과의 친화력이 강하므로 기질농도가 낮아도 잘 작용하지만, K_m값이 큰 효소는 기질농도가 높아야 잘 작용한다. 즉 K_m값이 적은 효소일수록 기질에 대한 친화력이 강해서 민감하게 반응한다.

2) 라인위버-버크 이중역수도시법

Michaelis-Menten식($V = \frac{V_{max}[S]}{K_m + [S]}$)에서 [S]에 대한 v곡선의 점근선 성질이 Vmax의 결정을 실험적으로 어렵게 한다. 그래서 Lineweaver와 Burk는 Michaelis- Memtem식의 역수를 이용하여 쌍곡선의 식을 직선의 식으로 변형하여 발전시켰다.

$$\frac{1}{v} = \frac{Km}{Vmax}\frac{1}{[S]} + \frac{1}{Vmax}$$

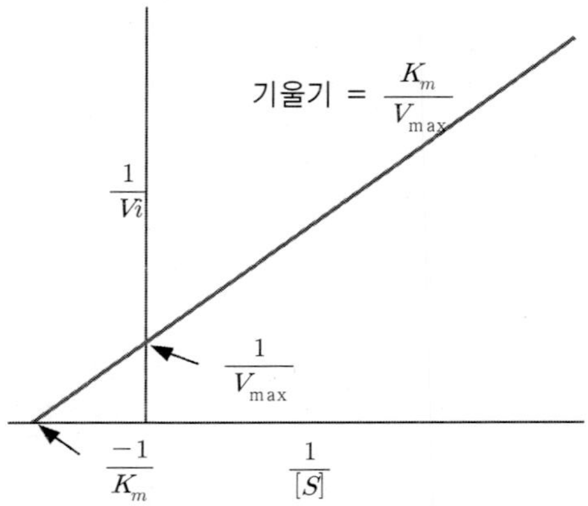

그림 3-7 Lineweaver-Burk plot

이 식의 1/v이 1/[S]에 대하여 그래프가 그려진다면 y = ax + b의 일차방정식 그래프처럼 직선의 그래프가 그려질 것이다[그림 3-7]. 그러면 Km과 Vmax 그리고 직선의 기울기를 쉽게 구할 수 있다. 즉 y축의 절편은 1/Vmax이고, 기울기는 Km/Vmax이며, x축의 절편은 -1/Km이다. 또한 Km은 이 그래프의 측정으로 쉽게 결정될 수 있다.

4. 효소활성의 저해

1) 비가역적 저해

효소반응속도를 저하시키는 물질을 저해제(inhibitor)라 한다. 저해제에 의한 효소반응의 저해는 효소의 기질 특이성, 기질결합부위에 존재하는 활성기의 종류, 반응기구 등의 해석에 유효한 수단이고, 또한 세포 내 대사경로의 해명에도 도움이 된다.

비가역적 저해제는 효소의 활성유지에 필요한 특정의 아미노산 잔기의 활성기 및 보효소와 비가역적으로 반응하여 활성을 소실하는 것이 있다. 많은 효소는 활성유지에 cysteine 잔기의 −SH기가 필요하지만 이 −SH기와 특이적으로 반응하여 비가역적으로 이것을 수식하는 monoiodoacetic acid 및 N−ethylmaleimide 등이 이 예에 속한다[그림 3−8].

$$RSH + CH_2ICOOH \longrightarrow RS-CH_2COOH + HI$$

[Monoiodoacetic acid]

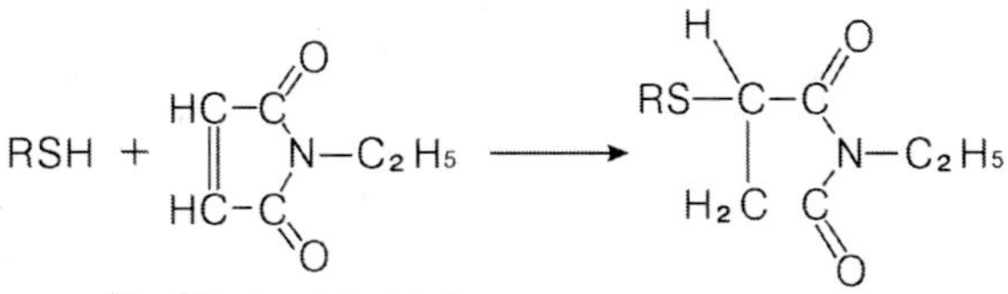

[N−Ethylmaleimide]

그림 3−8 monoiodoacetic acid 및 N−ethylmaleimide에 의한 효소 −SH기의 수식

2) 가역적 저해

(1) 경쟁적 저해(competitive inhibition)

기질과 아주 유사한 화학구조를 가진 저해제가 기질이 결합되지 않은 효소의 활성부위에 결합하여서 기질의 결합을 억제하는 경우를 경쟁적 저해라 한다. 즉 기질과 저해제가 효소의 기질결합부위에 결합하려고 경쟁하기 때문에 이 효소반응을 방해할 수 있다[그림 3−9]. 예를 들면 호박산 탈수소효소(succinate dehydrogenase)는 호박산의 탈수소반응을 촉매하여 fumarate을 생성하는 효소인데 만일 기질과 비슷한 구조를 가진 malonate가 있으면 이것은 효소의 활성부위에 결합되어서 호박산 탈수소효소의 촉매반응을 저해하므로 fumarate는 생성되지 않는다. 이와 같이 기질유사화합물과 반응생성물은 강력한 경쟁적 저해제가 될 수 있다.

$$\underset{\text{(succinate)}}{HOOC{-}CH_2{-}CH_2{-}COOH} \xrightarrow{\text{호박산 탈수소효소}} \underset{\text{(fumarate)}}{HOOC{-}CH{=}CH{-}COOH}$$

$$\underset{\text{(malonate)}}{HOOC{-}CH_2{-}COOH} \xrightarrow{\text{호박산 탈수소효소}} \text{무 반응}$$

경쟁적 저해에서 기질의 농도를 높이면 저해제가 효소의 활성부위에 결합하지 못하므로 저해제의 작용이 소실된다. 그래서 최대반응속도(V_{max})는 변화되지 않지만 Km은 변한다. 경쟁적 저해제(competitive inhibitor)가 존재하는 경우 반응생성물 P의 영향이 없는 것으로 한다면 반응은 다음 식으로 나타낼 수 있다.

$$\begin{array}{l} \quad\quad\quad\;\; Ks \quad\;\; Kp \\ E + S \leftrightarrow ES \rightarrow E + P \\ + \\ I \\ Ki \updownarrow \\ EI \end{array}$$

여기에서 I 는 저해제, κp는 ES분해의 속도상수, Ks는 ES의 해리상수, Ki는 EI의 해리상수이다. [ ]는 몰 농도를 나타내고 [E]는 전효소의 몰 농도를 나타낸다.

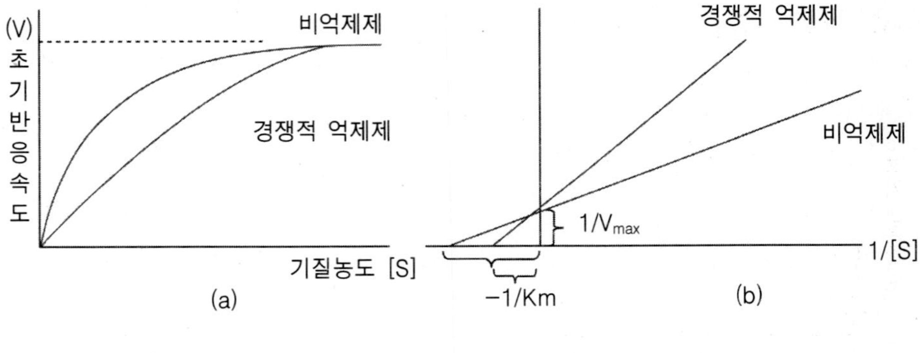

그림 3-9 경쟁적 저해

(2) 비경쟁적 저해(noncompetitive inhibition)

비경쟁적 저해에서는 저해제와 결합한 효소분자만큼이 효소반응에 참가하지 못하므로 저해도는 기질의 농도에 영향을 받지 않는다. 그러므로 기질의 농도를 높여도 효소의 반응속도는 회복되지 않는다.

비경쟁적 저해에서 중요한 것은 알로스테릭(allosteric)저해인데 이것은 저해제가 활성부위가 아닌 다른 곳에 결합하면 효소단백질의 입체구조가 변화되기 때문에 기질이 효소활성부위에 결합하기 어렵게 되는 저해작용이다[그림 3-10].

비경쟁적 저해의 저해제는 효소활성은 억제하지만 기질이 효소에 결합하는 것은 저해하지 않는다. 또한 기질은 경쟁적 저해와 달리 저해제가 효소에 결합하는 것을 억제하지도 않는다. 즉 I는 E 뿐만 아니고 ES와도 결합할 수 있고, S는 E와 EI에도 결합할 수 있다. 그러나 그것에 의하여 형성된 ESI는 불활성으로 P를 생성할 수 없다. 이것은 저해제가 효소에 결합하면 효소단백질의 형상이 변화해서 기질결합부위는 영향을 받지 않지만 활성을 나타내는 부위는 변화되어서 반응이 저해되는 것으로 생각된다. 비경쟁적 저해제가 존재하는 경우의 반응과정은 다음과 같다.

$$
\begin{array}{ccccccc}
 & & Ks & & Kp & & \\
 & E + S & \leftrightarrow & ES & \rightarrow & E + P & \\
 & + & & + & & & \\
 & I & & I & & & \\
Ki & \updownarrow & & \updownarrow\, Ki & & & \\
 & EI + S & \leftrightarrow & ESI & & & \\
 & & Ks & & & &
\end{array}
$$

K_m은 변하지 않지만 V_{max}는 변화된다.

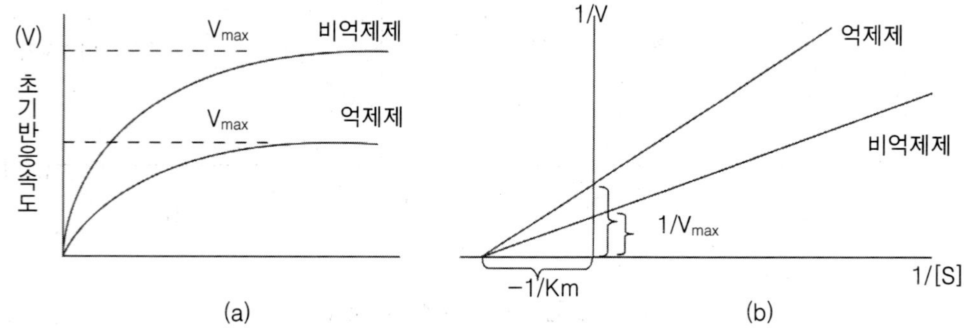

그림 3-10 비경쟁적 저해

(3) 무경쟁적 저해(uncompetitive inhibition)

저해제가 효소-기질복합체에만 가역적으로 결합하고, 유리효소에는 결합하지 않는 경우이다. 기질이 1개인 경우는 저해작용이 희박하지만 기질이 많은 경우에는 자주 반응이 일어난다. 무경쟁적 저해과정은 다음과 같다[그림 3-11].

$$
\begin{array}{c}
\quad\;\; Ks \qquad\quad Kp \\
E + S \leftrightarrow ES \rightarrow E + P \\
+ \\
I \\
Ki \updownarrow \\
ESI
\end{array}
$$

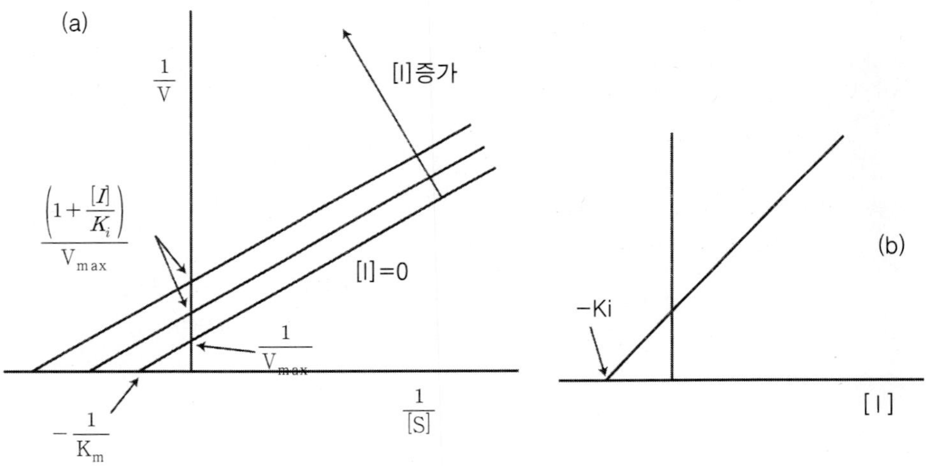

그림 3-11 무경쟁적 저해

5. 이소효소(isozyme)

1) Isozyme의 개요

이소효소에는 각각 다른 유전자에서 독립적으로 합성된 것(사과산 탈수소효소), 2종류 또는 그 이상의 다른 유전자에 의하여 합성된 subunit의 조합에 의하여 생성된 것(젖산탈수소효소), 유전적변이종(glucose-6-phosphate dehydrogenase)에 의한 것 등이 있다. 동일한 반응을 촉매 하지만 단백질이 다른 2종 또는 그 이상의 효소가 동일한 종족(예, 사람)에 존재하는 경우 그것들을 이소효소(isoenzyme)라 한다. 이것들은 유전적으로 완전히 다른 것이고, 효소가 합성된 후 수식되어서 생긴 이형의 종은 포함되지 않는다. 표 3-4에 대표적인 예를 나타냈다.

표 3-4 Isozyme의 분류

분 류	예
유전적으로 독립된 단백질	미토콘드리아와 세포질의 사과산 탈수소효소
2 또는 그 이상의 polypeptide로 구성 된 heteropolymer	젖산탈수소효소
유전적 변이종	사람의 glucose-6-phosphate dehydrogenase

2) Isozyme의 이용

다른 subunit의 조합으로 Isozyme이 생기는 예에는 젖산 탈수소효소(lactate dehydrogenase, LDH), creatine kinase 등이 있다. 젖산탈수소효소는 2종의 subunit M(muscle)과 H(heart)로 구성된 4량체(tetramer)이고, subunit의 조합에 따라 HHHH (LDH1), HHHM(LDH2), HHMM(LDH3), HMMM(LDH4), MMMM(LDH5) 등 5종류의 Isozyme이 있다. LDH1, LDH2는 심근에 많고, LDH5는 간, 골격근 중에 많다. creatine kinase는 M(muscle), B(brain) 2종류

의 subunit를 가진 2량체이어서, MM, MB, BB 등의 3종류 isozyme이 있다. 골격근에는 MM, 심근에는 MM과 MB, 뇌에는 BB가 주로 존재한다.

혈청 중의 isozyme의 분석은 질병의 진단에 이용된다. 세포가 손상되면 세포내에 함유된 단백질이 혈 중으로 유출되므로 혈청 중에 장해를 받은 장기의 특유한 isozyme의 활성이 상승한다. 예를 들면 심근 경색 등으로 심근세포가 파괴되면 LDH1이 특히 혈청 중에 증가하고, 또한 creatine kinase의 MB가 증가한다. 기타 진단에 이용 되는 isozyme을 요약하면 표 3-5와 같다.

표 3-4 진단에 이용되는 isozyme

효소	Isozyme	유래	질병
aspartate aminotransferase	mitochondria형	간	간세포의 강한 장애
amylase	췌장형	췌장	췌장질환
	췌액선형	췌액선	췌액선질환
		생산종양	폐, 난소, 대장암
alkali phosphatase(ALP)	ALP1	담즙	담도폐색
	ALP2	골	(부)갑상선기능항진, 암골전이
aldolase	A형	골격근	근위축
		심근	심근경색
	B형	간	간염
	C형	뇌	뇌혈관장해(A형도증가)
reatinekinase	MB	심근	심근경색
LDH	LDH1, LDH2	심근, 적혈구	심근경색, 용혈성질환
	LDH5	간	간염, 간경변

chapter 4

탄수화물

제4장
탄수화물

1. 단당류(monosaccharides)

1) 단당류의 종류

단당류는 원래 다가 알코올의 수산기 1 개가 산화되어서 카르보닐(carbonyl)기로 된 것이다. 3가 알코올의 glycerol을 산화시키면 글리세르알데히드(glyceraldehyde)와 디하이드록시아세톤(dihydroxyacetone)으로 된다. 이것들은 생체 내에서 당이 생화학적 변화를 받는 과정의 중간물질로서 나타난다. 이런 단당류는 감미가 있고, 탄소원자 3개를 가진 당질이므로 3탄당(triose)이라 한다. 이와 같이 탄소 수에 따라서 4탄당(tetrose), 5탄당(pentose), 6탄당(hexose) 등이 있고, 작용기로 aldehyde기를 가진 당을 알도오스(aldose), ketone기를 가진 것을 케토오스(ketose)라 한다.

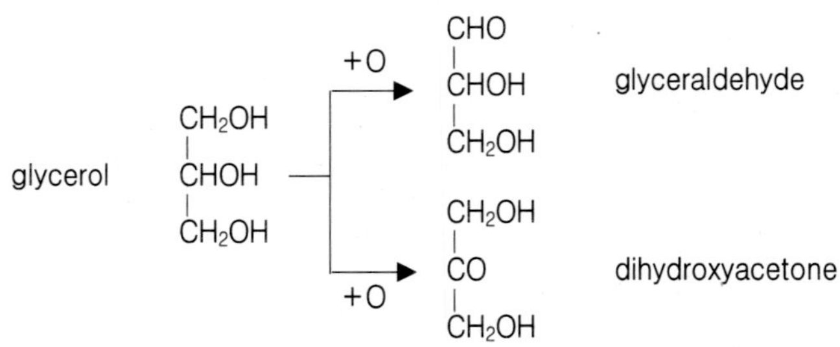

2) 입체 이성체

Glyceraldehyde의 중앙에 있는 탄소원자에는 모두 다른 원자 또는 원자단(-H, -OH, -CHO, -CH_2OH)이 붙어 있다. 이와 같은 탄소를 비대칭탄소(부제탄소, asymmetric carbon)라 부른다. 이 비대칭탄소의 입체적 배치를 고려하면 그림 5-1에 나타난 것처럼 서로 거울상(경상)의 관계에 있는 입체 이성체가 존재한다. 이 2개의 이성체는 화학적, 물리학적 성질에 차이가 없으나 이들 용액 중에 편광을 통과시키면 편광의 진행 방향이 우선성인 것과 좌선성인 것이 있다. 그래서 이런 종류의 입체 이성체를 광학 이성체라 부른다.

Aldose이면 4탄당에서 부제탄소 수가 2개로 이성체 수는 $2^2 = 4$개이고, 5탄당이면 부제탄소 수 3개로 이성체 수는 $2^3 = 8$개이며, 6탄당에서는 $2^4 = 16$개이다.

광학 이성체를 이루는 D(dextro, 우선성)형과 L(levo, 좌선성)형은 carbonyl기에서 가장 멀리 떨어져 있는 부제탄소의 OH기의 위치(좌 또는 우)에 따라서 결정된다. 즉 D(우선성)-glycerol과 일치하는 것을 D-계열로 하고, L(좌선성)-glycerol과 일치하는 것을 L-계열로 하는 것이다. 이 때 D계열과 L계열은 실제의 선광도 방향과는 무관하다(glyceraldehyde는 예외). 예를 들면 D-계열이면서도 좌선성인 것이 있고, 그 반대의 것도 있을 수 있다[그림 4-1, 4-2, 4-3].

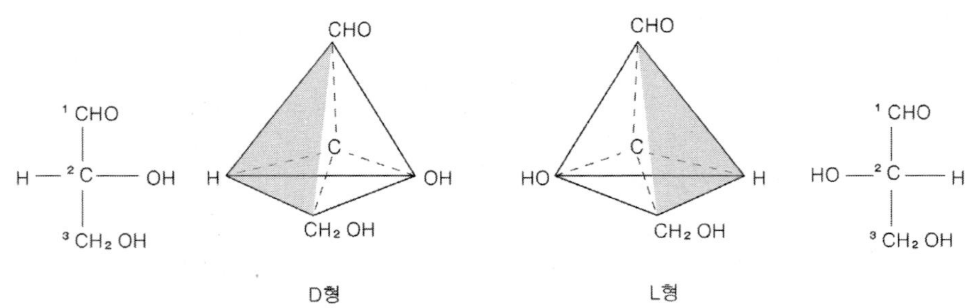

그림 4-1 glyceraldehyde의 이성질체

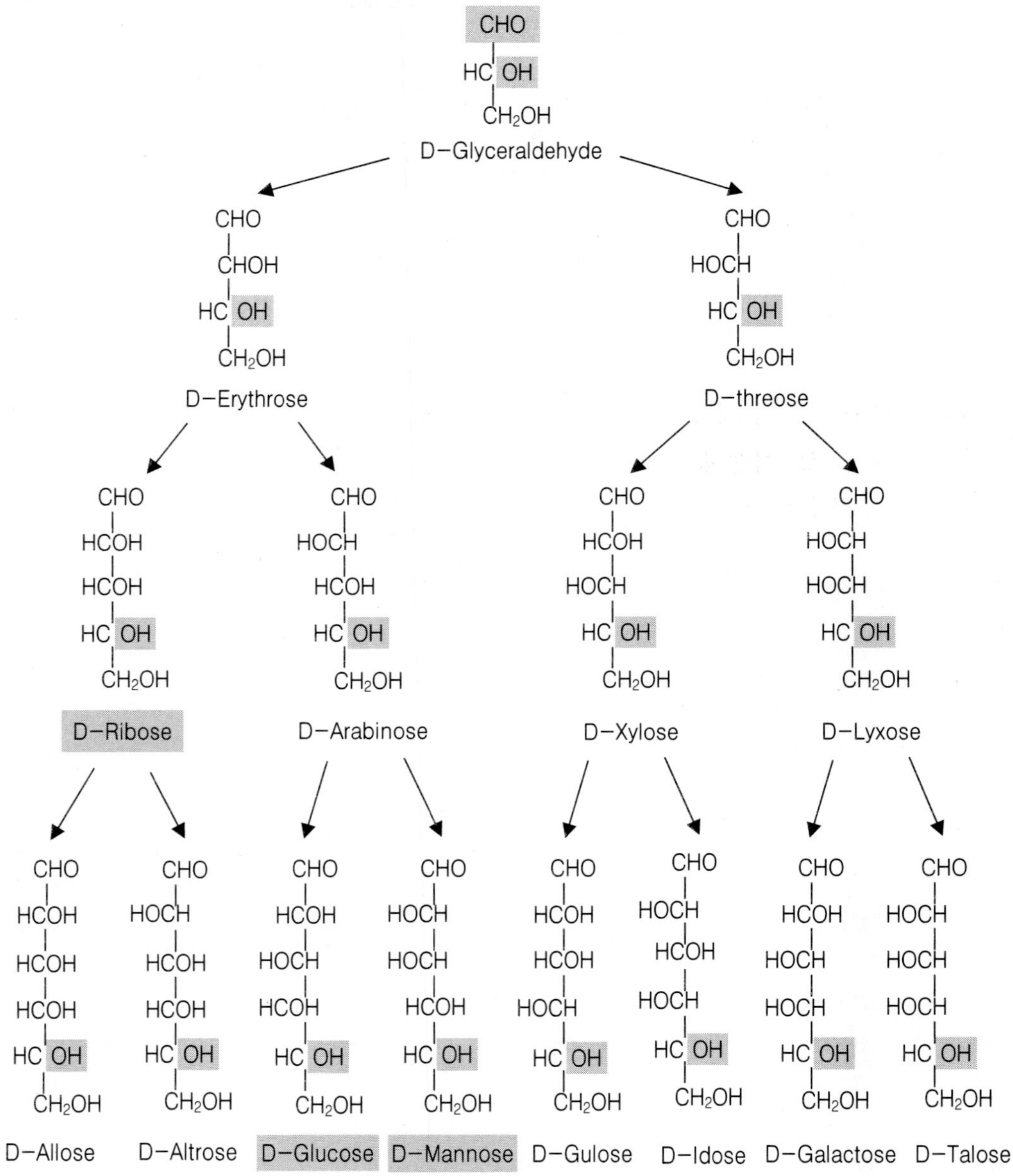

그림 4-2 3탄당에서 6탄당까지의 D-aldose 당의 종류

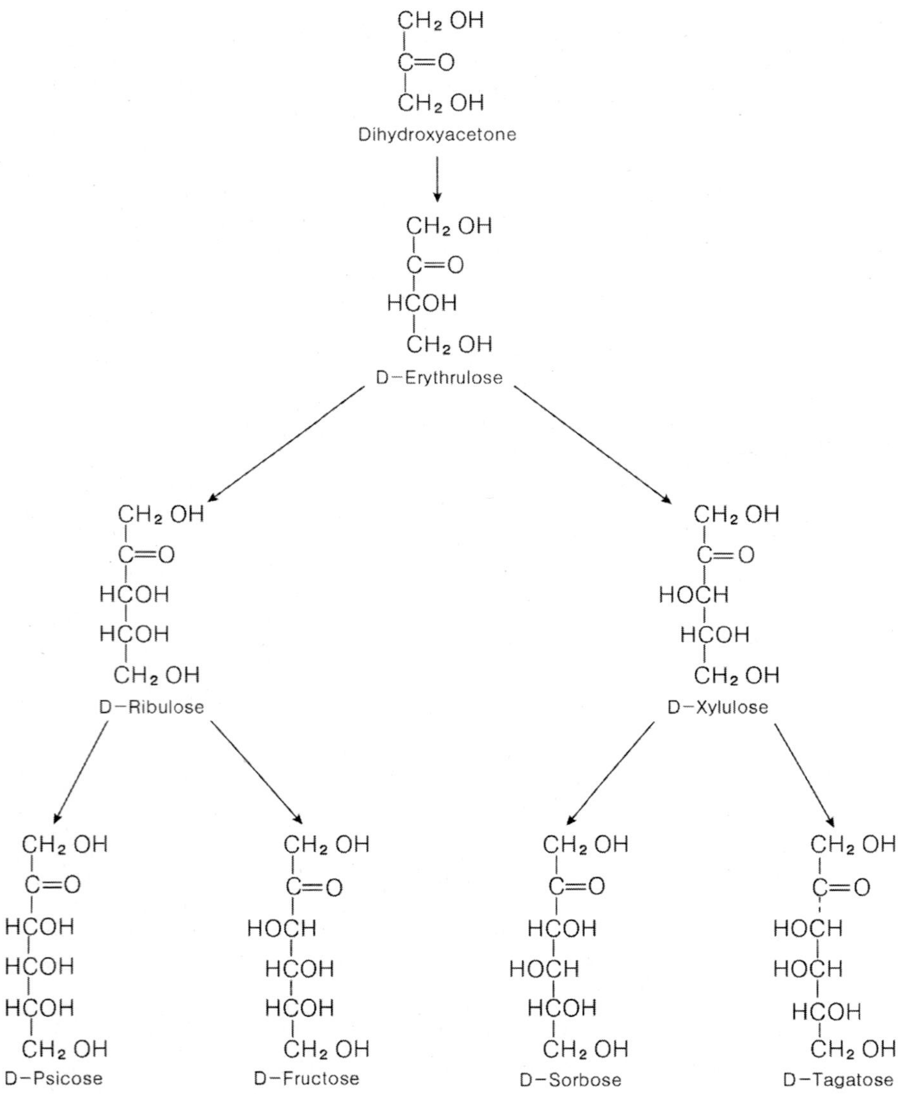

그림 4-3 D-ketose의 계통도

3) 비선광도(specific rotation)

비선광도는 편광의 진행 방향을 회전시킨 각도[α]로 나타내는데, 이 때 용액의 온도와 편광의 광원을 아래와 같이 표시하여야 하며, 선광도를 실측하기 위해서는 다음의 식을 이용하여야 한다.

$$\text{비선광도 } [\alpha]_D^{20} = A/C \times L$$

이 때 C는 용액 1mℓ 중에 용해되어 있는 용질의 g수이고, L은 관측관의 길이로 10cm를 기준으로 하며, A는 회전각도이다. 그리고 선광도는 그 물질에 특유한 값을 가진다.

4) 변선광(mutarotation)

단당류 및 그 유도체의 수용액은 호변이성을 일으켜서 비선광도가 시간의 경과에 따라서 변화하여 평형에 도달하면 일정한 값을 나타내는데, 이와 같이 비선광도가 변화하는 것을 변선광이라 한다. 이것은 aldehyde의 탄소가 부제탄소로 되면서 α형과 β형으로 상호전환 되기 때문이다. 즉 α-D-glucose의 비선광도 [α]는 +112도, β-D-glucose는 +18.7도로 다르다.

5) 전화당(invert sugar)

설탕을 가수분해해서 얻은 과당과 포도당의 혼합물을 전화당이라 한다. 이것은 설탕의 비선광도가 +66도인데 비하여 설탕물의 비선광도는 -20도이기 때문에 붙여진 이름이다. 설탕이 가수분해 되면 위에서 언급한바와 같이 포도당의 비선광도는 +52.7도에서 안정되지만 과당의 비선광도는 -92도가 되므로 결국 이 두 물질의 혼합물인 전화당의 비선광도는 -20도가 된다. 그러므로 +66도인 설탕의 비선광도가 -20도의 설탕물로 변화되었기 때문에 설탕물을 전화당이라 한다. 혈관 내로 흡수되는 단당류의 순서는 galactose 〉 glucose 〉 fructose 〉 mannose 〉 xylose 〉 arabinose이라고 한다.

6) 환상(고리)구조

수용액에서 결정한 포도당을 물에 용해한 직후에는 우선성이 크지만 뜨거운 피리딘 용액에서 결정된 것은 우선성이 적다. 이것은 2개의 이성체가 있는 것을 나타내며, 전자를 α-glucose, 후자를 β-glucose라 한다.

포도당의 aldehyde기와 5번 탄소원자의 OH기가 분자 내에서 헤미아세탈(hemiacetal)결합으로 환상구조를 만들면서 1번 탄소가 새로이 부제탄소원자로 되어서 2개의 입체이성체(α형과 β형)를 생성하는데 이 부제탄소를 anomer탄소라 한다[그림 4-4].

α-형의 당을 수용액에 방치하면 aldehyde형을 거쳐서 β-형으로 전환되는데 이 때 α : β의 비가 대략 1 : 2로 되면 평형에 도달된다. 이 현상을 변선광(mutarotation)이라 한다. 환상구조를 취하면 C와 O는 대개 평면의 6각형으로 되고, H와 OH는 대체로 그 면의 상하로 향한다.

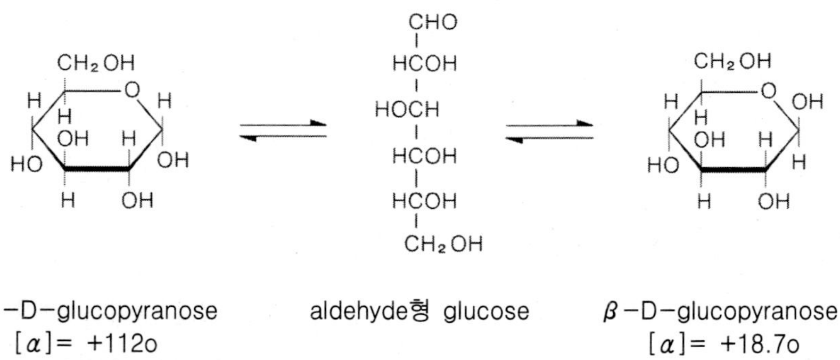

그림 4-4 α -, β -D-glucopyranose의 구조

환상구조로 새롭게 만들어진 헤미아세탈(hemiacetal) OH기는 기타 화합물의 OH기와 탈수결합하기 쉬워서 배당체(glycoside)를 만든다. 배당체에도 α형과 β형이 있고, 배당체는 식물계에 널리 분포되어 있으며, 약용으로 되는 것이 많다. 강심제인 디지탈리스(digitalis)의 유효성분인digitoxin이나 스트렙토마이신(streptomycin)은 배당체에 속한다[그림 4-5].

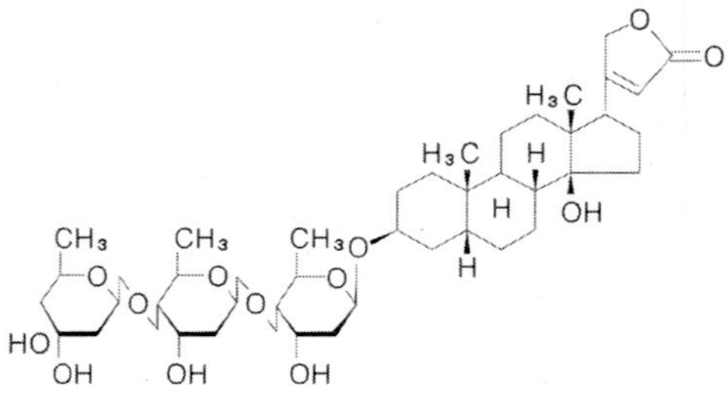

digitoxin

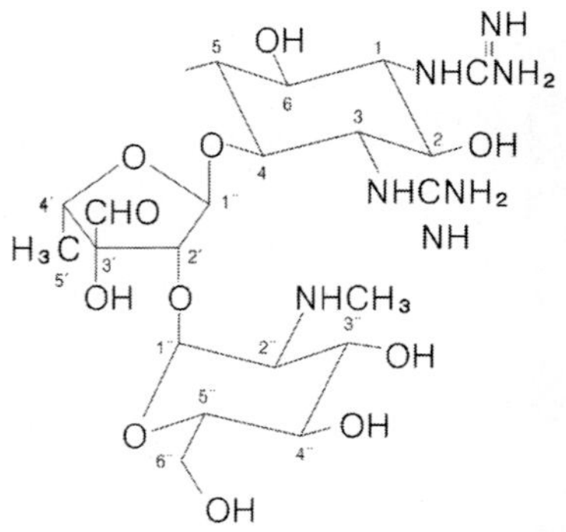

streptomycin

그림 4-5 배당체의 구조

7) 단당류의 성질

(1) 용해도

단당류는 물에 잘 녹고 일반적으로 감미가 있다. 알코올에 용해는 일정하지 않고, 에테르에는 녹지 않는다.

(2) 당의 환원반응

알칼리성 용액에서 가열하면 환원작용을 나타낸다. 이 원리를 이용하여 알칼리성 동, 비스무트(bismuth, Bi) 또는 은염용액에서 각각 이산화 동, 비스무트 은을 환원 석출시킨다. 이와 같은 단당류의 환원성을 이용하여 당의 검출과 정량에 이용한다[표 4-1].

(3) 에스테르 형성

당은 많은 OH기를 가졌기 때문에 산과 에스테르결합한다. 당 인산에스테르는 당대사의 중간산물로, 또는 생체성분으로 중요하다.

표 4-1 당의 환원반응

시험 법	시약의 성분	반 응
Trommer 시험	NaOH액(1) 및 희석 황산동 용액(2)	(1)액을 혼합한 후 (2)액을 가해서 가열하면 적색이 없어지고 황색의 Cu_2O가 침전됨.
Fehling 시험	황산동, NaOH, 주석산 칼륨나트륨 수용액	이 액을 혼합 자비하면 적 또는 황색의 Cu_2O가 침전됨
Nylander 시험	아질산 비스무트, NaOH, 주석산칼륨나트륨	이 액을 섞어 자비하면 흑갈색의 Bi가 침전한다.
은경시험	질산은 용액, 암모니아수	이 액들 혼합 후 가온하면 은경반응

(4) 당의 정색반응

당에 강한 산과 여러 페놀류을 가해서 가열하면 발색되고, 그 색은 당의 종류에 따라서 다른데 그 정색반응을 요약하면 다음과 같다[표 4-2].

표 4-2 당의 정색반응

반응명	시약	색	특징
Molish 반응	황산, α-naphthol+ 황산	자	당 함유의 유무
Seliwanoff 반응	염산, resorcinol	적	과당에 잘 반응함
Tollens 반응	염산, phloroglucinol	적	5 탄당, galactose
Bial 반응	염산, orcinol	청록	5 탄당
Anthrone 반응	황산, anthrone	청록	당 비색정량에 응용
Iodine test	Iodine 용액	남보라	전분
Benedict's test	황산구리, 구연산나트륨, 탄산나트륨	녹황색	환원당 정량

8) 주요한 단당류와 유도체

(1) 5탄당(pentose)

5탄당(L-arabinose, D-xylose)은 식물계에서 pentosan이란 다당류로 널리 존재하지만 동물계에는 많지 않다. 단 D-ribose와 D-deoxyribose는 핵산의 구성성분으로 모든 생물세포에 존재한다.

(2) 6탄당(hexose)

포도당(D-glucose)이 대표적인 6탄당이고, 인체에 대해서 의의가 크다. 전분은 glucosan으로 소화기에서 완전히 가수분해 되어 포도당으로 되어야만 흡수되고, 생체 내에서 모든 당질의 원료로 된다. D-mannose는 축합하여 다당류인 만난(mannan)으로 되고, D-galactose는 유당과 당지질의 구성성분으로 된다. 그리고 과당(D-fructose)은 포도당과 결합해서 설탕을 만든다.

(3) 아미노당(aminosugar, hexosamine)

6탄당 2번 탄소의 OH기가 NH2기로 치환된 것으로 아미노기를 가졌기 때문에 염기성이다. D-glucosamine은 절족동물의 외골격이나 버섯류의 세포벽을 만드는 키틴(chitin)의 가수분해로 얻어진다. 그리고 D-galactosamine은 연골의 구성성분이다[그림 4-6].

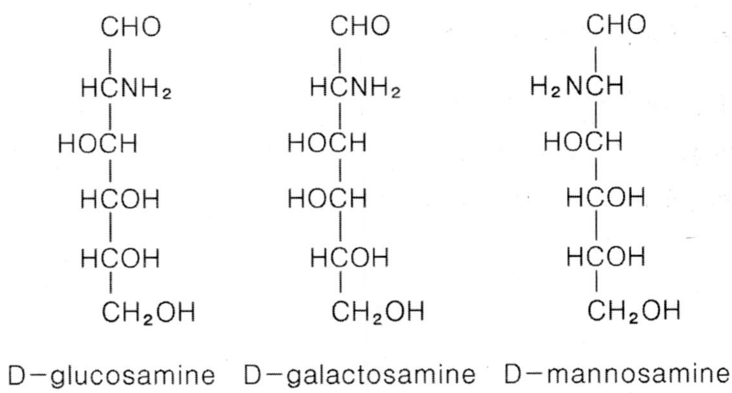

그림 4-6 아미노당의 구조

(4) 우론산(uronic acids)

당의 aldehyde기 반대 쪽 끝에 있는 탄소가 carboxyl기로 된 것으로 D-글루쿠론산(glucuronic acid)은 동물체에서 탯줄, 연골 등에 함유되어 있는 다당류을 구성하는 성분이다.

페놀류, 장뇌 등을 동물에 투여하면 이것들의 물질은 글루쿠론산의 배당체(glucuronide)형으로 요 중에 배설되므로 간의 해독작용에 이용된다. D-갈락튜론산(galacturonic acid)은 당단백질의 구성성분이 된다[그림 4-7].

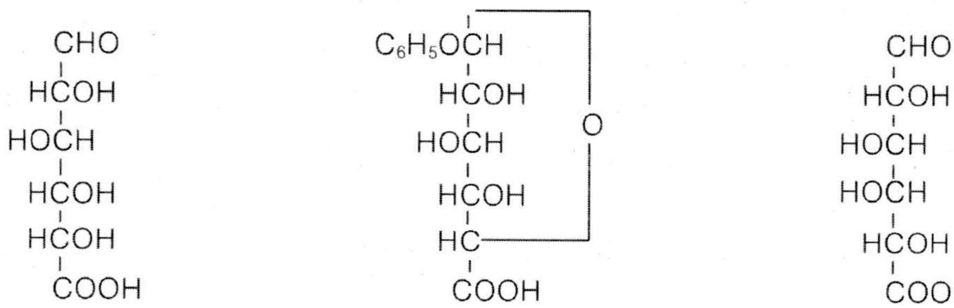

D-glucuronic acid　　phenol-β-glucuronide　　D-galacturonic acid

그림 4-7 galacturonic acid의 구조

(5) 데옥시당(deoxy sugar)

당의 OH기 1개가 산소를 잃고 H만으로 된 것으로 2-deoxyribose, 6-deoxymannose(rhamnose), 6-deoxy-L-galactose(fucose) 등이 있고, 2-deoxyribose는 deoxyri bonucleic acid (DNA)의 구성성분으로 중요하다[그림 4-8].

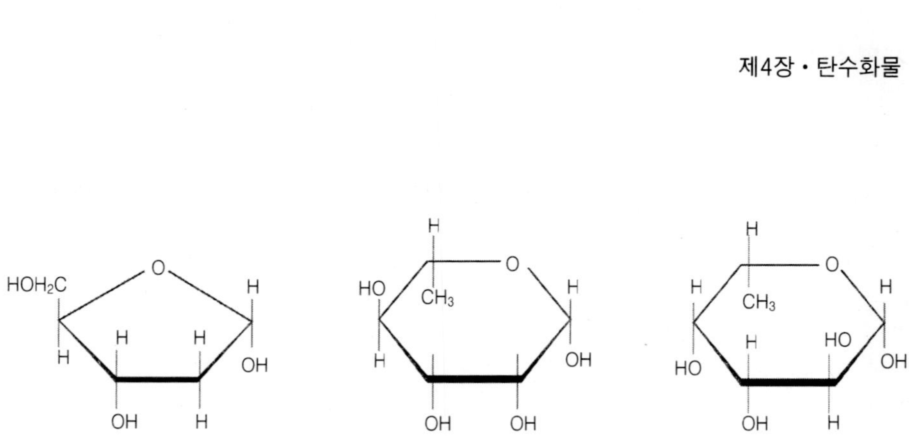

2-deoxyribose　　6-deoxymannose (Rhamnose)　　6-deoxy-L-galactose (Fucose)

그림 4-8 deoxy sugar의 구조

2. 이당류

1) 설탕(sucrose)

포도당과 과당이 α-1,2 결합한 비환원당이고, 산이나 효소인 sucrase의 작용으로 가수분해 되면 발효성이 있다. 식물계에 널리 존재하며 공업적으로는 사탕무우와 사탕수수에서 얻어진다.

2) 맥아당(maltose)

2 분자의 포도당이 α-1,4 결합한 환원당으로 엿기름에 함유되어 있다. 이것은 보리가 발아할 때 전분이 가수분해 되어서 생긴 것이다. 산 또는 maltase에 의하여 가수분해 되면 맥아당은 2분자의 포도당을 생산한다.

3) 유당(lactose)

유당은 갈락토오스와 포도당이 β-1,4결합한 환원당으로 효모에 의해서 발효되기 어렵다. 락타아제로 유당을 가수분해하면 갈락토오스와 포도당으로 되며 젖 속에 5%가량 포함되어 있다[그림 4-9].

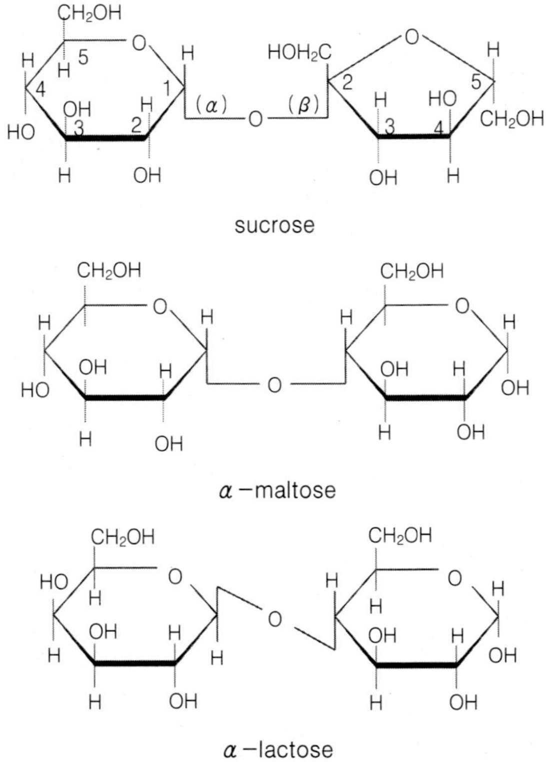

그림 4-9 이당류의 구조

3. 다당류(polysaccharides)

1) 전분(starch)

전분은 성질이 다른 2가지의 물질, 즉 아밀로스(amylose)와 아밀로펙틴(amylopectin)으로 구성되었고, 아밀로스는 200~1,000개 정도의 포도당 분자가 맥아당에서처럼 α-1,4 결합한 사슬형이고, 6개의 포도당 단위가 1 회전하면서 나선구조를 만든다[그림 4-10]. 아밀로펙틴은 아밀로스 사슬을 구성하는 포도당의 6번 탄소에서 α-1,6 결합하여 분지 된 후 연속적으로 별도의 α-1,4 결합

사슬을 가진 거대분자 로 환원성 말단 1개와 다수의 비환원성 말단을 가진다. 아밀로펙틴이 많은 전분의 분자는 많은 분지가 서로 엉겨 있기 때문에 찰떡같이 차진 성질이 강하다. 전분을 산에 넣고 가열하면 가수분해 되어서 호정(dextrin)으로 되고, 더 가수분해 되면 포도당이 된다. 아밀라아제(amylase)란 효소의 작용으로 분해되어서 호정을 거쳐 맥아당으로 된다. 전분 용액에 엷은 요오드용액을 떨어뜨리면 남 보라색이 되는데 이것은 아밀로스에서 순 청색을, 그리고 아밀로펙틴에서 자색을 나타내기 때문이다.

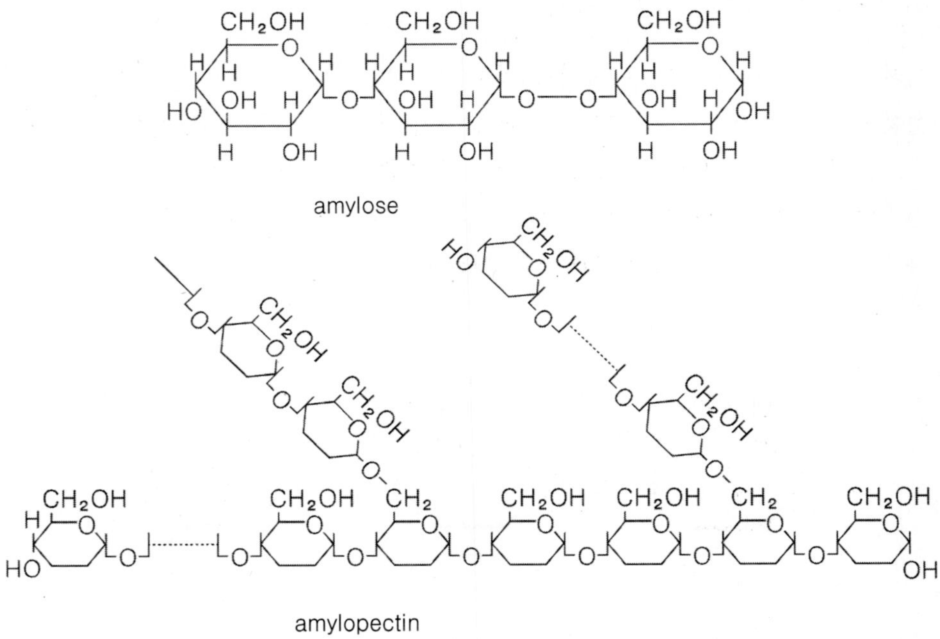

그림 4-10 amylose와 amylopectin의 구조

2) 글리코겐(glycogen)

동물체에 있는 저장형 다당류로 간이나 근육에 많다. 간의 글리코겐은 혈당 유지에 이용되나 근육의 글리코겐은 근육의 에너지원으로만 이용된다.

글리코겐의 분자구조는 아밀로펙틴과 유사하지만 이것보다도 훨씬 더 분지가 많고, 분자량도 크며(100만~500만), 분지의 간격이 포도당 3분자 정도이다. 유리된 분지는 짧아서 포도당 6~7분자 정도이고, 분지가 연결되지 않고 염주모양 각각 떨어져 있어서 냉수에 잘 녹고, 요오드반응은 적갈색으로 나타난다.

3) 셀룰로오스(cellulose)

식물의 세포막을 구성하는 물질로 목재, 마, 면, 기타 일반적인 식물섬유의 구성성분이다. 2,000~3,000개의 포도당 분자가 β-1,4 결합한 것으로 물에 녹지 않고, 분해되기 어렵다[그림 4-11]. 사람의 소화기관 내에서는 소화되지 않지만 달팽이의 간, 췌장이나 세균의 셀룰라아제(cellulase)에 의하여 가수분해 되면 포도당 2분자가 β-1,4 결합한 셀로비오스(cellobiose)가 생긴다.

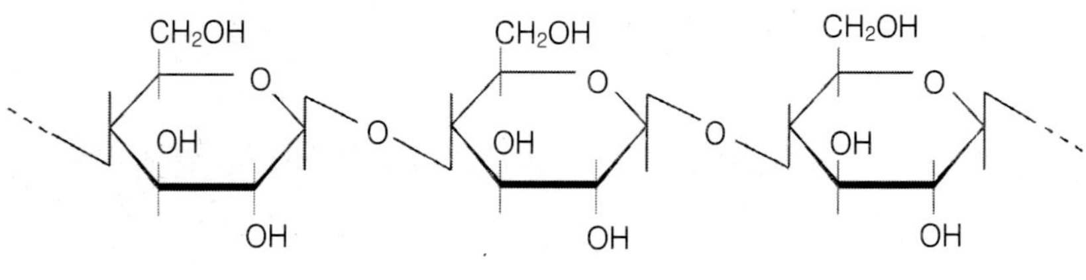

그림 4-11 Cellulose의 구조

4) 이눌린(inulin)

국화과 식물의 뿌리와 우엉, 돼지감자 등에 많이 함유 되었고, 과당이 β-1,2 결합한 과당의 다당류(fructosan)로 산성에서 가열하면 과당으로 분해된다.

5) 점액다당류(mucopolysaccharide)

(1) 키틴(chitin)과 키토산(chitosan)

키틴은 버섯류의 세포벽이나 절족동물의 외골격에 다량으로 함유되어 있고, N-acetyl D-glucosamine이 β-1,4 결합한 것이다[그림 4-12].

키토산은 키틴으로부터 유도된 것이다. 키토산이란 주로 키틴의 탈 acetyl화물로 β-1,4-polyglucosamine구조로 되어있지만 키틴을 진한 알칼리와 용융하여서 만들기 때문에 약간의 구조변화가 일어날 수 있다고 생각된다. 불수용성이지만 염산염에는 가용성이다. 요오드 반응에서 자색을 나타낸다.

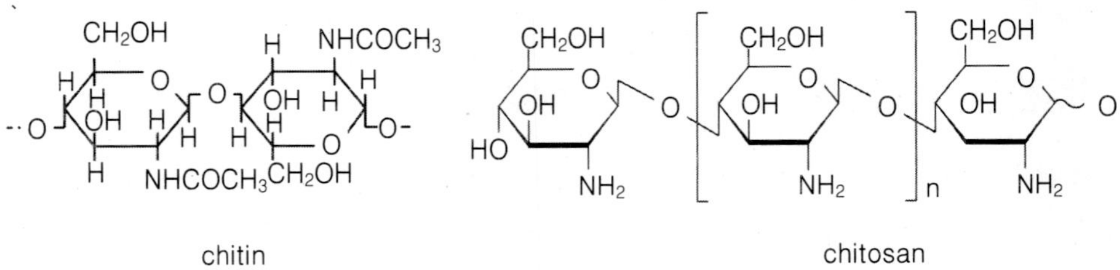

그림 4-12 chitin과 chitosan의 구조

(2) 히알루론산(hyaluronic acid)과 콘드로이틴(chondroitin)

동물 세포 사이를 접합시켜 주고 있는 물질이고, 또한 눈의 초자체와 탯줄의 주요 구성성분이다. 분자사슬이 자유롭게 굴곡하기 때문에 용액은 점활(끈끈하고 미끄럼)성이 있다. D-glucuronic acid와 N-acetyl D-glucosamine이 반복해서 결합한 긴 분자이다[그림 4-13].

콘드로이틴은 이것의 황산 에스테르인 콘드로이틴 황산의 형태로 눈의 각막, 연골, 골, 건 등에 함유되어 있다. D-글루쿠론산과 N-아세틸 D-갈락토사민이 반복 결합한 복합다당류이다.

이 외에 혈액형을 결정하는 혈액형 물질과 혈액응고저지물질인 헤파린 등도 점액다당류에 속한다.

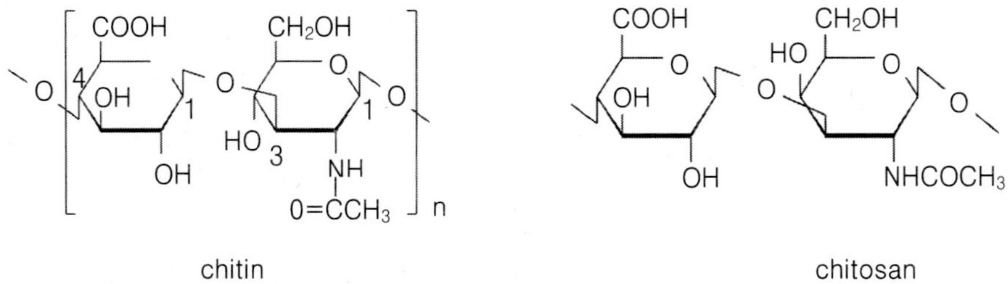

그림 4-13 hyaluronic acid와 chondroitin의 구조

4. 당질의 영양과 기능

1) 전분의 호화(α화, gelatinization)

전분을 물에 넣고 가열하면 60~70℃를 경계로 해서 전분립은 갑자기 수분을 흡수하고, 팽윤되어서 호화된 상으로 된다. 이때의 온도를 호화온도라 하고, 호화온도는 전분의 종류 및 측정법에 따라 다르다. 호화에 필요한 시간도 전분의 종류 및 처리법에 따라 다르다. 호화에 의하여 생 전분인 β-전분은 미셀구조가 팽윤되어서 거친 상태, 이른바 α-전분이 되므로 소화가 잘 된다.

α-화된 전분을 급격하게 탈수건조 시켜서 수분을 10% 이하로 하면 상온 또는 저온에서 α-전분의 상태로 보존된다. 이 원리를 이용한 것이 건빵, 비스킷, 납작한 과자, 찰떡 등이다.

2) 노화(β화, retrogradation)

호화된 전분을 그대로 방치하면 겔(gel) 상태로 되고, 시간이 지나면 백탁으로 되면서 침전된다. 이러한 현상을 노화라 한다. 이와 같은 노화현상은 겨울에 떡, 밥, 빵 등을 경화시키고, 전분분자는 거친 상태에서 치밀한 상태로 되돌아가며, 일반적으로 맛도 나쁘고, 소화도 되기 어렵다. 2~3℃에서 수분 30~60%인 상태가 노화를 일으키기 가장 쉽고, 역으로 물이 아주 많거나 8.6% 이하일 때는 노화되기 어렵다.

3) 당의 캐러멜화(caramelization)

당 액을 160℃ 이상으로 졸이면 탈수·분해가 일어나서 향기롭고, 맛있는 다갈색의 물질이 만들어진다. 이것은 단일 물질이 아니고 당의 여러 탈수축합물이 섞여 있는 것으로 보통 캐러멜이라 부른다. 과자, 소스, 간장, 위스키 등의 착색 및 맛을 내는데 이용된다. 글루코오스의 캐러멜화의 예를 보면 다음과 같다.

$C_6H_{12}O_6$ →	$C_6H_{12}O_7$ →	$C_6H_{10}O_8$ →	$C_6H_{12}O_6$ →	$C_6H_{12}O_6$ →	$C_6H_4O_2$
Glucose	Gluconic acid	glucaric acid	caramelan	caramelene	caramel

4) 당질의 기능

(1) 글리코겐(glycogen)으로 간과 근육에 일시 저장된다.
(2) 해당계에서 직접 에너지원으로 되고, 다시 TCA(tricarboxylic acid)회로에서 $NADH_2$를 생산하는 에너지원이 된다.
(3) 중성지방으로 변화되어서 저장된다.
(4) 비 필수아미노산으로 전환되어서 단백질 합성에 이용된다.
(5) 혈당으로 체내를 순환(혈당유지)하면서 에너지를 공급한다.
(6) 당 단백질 및 당 지질로 생체 구축성분이 된다.
(7) UDP(uridine diphosphate)-glucuronic acid로 되어서 독성물질의 해독과 배설에 관여한다.
(8) 핵산성분인 ribose-5-phosphate를 공급한다.
(9) $NADPH_2$를 공급하여 생체의 생합성 균형을 유지한다.

chapter 5

탄수화물 대사

제5장
탄수화물 대사

1. 탄수화물의 소화와 흡수

1) 구강 내 소화

전분은 타액의 amylase(ptyalin)에 의하여 dextrin을 거쳐 맥아당으로 가수분해 된다. 생 전분은 소화되기 어렵지만 조리된 전분은 효소의 작용을 받기 쉽다. 음식물이 위장으로 내려가서 위산(pH 2)과 혼합될 때까지는 amylase가 계속 작용한다.

2) 위장 내 소화

위벽에서 분비되는 위액 중에는 탄수화물의 소화효소가 함유되어 있지 않다. 그러나 타액의 amylase작용은 음식물이 위내로 들어와 염산을 함유한 위액이 음식물에 스며들어서 pH 4.0 이하로 될 때까지 계속된다. 일반적으로 탄수화물이 주성분으로 되는 음식물은 단백질 및 지방이 많은 음식물보다 위에서 머무는 시간이 짧기 때문에 공복감을 쉽게 느끼는 특징이 있다.

3) 소장 내 소화

췌장의 amylase(amylopsin)는 강력한 소화 작용을 갖고 있으므로 전분은 거의 완전히 맥아당으로 가수분해 된다. 맥아당, 설탕, 젖당과 같은 2당류의 대부분은 그대로 소장 점막의 상피세포 표면에 있는 융모에 의하여 흡수되고, 그 곳에 있는 maltase, sucrase, lactase 등에 의하여 단당류로 가수분해 되며, 단당류는 세포를 통과해서 혈액 중으로 들어간다.

4) 장관 흡수

단당류의 흡수에는 완급이 있는데, 보통 galactose(110) 〉 glucose (100) 〉 fructose(43) 〉 ribose(22) 〉 mannose(19) 〉 xylose(15) 〉 arabinose(9) 〉 L-rhamnose(8)의 순서이다. 일반적으로 분자량이 적은 5탄당보다 6탄당의 흡수가 빠른 것은 단순한 확산 현상만은 아니고, 선택적 흡수가 일어나고 있기 때문이다. 포도당의 흡수속도는 소장 내에 있는 포도당의 양 및 당의 농도와는 거의 무관하고, 대체로 시종 일정하게 유지된다.

2. 해당과정(glycolysis)

1) 해당과정의 개요

(1) 혐기적 해당과정(anaerobic glycolysis)

혈당은 산소가 없으면 젖산으로 분해되고, 산소가 있으면 물과 CO_2로 완전분해 된다. 혈당이 젖산으로 분해되는 것을 혐기적 해당과정이라 한다.

젖산은 근육운동 초기와 심한 근육운동 시에 잘 생성되지만 근육 이외의 많은 조직에서도 생성된다. 그리고 생성된 젖산은 혈액에 흡수되어서 간으로 운반되고, 간에서 당신생합성에 의하여 포도당과 glycogen으로 재합성된다.

(2) 호기적 해당과정(aerobic glycolysis)

혈당이 물과 CO_2로 완전히 분해되는 것을 호기적 해당과정이라 한다. 혈당은 인산화반응에 의해서 활성화되고, 해당과정에 의해서 pyruvate로 분해된다. pyruvate은 산소의 공급이 부족하면 환원되어서 젖산으로 되고, 산소의 공급이 충분하면 미토콘드리아에서 TCA회로로 들어가 물과 CO_2로 완전히 산화된다.

2) 해당과정의 반응

해당은 세포질에서 일어나고, 산소를 필요로 하지 않는 혐기적인 조건에서 에너지를 생산할 수 있으며, 조효소의 하나인 NAD^+(nicotinamide adenine dinucleotide)에 의하여 산화가 진행된다는 특징을 가지고 있다.

해당이란 6탄당인 glucose가 10단계의 연속된 효소반응에 의하여 3탄당인 pyruvate이나 젖산 2분자로 분해되고, 동시에 2ATP가 생산되는 과정이다[그림 5-1].

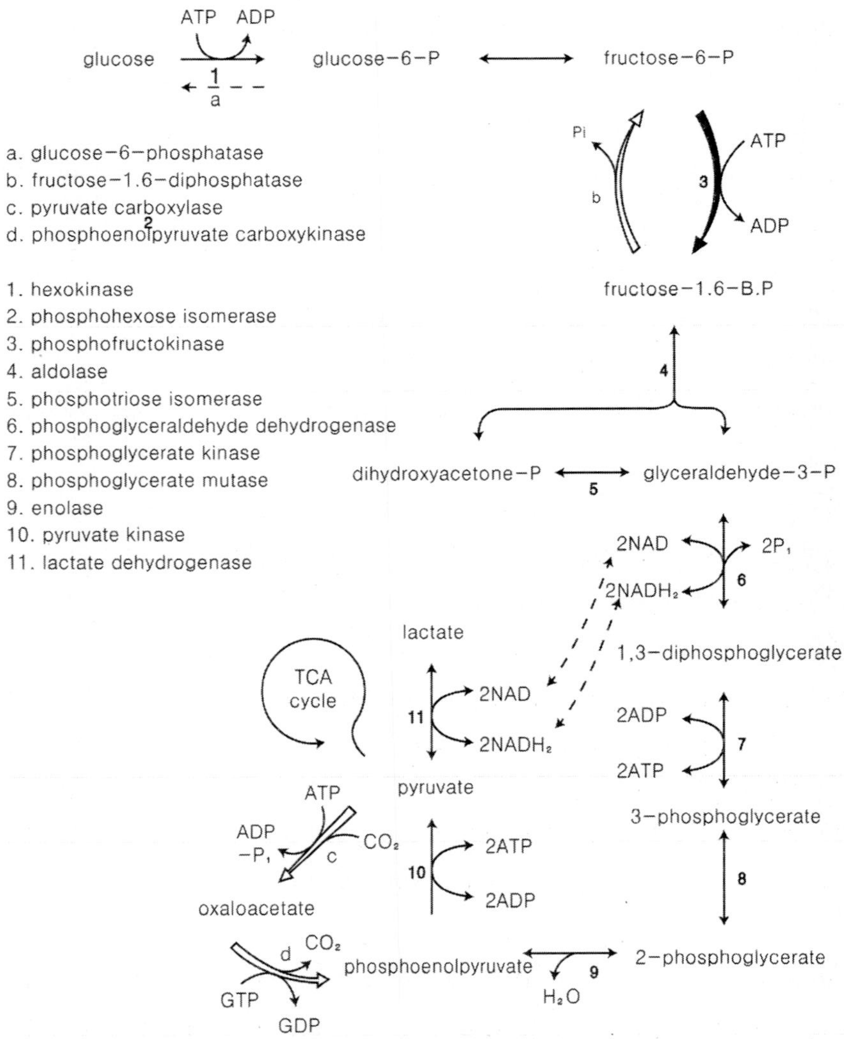

그림 5-1 해당과정 및 당신생 과정

해당과정의 초기 단계는 ① hexokinase(간에는 포도당에 특이적으로 작용하는 glucokinase)에 의해서 포도당이 ATP로부터 인산기를 받는 반응이다. 즉 포도당의 6번 탄소에 있는 -OH기가 인산과 ester결합하여 글루코오스 6-인산(G6P)을 형성하는 것이다.

이 글루코오스 6-인산은 ② phosphoglucose isomerase에 의하여 프락토오스 6-인산 (F6P)으로 전환되고, ③ phosphofructokinase에 의하여 ATP에서 인산 1개를 더 받아서 프락토오스 1.6-이인산(F1, 6BP)으로 된다. 그런데 F1, 6BP은 ④ aldolase에 의하여 3번과 4번 탄소 사이가 분해되어 dihydroxyacetone phosphate(DHAP)와 glycealdehyde-3-P로 분해된다. 이 2개는 모두 3탄당 인산 ester인데, 양자는 ⑤ phosphotriose isomerase의 작용에 의하여 상호 가역적으로 전환될 수 있다.

Glycealdehyde-3-P는 NAD^+를 조효소로 하는 ⑥ glycealdehyde-3-P dehydrogenase의 작용에 의하여 인산 1분자를 더 받아서 1,3-diphosphoglycerate(DPGA)로 된다. 이 때 glycealdehyde-3-P부터 떨어져 나온 2개의 수소원자는 조효소인 NAD와 결합하여 환원형 NAD^+, 즉 $NADH_2$로 된다.

DPGA에서 1번 탄소의 인산 ester결합은 고에너지결합이고, ⑦ phosphoglycerate kinase작용으로 ADP에 인산기를 넘겨주면 자신은 3-phosphoglycerate(3-PGA)로 되고, ADP는 ATP로 된다. 그리고 3-PGA의 인산기는 ⑧ phosphoglycerate mutase에 의하여 2번 탄소로 이행되어서 2-phosphoglycerate(2-PGA)로 되고, 여기에서 ⑨ enolase의 작용으로 다시 물 1분자를 잃으면 phosphoenolpyruvate(PEP)가 생성된다. 그리고 PEP의 인산기도 고에너지결합을 하고 있기 때문에 고 에너지 인산기가 ⑩ pyruvate kinase의 작용으로 ADP로 이전되어서 ATP를 생성하고 자신은 pyruvate로 된다.

그러므로 1분자의 포도당은 해당과정에서 2분자의 pyruvate와 $NADH_2$, 그리고 2분자의 ATP로 분해 된 후 산소가 없으면 $NADH_2$는 ⑪ 젖산탈수소효소(lactate dehydrogenase, LDH)에 의하여 피루브산에 수소원자를 넘겨주어서 젖산을 형성하고, 산소가 있으면 $NADH_2$는 전자전달계로 넘어가서 ATP를 생성한다. 결과적으로 1 분자의 포도당은 2분자의 젖산과 ATP를 생성하게 된다. 이 해당과정을 반응식으로 쓰면 다음과 같다.

$$C_6H_{12}O_6 + 2H_3PO_4 + 2ADP \longrightarrow 2C_3H_6O_3 + 2ATP$$

생리적 조건 하에서 포도당 1분자가 2분자의 젖산으로 분해 될 때의 자유에너지 변화는 약 −52 kcal이다. 그런데 ATP 2분자를 재합성하는데 필요한 자유에너지가 13 × 2 = 26 kcal이므로 자유에너지의 이용효율은 약 50% 정도 된다.

3) 해당과정의 조절

해당반응의 제 1, 3 및 10 단계의 3개 반응에서는 큰 에너지를 필요로 하는 비가역적 인산화반응이므로 당신생시 별도의 효소를 필요로 하는데 그 반응의 특성을 요약하면 다음과 같다[표 5-1].

(1) 제 1단계(hexokinase)

glucose−6−phosphate, fructose−6−phosphate, mannose−6−phosphate 및 galactose−6−phosphate가 저해.

(2) 제 3단계(phosphofructokinase)

① ATP, NADH 및 citrate 농도가 높으면 저해.
② ADP, AMP, fructose−6−phosphate, fructose−1,6−bisphosphate 등의 농도가 높아지면 촉진. 특히 해당계제어의 율속효소이다.

(3) 제 10단계(pyruvate kinase)

ATPm NADH, acetylcoA 및 지방산에 의하여 저해.

해당에 의하여 생성된 피루브산은 산소가 공급되는 조직인 간 등에서 TCA회로에 들어가 CO_2와 H_2O로 완전히 분해되지만 산소가 공급되지 않은 근육에서는 젖산탈수효소(LDH)의 반응을 받아서 젖산으로 된다. 이 반응에서는 phosphoglyceraldehyde dehydrogenase에 의해서 생성된 $NADH_2$를 NAD^+로 되돌리지만 이것에 의하여 해당계는 더욱더 촉진된다.

근육에서 혐기적으로 일어나는 해당과정(Embden−Meyerhof−Parnas pathway, EMP회로)은 효모에 의한 alcohol 발효과정과 대단히 유사한 것으로 판명되었다.

표 5-1 해당과정의 효소와 저해물질

효 소	활성화물질 및 조효소	저해물질
① Hexokinase	Mg^{2+}	glucose-6-phosphate
② Phosphoglucose isomerase		
③ Phosphofructokinase	Mg^{2+}, ADP, AMP, Pi	ATP, O_2, citrate
④ Aldolase		
⑤ Phosphotriose isomerase		
⑥ Phosphoglyceraldehyde dehydrogenase	NAD^+	
⑦ Phosphoglycerate kinase	Mg^{2+}	
⑧ Phosphoglycerate mutase	Mg^{2+}	
⑨ Enolase	Mg^{2+}, Mn^{2+}	F, pyrophosphate
⑩ Pyruvate kinase	Mg^{2+}, K^+	Ca^{2+}, ATP, alanine
⑪ Lactate dehydrogenase	NAD^+	

3. TCA 회로(tricarboxylic acid cycle) : 구연산회로

1) 구연산 회로의 과정

신체 내에 산소의 공급이 충분하면 glycogen 및 포도당은 완전 산화되어서 CO_2와 H_2O로 분해된다. 이 분해반응도 역시 pyruvic acid를 통과하기 때문에 pyruvate까지는 해당과 같은 경로로 산화된다. 이 산화과정은 H. A. Krebs의 연구에 의하여 밝혀졌으므로 Krebs회로라고도 한다.

TCA회로는 포도당의 완전산화 뿐만 아니라 지방산 및 아미노산 산화의 종말단계도 되므로 대단히 중요한 회로이다. 이 대사회로에 관여하는 모든 효소는 mitochondria에 있기 때문에 mitochondria 이외의 세포질에서 형성된 해당과정의 pyruvate는 우선 미토콘드리아로 들어가야만 산화 될 수 있다.

혐기적 조건하에서 해당계의 산물인 젖산에는 포도당의 잠재적 에너지가 90% 정도 남아있다. 그래서 산소가 충분히 공급되는 간 등의 조직에서 피루브산을 미토콘드리아로 이전시키고, TCA회로에서 CO_2로 분해한다[그림 5-2].

TCA회로의 최초 반응은 pyruvate로부터 acetyl-CoA와 $NADH_2$를 생성하는 ① pyruvate dehydrogenase complex에 의하여 이루어진다. 이 효소는 thiamine pyrophosphate(TPP), lipoic acid, NAD^+, 그리고 CoA-SH를 필요로 한다. CoA-SH는 비타민 B군에 속하는 pantothenic acid와 mercaptoethanolamine, adenylic acid, phosphate 등으로 구성된 일종의 nucleotide로 지방산의 생체 내 산화에도 중요한 역할을 한다.

$$\underset{\text{(pyruvate)}}{CH_3COCOOH} + NAD^+ \xrightarrow[\text{CoA-SH}]{\text{TPP}} \underset{\text{(acetyl-CoA)}}{CH_3CO\text{-}CoA} + NADH_2 + CO_3$$

① Pyruvate dehydrogenase complex는 3종의 subunit로 구성된 복합체 효소이다. 제 1 subunit에서 pyruvate는 탈탄산되고, 제 2 subunit 중의 lipoic acid에 의하여 탈수소 되며, 동시에 CoA-SH와 결합하여 acetyl-CoA를 합성한다. 환원된 liopic acid는 제 3 subunit인 FAD의 매개로 NAD^+에 수소를 넘기고 원래의 liopic acid로 되돌아간다.

Acetyl-CoA의 acetyl기는 ② citrate synthase에 의하여 oxaloacetate와 결합해서 구연산과 CoA-SH으로 된다. 구연산은 ③④ aconitase의 작용으로 내부에서 원자 이동이 일어나 isocitrate와 분자의 물로 전환되고, 이것은 다시 ⑤,⑥ isocitrate dehydrogenase에 의하여 CO_2를 분리함으로 α-ketoglutarate와 $NADH_2$로 된다. 그리고 이것은 다시 ⑦ α-ketoglutarate dehydrogenase에 의하여 탈수소와 탈탄산작용을 받아서 succinyl-CoA와 CO_2 그리고 $NADH_2$를 형성한다. 이때 α-ketoglutarate dehydrogenase의 효소도 pyruvate dehydrogenase complex와 같은 효소복합체로 thiamine pyrophosphate(TPP), NAD^+, CoA-SH 등이 관여한다.

Succinyl-CoA는 ⑧ succinyl-CoA synthetase에 의하여 guanosine diphosphate (GDP)와 무기인산(H_3PO_4) 등의 관여로 CoA-SH를 유리시키고 GTP와 succinate로 전환된다. 그리고 GTP는 ADP에 인산기를 넘겨주어서 ATP를 형성한다.

Succinate과 FAD는 ⑨ succinic acid dehydrogenase의 작용으로 fumarate와 $FADH_2$로 전환되고, fumarate는 ⑩ fumalate hydratase에 의하여 물과 화합해서

malate로 변화된다. 그리고 malate와 NAD^+는 다시 ⑪ malate dehydrogenase의 작용에 의하여 oxaloacetate로 전환되면서 $NADH_2$를 생성한다.

이렇게 피루브산이 TCA회로를 1 회전하면 탈수소 반응이 5번 있고 각 반응에서 떨어져 나온 2개의 수소를 수용하는데 1 원자의 산소가 소비되므로 모두 5원자의 산소가 필요하다. 그리고 CO_2는 3개의 반응에서 각각 발생되며, 물은 2 분자가 생성된다.

$$CH_3COCOOH + 5O \longrightarrow 3CO_2 + 2H_2O$$

2) 구연산 회로의 조절

TCA회로의 조절에 관여하는 효소는 4개이며 자유에너지 감소가 큰 반응을 촉매하는 효소들이다.

(1) Pyruvate dehydrogenase complex

① 저해 인자 : ATP, acetyl-CoA, NADH, 지방산

② 활성화 인자 : AMP, CoA, NAD^+, Ca^{2+}

(2) Citrate synthase

① 저해 인자 : ATP, NADH, citrate, succinyl CoA

② 활성화 인자 : ADP

(3) Isocitrate dehydrogenase제 5단계

① 저해 인자 : ATP

② 활성화 인자 : ADP, Ca^{2+}

(4) α-Ketoglutarate dehydrogenase complex

① 저해 인자 : succinyl-CoA, NADH

② 활성화 인자 : Ca^{2+}

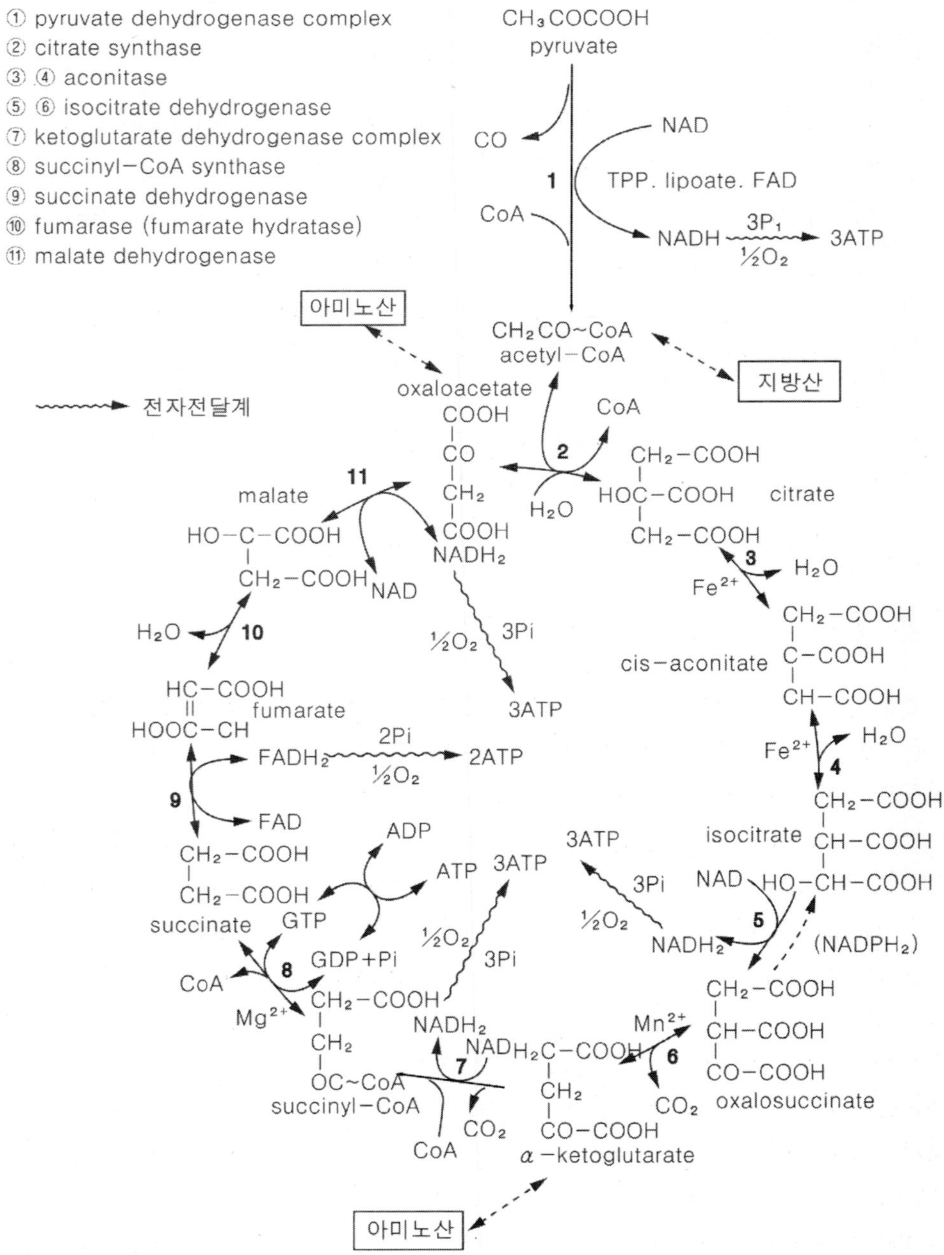
① pyruvate dehydrogenase complex
② citrate synthase
③ ④ aconitase
⑤ ⑥ isocitrate dehydrogenase
⑦ ketoglutarate dehydrogenase complex
⑧ succinyl−CoA synthase
⑨ succinate dehydrogenase
⑩ fumarase (fumarate hydratase)
⑪ malate dehydrogenase
CH₃COCOOH
pyruvate
CO
NAD
TPP. lipoate. FAD
CoA
NADH
3P₁
½O₂
3ATP
아미노산
CH₂CO~CoA
acetyl−CoA
지방산
전자전달계
oxaloacetate
COOH
CO
CH₂
COOH
CoA
H₂O
CH₂−COOH
HOC−COOH
CH₂−COOH
citrate
malate
HO−C−COOH
CH₂−COOH
NAD
NADH₂
½O₂
3Pi
3ATP
Fe²⁺
H₂O
cis−aconitate
C−COOH
CH−COOH
HC−COOH
HOOC−CH
fumarate
FADH₂
2Pi
½O₂
2ATP
FAD
isocitrate
HO−CH−COOH
ADP
ATP
GTP
GDP+Pi
succinate
CoA
Mg²⁺
(NADPH₂)
Mn²⁺
CO₂
CO−COOH
oxalosuccinate
OC~CoA
succinyl−CoA
H₂C−COOH
CO−COOH
α−ketoglutarate
아미노산

그림 5-2 TCA 회로

4. 전자전달계와 산화적 인산화

1) 전자전달계에서 에너지 변환

(1) 복합체 I : NADH 탈수소효소 복합체(NADH dehydrogenase complex)
NADH에서 조효소Q(ubiquinone)까지 전자를 수송함.

(2) 복합체 II : 숙신산 탈수소효소 복합체(succinate dehydrogenase complex)
숙신산에서 조효소Q(ubiquinone)까지 전자를 전달함.

(3) 복합체 III : 시토크롬 c 산화환원효소(cytochrome c oxidoreductase)
시토크롬 bc1복합체로 전자를 환원된 조효소Q로부터 시토크롬 c로 이동시키며 양성자를 미토콘드리아 기질에서 막사이 공간으로 이동시킨다.

4) 복합체 IV : 시토크롬 산화효소(cytochrome oxidase)
시토크롬 aa_3이며 전자를 시토크롬 c 로부터 산소분자에 이동시켜 물분자를 생성한다.

2) 포도당 산화에서 ATP 계산

해당계와 TCA회로의 목적은 포도당에 내재하는 에너지를 생체가 이용할 수 있는 에너지 물질인 ATP로 변환하기 위해서 NADH를 생산하는 것이다. 그래서 이들의 경로에서 생산되는 NADH가 [표 5-2]에 종합되었다.

그런데 NADH는 미토콘드리아 막을 통과할 수 없다. 결국 세포질의 해당계에서 생산된 NADH는 미토콘드리아의 전자전달계로 직접 도입되지 않고, NADH의 수소이온을 운반하는 다른 경로에 의하여 도입된다. 즉 뇌, 근육에서는 DHAP에 NADH의 수소를 전달해서 glycerol-3-phosphate을 형성한 후 미토콘드리아 막을 통과할 수 있다. 미토콘드리아 막을 통과한 한 후 glycerol-3-phosphate의 수소가 FAD에 전달되어서 $FADH_2$를 형성한다. 이 회로를 glycerol phosphate shuttle이라 한다. 그러나 간, 신장, 심장에서 수소이온은 oxaloacetate로 건네져서 사과산으로 mitochondria막을 통과한 후(malate-aspartate shuttle) NADH로 전환된다. 그러므로 장기에 따라서 포도당으로부터 생성되는 ATP의 수는 다르다. 그래서 뇌, 근육 등에서는 포도당 1분자에서 30분자의 ATP가 생성되고, 심장, 간, 신장 등에서는 32분자의 ATP가 생성된다.

TCA회로는 포도당의 완전한 산화경로일 뿐만 아니라 지방산 및 많은 아미노산의 산화경로이기도 하다. 더구나 당신생의 경우는 oxaloacetate가 출발점이 되기 때문에 TCA회로의 중간산물로 전환 가능한 화합물은 모두 포도당으로 전환이 가능하다. 한편 포도당에서 지방산 또는 비필수아미노산이 합성될 때에도 이 회로가 관여한다. 모든 대사경로는 TCA회로로 통하므로 대사의 중심이 된다.

표 5-2 Glucose의 산화에 의한 NADH, $FADH_2$, GTP , ATP의 생성 및 소비 수

반 응	NADH	$FADH_2$	ATP	GTP	비 고
Glucose -> glucose-6-phosphate			-1		해당 ①
Fructose-6-phosphate -> F-1,6-P			-1		③
Glyceraldehyde-3-phosphate-> 1,3-DPGA	2				⑥
1,3-DPGA-> 3-PGA			2		⑦
Phosphoenolpyruvate-> pyruvate			2		⑩
					TCA ①
Pyruvate-> acetyl-CoA	2				⑤⑥
Isocitrate-> α-ketoglutarate	2				⑦
α-ketoglutarate-> succinyl-CoA	2				⑧
Succinyl-CoA-> succinic acid				2	⑨
Succinic acid-> fumalic acid		2			⑪
Malate-> oxaloacetate	2				
합 계	10	2	2	2	32

생체 내에서 포도당 1분자가 완전히 산화될 때에 만들어진 28분자의 ATP이외에 산화적 인산화에 의하지 않고, 해당과정에서 생성된 2분자의 ATP와 TCA cycle에서 생성된 GTP를 매개하여서 얻어진 ATP 2분자가 더해져서 합계 32분자의 ATP가 생산된다(30개의 ATP가 만들어지는 경우도 있다).

즉 한 분자의 포도당이 무 산소 조건하에서 젖산으로 분해 될 때에는 2분자의 ATP가 생성되지만, 완전산화의 경우에는 32분자의 ATP가 생성되므로 에너지 획득률에 현격한 차이가 있는 것이다. 포도당 1 mole의 완전산화로 인한 자유에너지 변화는 생리적 조건하에서 대략 690kcal이고, 1 mole의 ATP합성에 13kcal가 필요하다.

5. 당신생경로(gluconeogenesis)

1) 당신생경로의 비가역적 반응

간 또는 신장에서 젖산, 피루브산, 그리고 여러 아미노산으로부터 포도당 또는 glycogen이 합성되는 것을 당신생(gluconeogenesis)이라 하는데 그 경로를 보면 다음과 같다[그림 5-1].

(1) 젖산이 phosphoenolpyruvate로 전환

해당과정은 대개 가역반응이지만 ⑩ pyruvate kinase, ③ phosphofructokinase 그리고 ① hexokinase에 의한 반응단계는 비가역반응을 일으키므로 이 비가역반응 단계를 해결하기 위해서 별도의 효소가 필요하다. 즉 pyruvate에서 2-phosphoenolpyruvate(2-PEP)로 전환은 미토콘드리아에서 ⓒ pyruvate carboxylase의 작용으로 피루브산이 CO_2와 결합하여 oxaloacetate를 만들고, 이것은 malate dehydrogenase의 촉매작용으로 malate로 환원된 후 세포질로 나와서 다시 oxaloacetate로 재 산화된다. 그리고 oxaloacetate는 ⓓ phosphoenolpyruvate carboxykinase의 작용으로 GTP에서 인산기를 받으면서 CO_2를 유리하여 2-phosphoenolpyruvate로 되는데, 이 회로를 malate shuttle이라 한다.

(2) 과당-2-인산(F-1,6-P)이 과당 1인산(F-6-P)으로 전환

F-6-P이 F-1,6-P로 인산화반응을 촉매 한 ③ phosphofructokinase는 F-1,6-bisP을 F-6-P으로 전환시키지 못하므로 별도의 효소가 필요하다. 즉 이 반응은 ⓑ fructose-1,6-diphosphatase에 의해 F-1,6-bisP로부터 무기인산의 방출이 촉진되므로 완성된다.

(3) 포도당- 1-인산이 포도당으로 전환

포도당은 glucokinase나 ① hexokinase에 의해서 포도당-6-인산으로 인산화 되지만 이 효소에 의한 반응도 비가역반응이다. 그러므로 포도당-6-인산이 포도당으로 전환되기 위해서는 소장, 신장, 간 등에 있는 ⓐ glucose-6- phosphatase에 의한 인산분해반응이 일어나야만 혈액에 포도당을 공급할 수 있다.

2) 당신생경로의 기질

포도당을 혐기적으로 대사해서 에너지원으로 이용할 수 있는 뇌, 신경계, 적혈구, 근육 등은 혈당치가 저하되면 수분 내에 기능을 상실한다. 혈당치가 저하되면 최초의 수 시간동안은 간의 글리코겐에서 포도당이 혈액 중으로 공급된다. 그러나 사람이 며칠간 아무 것도 먹지 않아도 뇌는 기능을 완수하고, 근육도 운동한다. 이것은 당신생계가 간에 존재하고 있어서 아미노산 같은 당질 이외의 영양소에서 포도당이 생 합성되어서 혈액 중으로 공급되기 때문이다.

당신생의 주된 출발물질은 피루브산과 젖산이고, 이것들이 해당계의 역반응으로 포도당을 생산한다. 그러므로 피루브산으로 변환될 수 있는 aspartic acid, glutamic acid, alanine 등의 당원성 아미노산도 당신생의 기질로 이용된다. 또한 젖산 및 글리세롤도 근육에서 혈액의 개입으로 간에 운반되어 기질로 전환된다. 결국 간은 혈당의 공급기관으로 뇌 및 근육을 위해서 작용하는 대단히 중요한 장기이다.

(1) 코리회로(Cori cycle)

간에서 당신생의 주된 원료는 근육 및 적혈구에서 포도당으로부터 만들어진 젖산이 있다. 급격한 운동부하시의 근육, 특히 속근 및 미토콘드리아를 갖지 않은 적혈구에서는 해당계에서 생긴 피루브산이 TCA회로에 들어가지 못하므로 젖산이 된다. 이 젖산은 혈액순환의 개입으로 간에 운반되어 포도당으로 재합성되고, 이것은 다시 혈액순환을 타고 근육 등의 조직으로 운반되어서 에너지원으로 이용된다. 이런 대사 cycle을 Cori cycle이라 한다.

(2) 알라닌회로(alanine cycle)

기아상태가 되면 근육 중의 단백질이 이화되어서 아미노산이 생성된다. 이 아미노산들 중에서 주로 alanine이 혈액을 통해서 간으로 운반되어 피루브산을 경유해서 포도당으로 합성된다. 이 포도당은 혈액순환을 타고 근육으로 운반되어서 근육의 에너지원으로 이용된다.
이 포도당-알라닌 회로는 포도당을 간에서 근육으로, 또한 아미노태 질소를 근육에서 간으로 운반하는 역할을 완수함과 동시에 자유에너지를 간에서 근육으로 회전시키는 효과도 가지고 있다.

2) 당신생경로의 조절

(1) 기질농도에 의한 조절

TCA cycle의 구연산으로부터 succinate까지의 물질과 물질대사를 받아서 TCA 회로로 들어오는 물질, 그리고 pyruvate로 되는 물질은 모두 포도당이나 glycogen으로 전환될 수 있지만 짝수 탄소의 지방산과 같이 acetyl-CoA를 생성하는 물질은 포도당이 될 수 없다.

세포질에서 생성된 피루브산(pyruvate)이 미토콘드리아(mitochondria) 내로 수송되면 피루브산 탈수소효소 복합체(pyruvate dehydrogenase complex)에 의하여 acetyl-CoA가 되지만 pyruvate carboxylase에 의하여 oxaloacetate로 되기도 한다. 이 운명은 acetyl-CoA 농도에 의하여 결정된다. 말하자면 acetyl-CoA 농도가 높은 때에는 pyruvate dehydrogenase가 저해되고 역으로 pyruvate carboxylase가 활성화되기 때문이다. 당신생이 진행되는 상태에서도 간 세포는 β-산화를 왕성하게 수행해서 대량의 acetyl-CoA를 생성하기 때문에 pyruvate carboxylase가 활성화된다. 그러므로 pyruvate는 oxaloacetate로 되고, 당신생이 증진된다.

(2) 다른자리입체성 조절

해당계에는 PFK(phosphofructokinase)도 존재하고, F-2,6-bisP를 만들고 있다. 이 F-2,6-bisP는 당신생계의 F-1,6-bisphosphatase의 저해제이므로

F-2,6-bisP는 당신생계를 억제하고, 포도당의 흐름을 해당계로 향하게 하는 중요한 조절인자이다.

(3) 효소에 의한 조절

① 글루카곤, 에피네프린은 cAMP-dependent protein kinase의 활성을 증가시켜 pyruvate kinase를 인산화 함으로서 불활성화 시키면 pyruvate로 전환하지 못한 phosphoenolpyruvate가 당신생경로로 활성화된다.

② 인슐린은 글루카곤, 에피네프린과 반대작용을 한다.

6. 글리코겐의 합성 및 분해

1) 글리코겐의 합성(glycogenesis)

다당류의 전분을 섭취하면 소화관에서 소화효소의 작용을 받아 단당류인 포도당으로 소화되어서 간이나 근육으로 흡수된다. 흡수된 포도당은 혈액과 함께 체내를 순환하면서 각 조직의 세포로 들어가 신속하게 ① hexokinase(간에서는 glucokinase)에 의하여 인산화 되어서 포도당-6-인산(glucose-6-phosphate, G-6-P)으로 된다.

G-6-P은 ② phosphoglucomutase에 의하여 G-1-P으로 전환되고, 이것에 ③ UDPG pyrophosphorylase의 촉매작용에 의하여 UTP(uridine triphosphate)가 반응해서 비환원성 말단의 UDPG(uridine diphosphate glucose)를 생성한다. 그리고 UDPG에 ④ glycogen synthase가 작용하여 UDP가 떨어지면서 포도당의 1번 탄소가 시발 글리코겐의 비환원 말단 포도당의 4번 탄소와 α-1,4 glycoside결합해서 글리코겐의 분자량을 증가시킨다[그림 5-3].

비환원성 말단에서 연속적으로 α-1.4결합이 일어나서 6-11개의 포도당 단위로 길어 졌을 때 branching enzyme(amylo-1,4→1.6-transglucosidase)이 글리코겐에 작용하여 α-1.4결합 사슬의 일부(최저 6개의 포도당 잔기 이상)를 이웃 사슬로 이전시키면서 α-1.6결합함으로서 분자 내에 분기점을 만든다.

이와 같이 세포가 포도당을 G-6-P로 변화시켜 세포 내의 포도당 농도를 저하시켜서 혈액으로부터 더 많은 포도당을 섭취할 수 있도록 한다. 그리고 섭취된 포도당의 대부분은 간과 근육에서 다당류인 글리코겐으로 합성되어서 저장된다.

생체에서 당질의 저장 형태가 포도당이 아니고 글리코겐을 선택한 것은 다음과 같은 3가지의 이점이 있기 때문이다.

① 글리코겐은 세포 내의 삼투압을 떨어뜨릴 수 있고,

② 반응성이 높은 포도당의 aldehyde기를 보호할 수 있으며,

③ 고도로 분기되어 있어서 효소에 의해 분해되기 쉬워 신속하게 G-1-P를 공급할 수 있다.

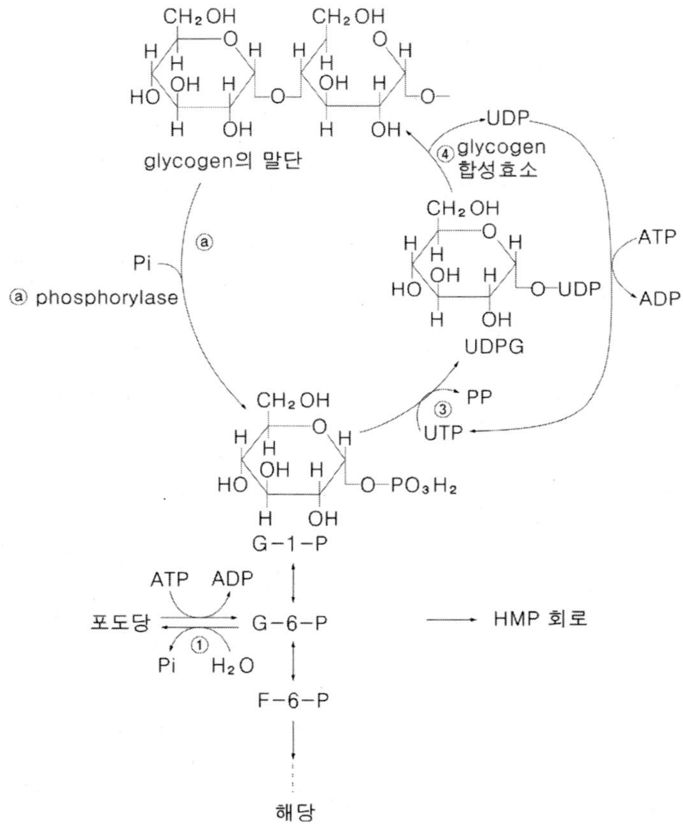

그림 5-3 글리코겐의 분해와 합성

분해 ⓐ glycogen phosphorylase ⓑ α-1,4 glucan transferase ⓒ debranching enzyme

합성 ① hexokinase ② phosphoglucomutase ③ UDPG pyrophosphorylase ④ glycogen synthase

2) 글리코겐 분해(glycogenolysis)

글리코겐 분해의 초기 단계는 ⓐ glycogen phosphorylase에 의하여 글리코겐의 비환원성 말단에 있는 α-1.4결합이 가수분해 되어서 포도당에 한 분자의 인산이 전이되어 포도당-1-인산(G-1-P)을 생성하는 것이다.

Glycogen phosphorylase는 α-1,6결합으로부터 4개의 포도당 잔기가 남을 때까지 α-1,4결합을 가수분해한다. 그리고 ⓑ α-1,4 glucan transferase가 작용해서 trisaccharide단위를 이전시켜 α-1,6결합을 노출시킨다. 노출된 α-1,6결합은 ⓒ debranching enzyme (amylo-1,6-glucosidase)의 작용에 의하여 가수분해 된다.

Glycogen phosphorylase에 의해 α-1,4결합이 가수분해 되면 포도당-1-인산이 생성되지만 debranching enzyme에 의하여 α-1,6결합이 가수분해 되면 유리 포도당이 생성된다. 그리고 포도당-1-인산은 ⓓ phosphoglucomutase의 작용으로 포도당-6-인산으로 되어서 해당경로에 들어간다.

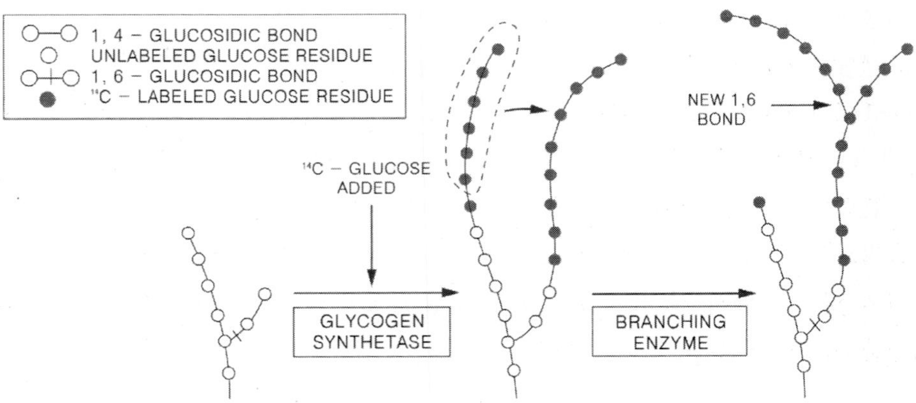

그림 5-4 α-1,6 결합의 형성

간에서 glycogen으로부터 포도당을 생성하는 과정은 amylase에 의한 가수분해가 아니고 포도당-1-인산을 경유하여 포도당-6-인산으로 되고, 간에 함유되어 있는 포도당-6-인산효소의 작용으로 인산이 분해되어 유리 포도당이 생성된다.

그리고 혈액 중으로 방출되어서 혈당을 유지하고, 뇌에 에너지를 공급한다.

근육에서도 간처럼 글리코겐은 glycogen phosphorylase에 의하여 가인산분해되어서 G-1-P, G-6-P로 되지만 간과 달리 근육의 글리코겐은 해당계로 들어가서 에너지 생산에만 사용된다. 근육은 포도당을 자신의 에너지원으로 이용하기 때문에 glucose-6-phosphatase를 가지고 있지 않다.

위에서 기술한 것처럼 글리코겐은 생체의 장 조직이 에너지를 필요로 할 때 분해된다. 한편 흥분하거나 긴장하면 아드레날린(adrenaline)이 분비되지만 이 아드레날린은 글리코겐 분해를 촉진하여서 흥분의 정도에 알맞을 만큼의 에너지를 포도당으로부터 공급한다. 또한 흥분하면 부신피질자극 호르몬(ACTH)도 분비되어서 글리코겐 분해를 촉진시킨다.

3) 글리코겐 합성과 분해에 의한 혈당의 조절

(1) 글리코겐의 합성으로 혈당량 감소

글리코겐의 합성으로 혈당량을 감소시키는 작용은 인슐린에 의하여 수행된다. 인슐린은 혈당이 세포막을 통과해서 세포 내로 들어갈 수 있도록 도와주고, 글리코겐합성효소를 활성형으로 유지해서 혈당의 주성분인 포도당을 G-6-P → G-1-P → UDPG로 전환시켜 α-1,4 배당결합(glycoside bond)하게 함으로 간에 글리코겐을 합성한다. 그래서 혈당량을 감소시킬 수 있다.

한편 인슐린은 디에스테라제(diesterase)를 활성화하여 cAMP농도를 저하시켜 글리코겐합성효소를 활성형으로 작용하게 해서 혈당을 감소시킨다. 더구나 인슐린은 혈액 중에서 간 세포로 포도당 섭취를 촉진시키고, 포도당->글리코겐의 반응을 촉진하므로 혈액 중의 포도당 농도, 즉 혈당치를 감소시킨다.

(2) 글리코겐의 분해로 혈당량 증가

글리코겐을 분해해서 혈당을 증가시키는 작용에는 췌장 호르몬인 글루카곤(glucagon)과 부신 수질 호르몬인 아드레날린(adrenaline), 그리고 부신피질호르몬인 글루코코르티코이드(glucocorticoid) 등이 있다.

① 글루카곤(glucagon)

혈당치가 저하되면 간에서 글루카곤의 작용으로 adenylate cyclase가 활성화되어서 ATP로부터 cAMP로의 반응이 촉진되어서 cAMP 농도가 상승한다. 그리고 cAMP는 cAMP 의존성 protein kinase(불활성)에 결합해서 활성형으로 전환시킨다. 활성화된 protein kinase는 불활성형 phosphorylase kinase(b)를 인산화하여 활성형 phosphorylase kinase(a)로 전환시키고, 활성형 phosphorylase kinase(a)는 불활성형 phosphorylase(b)를 인산화하여 활성형 phosphorylase(a)로 전환시킨다. 그래서 활성형 phosphorylase (a)는 글리코겐에서 G-1-P를 잘라낸다. 그리고 G-1-P는 G-6-P를 거쳐서 포도당으로 되고, 혈액 중으로 방출되어서 혈당을 상승시킨다. 즉 글루카곤은 adenylate cyclase를 활성화시켜서 cAMP의 농도를 증가시키고, cAMP는 결과적으로 phosphorylase (a)를 활성화시키므로 혈당을 상승시키며 cAMP에 의하여 활성화된 활성형 A kinase는 글리코겐 합성효소를 인산화하여 불활성형으로 만들기 때문에 포도당으로부터 글리코겐으로 합성되는 것을 억제하므로 혈당을 상승시키는 효과를 나타내기도 한다. 한편 근육에서는 에피네프린(epinephrine)이 같은 작용을 한다.

② 아드레날린(adrenaline)

아드레날린은 호르몬감수성 phospholipase C를 활성화시켜 phosphatidylinositol에서 inositol triphosphate(IP3)를 생성해서 이것이 소포체의 Ca^{2+}을 방출시킴으로서 Ca^{2+}이 phosphorylase kinase(b)를 phosphorylase kinase(a)로 활성화하고, 이것이 phospho rylase (b)를 phosphorylase(a)로 활성화하여 일련의 cascade 반응에 의하여 글리코겐으로부터 G-1-P로 분해를 촉진함으로 혈액 중의 포도당 농도를 상승시킨다.

③ 글루코코르티코이드(glucocorticoid)

글루코코르티코이드는 G-6-P에서 포도당으로 탈인산반응을 촉진시켜서 혈액 중의 포도당 농도를 상승시킨다.

결국 글리코겐 분해는 glycogen phosphorylase에 의하여, 합성은 glycogen synthase에 의하여 직접 조절된다. 모두 세포 외의 호르몬 정보가 second messenger인 cAMP농도를 변화시켜서 효소활성을 조절한다. 인슐린과

diesterase, 그리고 glycogen synthase는 혈당을 감소시키고, 글루카곤 (glucagon), cAMP, 아드레날린, 글루코코르티코이드, glycogen phosphorylase 등은 글리코겐 분해를 촉진해서 혈당을 증가시키다.

7. 당대사의 기타경로

1) 오탄당 인산경로(pentose phosphate pathway ; hexose monoposphate shunt)

이 경로는 세포질에 존재하고, 1 분자의 G-6-P를 이 회로에서 6회전시키면 6 분자의 CO_2와 12분자의 $NADPH_2$가 생산되지만, 1회전하면 $1CO_2$와 $2NADPH_2$, 그리고 ribse-5-phosphate가 생성 되는데 이때 생성된 ribose-5-phosphate는 핵산합성에서 ribose와 deoxyri bose의 공급원이 된다[그림 5-5].

결국 이 회로는 산소를 사용하지 않고 포도당을 완전히 연소하는 회로이다. 이 HMP 회로는 $NADPH_2$를 생산하지만 ATP를 생산하지 않으므로 생체에서 $NADPH_2$의 공급을 담당한다.

$NADPH_2$는 지방산 및 steroid를 합성하는데 사용되고, 또한 산화형 glutathione의 환원에 꼭 필요하다. 예를 들면 적혈구는 다량의 환원형 glutathione을 이용해서 과산화수소의 활성산소에 의한 막의 손상을 예방한다. 환원형 glutathione은 활성산소를 해독하면서 산화형 glutathione으로 되지만 산화형을 환원형으로 되돌리기 위해서 NADPH2가 필요하다.

간에서는 포도당의 약 30%정도가 이 회로에 의해서 대사 된다. 유선, 지방조직, 성선, 부신피질, 백혈구 등의 조직에서는 그 비율이 더욱 더 크고, NADPH2를 필요로 하지 않는 심근 및 골격근에서는 이 경로가 거의 존재하지 않는다.

더구나 오탄당인산경로는 핵산을 위시해서 여러 종류의 nucleotide류 및 조효소류의 합성재료인 ribose-5-phosphate를 공급한다. 특히 ribose-5-phosphate 에서 합성되는 5- phosphoribosyl-1-pyrophosphate(PRPP)는 purine nucleotide를 합성하는데 필요한 시발물질로 이용된다.

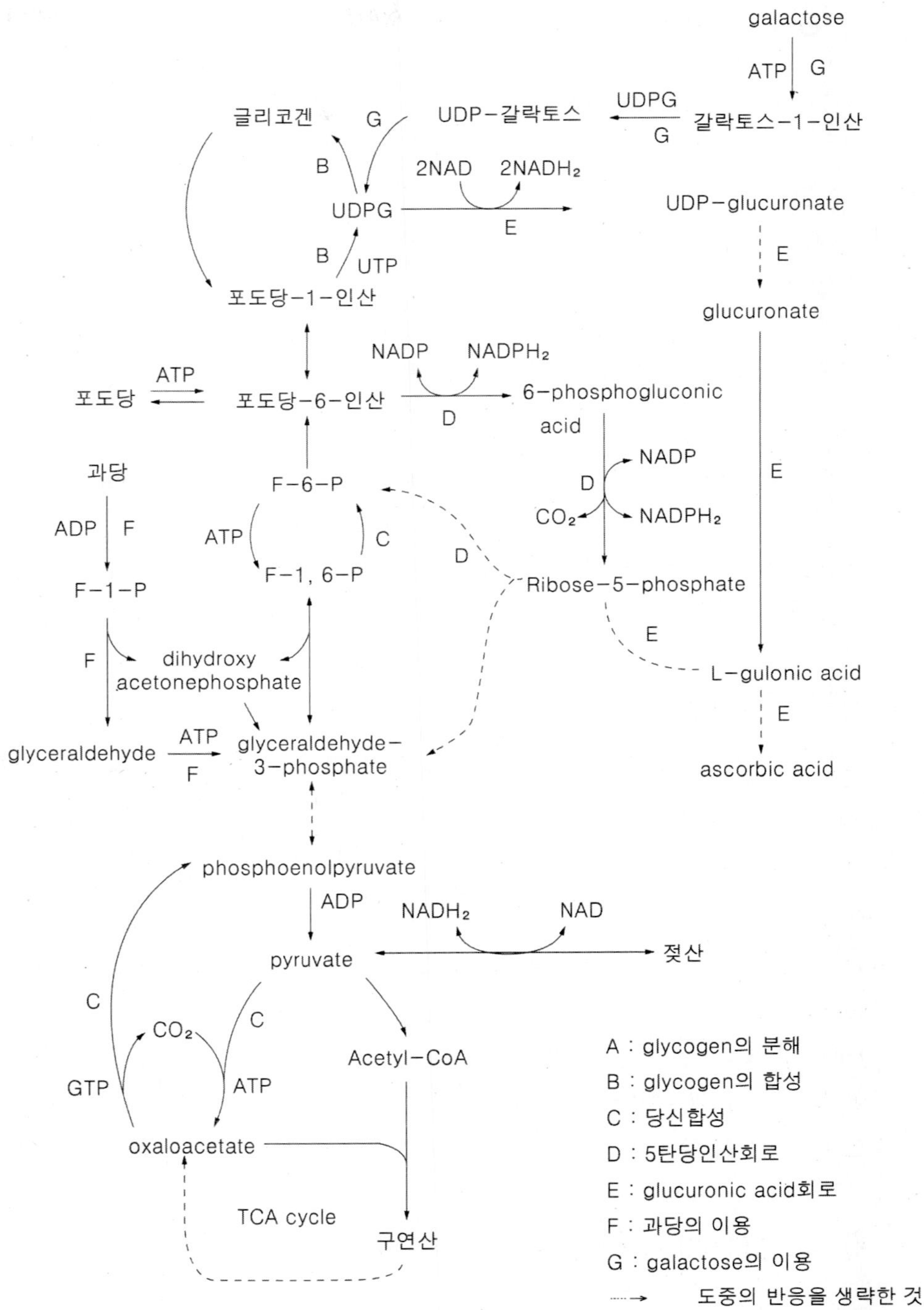
galactose
ATP
G
글리코겐
G
UDP-갈락토스
UDPG
G
갈락토스-1-인산
B
2NAD
2NADH₂
UDPG
E
UDP-glucuronate
E
B
UTP
포도당-1-인산
glucuronate
NADP
NADPH₂
ATP
포도당
포도당-6-인산
D
6-phosphogluconic acid
NADP
D
E
과당
F-6-P
CO₂
NADPH₂
ADP
F
ATP
C
D
F-1-P
F-1, 6-P
Ribose-5-phosphate
E
F
dihydroxy acetonephosphate
L-gulonic acid
E
glyceraldehyde
ATP
F
glyceraldehyde-3-phosphate
ascorbic acid
phosphoenolpyruvate
ADP
NADH₂
NAD
pyruvate
젖산
C
C
CO₂
Acetyl-CoA
GTP
ATP
oxaloacetate
TCA cycle
구연산
A : glycogen의 분해
B : glycogen의 합성
C : 당신합성
D : 5탄당인산회로
E : glucuronic acid회로
F : 과당의 이용
G : galactose의 이용
도중의 반응을 생략한 것

그림 5-5 HMP회로

2) Glucuronate cycle

Phenol 등의 독성물질은 간에서 UDP-glucuronate로부터 glucuronate기가 전이되어서 phenol β-glucuronide로 되어 요 중으로 배출된다. 이와 같이 간은 해독기구의 하나이고, UDP-glucuronate는 UDP-glucose로부터 UDP-glucose dehydrogenase에 의하여 만들어질 수 있는데 이것을 glucuronate cycle이라 한다.

$$\text{UDP-glucose} + 2\text{NAD} + H_2O \xrightarrow[\text{(UDP-glucose dehydrogenase)}]{} \text{UDP-glucuronate} + 2\text{NADH}_2$$

$$\text{UDP-glucuronate} + \text{phenol} \longrightarrow \text{phenol} -\beta- \text{glucuronide} + \text{UDP}$$

Glucuronate는 점액다당류에 공통성분인 hyaluronic acid의 재료가 된다. 유리 glucuronate는 여러 효소반응단계를 거쳐서 오탄당 인산경로로 들어간다.

3) 설탕(sucrose)의 대사

포도당과 과당(fructose)으로 구성된 이당류인 설탕은 소장 점막상피세포에 존재하는 sucrase에 의한 막 소화에 의하여 단당으로 분해된 후 흡수된다. 과당은 주로 간의 fructokinase에 의하여 과당-1-인산(fructose-1-phosphate, F-1-P)으로 인산화되고, 뒤이어 과당-1-인산 알돌라제(fructose-1-phosphate aldolase)에 의하여 삼탄당인 dihydroxyacetone phosphate(DHAP)와 glyceraldehyde로 분해된다.

glyceraldehyde는 인산화되어 glyceraldehyde-3-phosphate으로 되어 해당계로 들어간다. 또한 일부의 glyceraldehyde는 glycerol, 그리고 α-glycerophosphate으로 변환되어서 중성지방(triacylglycerol)의 합성에 이용된다.

4) 과당(fructose)의 대사

과당은 설탕의 가수분해 산물로 포도당 다음으로 많은 식이성 당이다. 과당의 급원은 설탕무우, 설탕수수, 당밀(molasses, sorghum), 단풍당(maple sugar),

파인애플(pineapple), 익은 과일(ripe fruits), 그리고 벌꿀 등이다. 과당 대사도 인산화반응에 의해서 시작되는데 과당에 특이적인 hexokinase가 간에 존재할 때 이것을 fructokinase라 한다.

Fructokinase는 과당을 fructose-1-phosphate(F-1-P)로 인산화 하지만, F-6-P로 인산화하지 못한다. 이 효소는 간, 신장, 소장 등에서 발견되고, 과당에 대한 km은 낮으며, 식사 상태나 인슐린에 의하여 활성은 영향을 받지 않는다.

$$\text{Fructose} + \text{ATP} \xrightarrow{\text{fructokinase}} \text{fructose-1-phosphate} + \text{ADP}$$

Fructose-1-phosphate는 F-1-P aldolase (phosphofructoaldolase)에 의하여 dihydroxyacetonephosphate(DHAP)와 glyceraldehyde로 분해되고 DHAP는 isomerase에 의하여, 그리고 glyceraldehyde은 triose kinase에 의하여 각각 3-phosphoglyceraldehyde로 전환되어서 해당경로에 들어가 대사 된다. F-1-P aldolase는 간에 많지만 근육에는 없는 효소로 해당과정에서 사용되는 aldolase의 isoenzyme이다.

또한 glyceraldehyde은 glyceraldehyde dehydrogenase에 의하여 glycerate로 산화되고, glycerate는 hydroxypyruvate를 거쳐서 L-serine으로 전환될 수 있다.

Glycerol dehydrogenase에 의하여 glycerol로 환원된 후 glycerol-3-phosphate로 인산화 된다. 후자는 당 신생이나 triglyceride 합성을 위해 사용될 수 있다.

$$\text{D-fructose} + \text{NADPH}_2 \longrightarrow \text{D-sorbitol} + \text{NADP}$$

$$\text{D-sorbitol} + \text{NAD} \longrightarrow \text{D-fructose} + \text{NADH}_2$$

5) 갈락토오즈(galactose) 대사

갈락토오스는 ATP와 galactokinase에 의하여 갈락토오스-1-인산으로 인산화 된다. 갈락토오스-6-인산으로 인산화 되지 않는다. Hexose-1- phosphate uridyl transferase는 UDP-glucose로부터 galactose-1-phosphate로 UDP의

운반을 촉매하여 UDP-galactose와 glucose-1-phosphate를 형성한다.

Galactose-1-phosphate+UDP-D-glucose ⟶ UDP-galactose+glucose-1-phosphate

UDP-galactose는 UDP-glucose-4-epimerase에 의하여 UDP-glucose로 전환되고, glucose-1-phosphate는 glucose-6-phosphate로 전환되어서 해당계에 도입되거나 글리코겐으로 저장된다.

6) 만노즈(mannose) 대사

Mannose는 hexokinase가 6번 탄소를 인산화 하여 mannose-6-phosphate이 된다. Mannose-6-phosphate는 fructose-6-phosphate로 인산화 되어 해당으로 들어간다.

chapter 6

지질

제6장
지질

1. 지질의 종류와 구조

1) 지방산(fatty acids)

지방산은 지질의 가수분해로 생성되는 유기산이고, 직쇄의 탄화수소 말단에 carboxyl기(-COOH)를 가진다. 지방산은 2개의 탄소 단위로 생합성 되기 때문에 음식물 및 생체에 함유되어 있는 지방산의 대부분은 탄소수가 짝수이다.

(1) 포화지방산(saturated fatty acids)

탄화수소 사슬에 2중 결합을 갖고 있지 않은 지방산을 포화지방산이라 한다. 포화지방산은 라드(돼지기름), 우지 등의 동물성 지방이나 팜유(palm oil, 야자유) 등에 많다. 일반적으로 식품 중의 포화지방산은 palmitic acid($C_{16:0}$)와 stearic acid($C_{18:0}$)이다. lauric acid($C_{12:0}$)와 myristic acid($c_{14:0}$), 그리고 이것들보다 탄소수가 짧은 지방산은 우유, 팜유, 야자유 등에 비교적 많다. 탄소 수가 12개 이상인 포화지방산의 융점은 40℃ 이상이므로 실온에서 고체이다. 사람은 이런 포화지방산들을 체내에서 합성할 수 있으므로 식사로 꼭 섭취할 필요는 없다. 유기산 상태의 지방산을 유리지방산(free fatty acid)이라 한다.

(2) 불포화지방산(unsaturated fatty acids)

탄화수소 사슬에 2중 결합을 갖고 있는 지방산을 불포화지방산이라 한다. 2중 결합을 1개 갖고 있는 것을 단일불포화지방산이라 하며, 2중 결합을 2개 이상

갖고 있는 것을 고도불포화지방산이라 부른다. 천연 지방산의 2중 결합은 거의 cis형이다.

① 단일불포화지방산(monounsaturated fatty acids)

식물유에 있는 단일불포화지방산의 대부분은 oleic acid($C_{18:1}$)이고, 특히 올리브유(olive oil), 미강유 등에 많다. 식물유에는 palmitoleic acid($C_{16:1}$)도 약간 포함되어 있다. 사람에 있는 단일불포화지방산에는 palmitic acid 및 stearic acid에서 합성된 palmitoleic acid와 stearoleic acid가 비 필수지방산으로 존재한다.

② 다가불포화지방산(polyunsaturated fatty acids, PUFA)

다가불포화지방산은 주로 ω-3계열과 ω-6계열로 분류된다[그림 6-1]. ω-6계열인 linoleic acid($C_{18:2}$)는 대부분의 식물유에 풍부하게 존재하지만 팜유, 야자유, cocoa 및 butter 등에는 예외적으로 적다. 또한 arachidonic acid($C_{20:4}$)는 소나 돼지의 간에 많고, 어육, 우육 및 돈육 등에는 적게 함유되어 있다.

ω-3계열인 α-linolenic acid($C_{18:3}$)는 들기름, 아마인유에 많고, eicosapentaenoic acid(EPA, $C_{20:5}$) 및 docosahexaenoic acid(DHA, $C_{22:6}$)는 등 푸른 생선에 많다[그림 6-1].

다가불포화지방산은 생체에서 주로 인지질의 2번 탄소에 풍부하게 함유되어 있다. DHA는 특히 망막, 뇌 및 정소 등의 인지질에 많다.

ω-6계열과 ω-3계열의 다가불포화지방산은 인체에서 합성되지 않으므로 꼭 섭취하여 결핍되지 않도록 하여야 하기 때문에 필수지방산이라 한다.

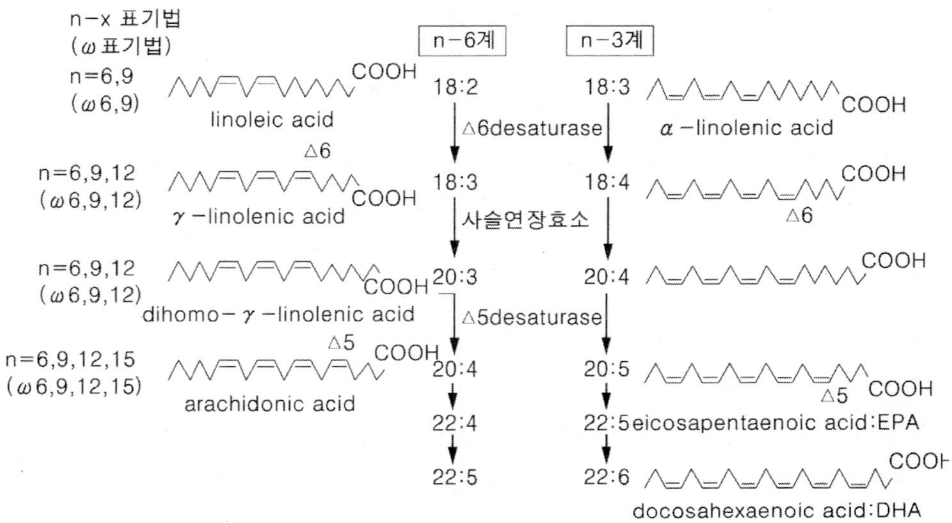

그림 6−1 다가불포화지방산의 구조

(3) 트랜스지방산(trans fatty acids)

보통 불포화지방산의 2중 결합은 cis형이지만 trans형의 것도 있다. Trans형은 천연에 거의 존재하지 않고, 기름에 수소를 첨가해서 경화할 때만 생긴다. magarine 및 shotening 등의 가공유지에 함유되어 있는 trans 지방산은 대부분이 linoleic acid에 수소를 첨가해서 생긴 $C_{18:1}$ 지방산인데 2중 결합의 위치에 따라서 몇 개의 위치이성체가 생긴다. 융점은 cis형의 것보다 trans 형의 것이 높다.

천연 지방을 구성하는 지방산은 거의 전부가 직쇄형의 짝수 탄소원자를 함유한 포화 또는 불포화의 monocarboxylic acid이다. 보통 자연에 많이 존재하는 것은 stearic, palmitic, oleic acid 등이고, 천연의 지방을 구성하는 주요한 지방산을 정리하면 [표 6−1]과 같다.

(4) 필수지방산(essential fatty acid)

① 필수지방산의 필요량

필수지방산의 필요량은 사람의 경우 총 칼로리의 1~3 %이고, linoleic acid는 1~2 % (2~5 g/day)정도이며, α-linolenic acid는 0.4%(1g/day)정도이지만 좀처럼 결핍되지 않는다. 또한 arachidonic acid는 2g/day정도이다.

② 필수지방산의 작용

ⓐ 발육, 영양, 생식작용에 필요하다.
ⓑ 항 지방간 작용이 있다.
ⓒ 고지혈증과 고콜레스테롤혈증을 예방한다.
ⓓ 모세혈관의 취약성과 투과성을 개선하고, 결체조직의 개축을 돕는다.
ⓔ 인지질(lecithin, cephalin)은 세포막, 미토콘드리아 막 등의 구성성분이다.
ⓕ 신경섬유의 구성성분인 myelin층의 주요 구성성분이다.
ⓖ 비루스 등의 감염을 방지하고, X-선 조사에 대한 저항성이 증대된다.
ⓗ 콜레스테롤의 대사, 운반에 크게 작용한다.
ⓘ prostaglandin으로 전환되어서 국소적 호르몬으로 작용한다.
ⓙ 혈액응고작용에 관계하며, 면역증강에 도움을 준다.
ⓚ 근섬유의 수축력을 개선해서 근육을 튼튼하게 하고, 심장이 편하도록 혈압을 낮춘다.

표 6-1 천연지방을 구성하는 지방산

관용명	계통명(IUPAC)	탄소수	비 고
formic	methanoic	$C_1(CnH_2nO_2)$	개미산
acetic	ethanoic	C_2(단쇄지방산)	초산
propionic	propanoic	C_3	--
butyric	butanoic	C_4	낙산, 버터
valeric	pentanoic	C_5	고초산
caproic	hexanoic	C_6(중쇄지방산)	버터, 야자유
heptoic	heptanoic	C_7	--
caprylic	octanoic	C_8	버터, 야자유
pelargonic	nonanoic	C_9	--
capric	decanoic	C_{10}	야자유, 버터
lauric	dodecanoic	C_{12}(장쇄지방산)	lard
myristic	tetradecanoic	C_{14}	lard
palmitic	hexadecanoic	C_{16} LCT	동식물 유지
stearic	octadecanoic	C_{18}	동식물 유지
arachidic	eicosanoic	C_{20}	낙화생유
behenic	docosanoic	C_{22}	채종 유
lignoceric	tetracosanoic	C_{24}24	당 지질
cerotic	hexacosanoic	C_{26}	--
montanic	octacosanoic	C_{28}	--
melissic	triacontanoic	C_{30}	--
caproleic	decenoic	$C_{10:1}$(불포화)	--
lauroleic	dodecenoic	$C_{12:1}$	--
myristoleic	tetradecenoic	$C_{14:1}$	--
palmitoleic	hexadecenoic	$C_{16:1}$	동식물 유지
oleic	octadecenoic(cis)	$C_{18:1}$	동식물 유지
elaidic	octadecenoic(trans)	$C_{18:1}$	--
vaccenic	11-octadecenoic	$C_{18:1}$	--
erucic	13-docosenoic	$C_{22:1}$	평지 씨 기름
linoleic*	octadecadienoic	$C_{18:2}$(고도불포화)	콩기름, 참 기름
hiragonic	hexadecatrienoic	$C_{16:3}$	--
linolenic*	octadecatrienoic	$C_{18:3}$	들기름, 아마인 유
arachidonic*	eicosatetraenoic	$C_{20:4}$	동물 유
EPA	eicosapentaenoic	$C_{20:5}$	등 푸른 생선
DHA	docosahexaenoic	$C_{22:6}$	등 푸른 생선

* : 필수지방산

2. 지질의 분류

1) 단순지질

단순지질에는 지방산과 글리세롤(glycerol)이 에스테르(ester) 결합한 ① 중성지방(triacylglyceride, TG)과 지방산과 지방족 1가(또는 2가) 고급알코올이 에스테르결합(ester bond)한 ② 납(밀, wax), 그리고 지방산과 스테롤(sterol)이 에스테르 결합한 ③ 스테롤에스테르(sterolester) 등이 있다.

(1) 중성지방(triacylglycerols)

식품의 지질은 대개 글리세롤에 3분자의 지방산이 에스테르결합하고 있는 중성지방 이다. 중성지방은 지방, triacylglycerols[triglycerides, TG] 또는 유지라고도 하지만 결합하고 있는 지방산에 따라서 물리적 성질이 다르다.

일반적으로 실온에서 액체인 것을 기름(oil), 고체인 것을 지방(fat)이라 한다. 식품에는 지방산이 1분자 또는 2분자 결합한 monoacylglycerol(MG)과 diacylglycerol(DG)도 소량 존재한다.

중성지방의 1일 평균 섭취량은 약 50~55g 정도이다. 섭취한 지질 및 당질은 인체 내에서 중성지방으로 합성되어서 에너지 저장체로 주로 지방조직에 축적된다.

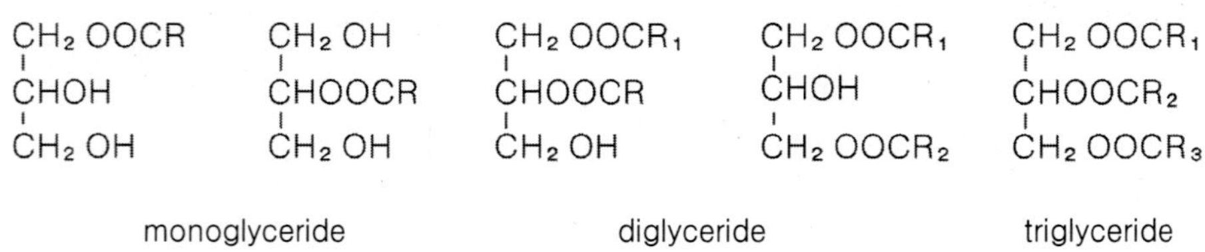

그림 6-2 중성지방의 구조

중성지방의 명명은 구성 지방산의 종류를 기초로 하는데 TG에서 R_1, R_2, R_3가 모두 stearic acid이면 tristearylglycerol이고, R1은 oleic acid이고, R_2와 R_3가 stearic acid이면 1-oleyl-2,3-distearylglycerol이라 한다. 그리고 R1이 oleic acid이고, R_2가 palmitic acid이며, R_3가 stearic acid라면 oleopalmitostearin 또는 1-oleyl-2-palmityl-3- stearylglycerol이라고 한다.

(2) 납(밀, wax)

고급 알코올과 지방산의 에스테르로 지방에 비해 훨씬 안정한 것이고, 동식물에서 보호물질로 분비된다. 인체 내에서 소화되지 않는 납의 종류를 보면 [표 6-2]와 같다.

표 6-2 납의 종류와 주요 성분

명 칭	고급 알코올	지방산
밀랍	myricil alcohol($C_{30}H_{61}OH$)	palmitic acid($C_{15}H_{31}COOH$)
백랍(white wax)	ceryl alcohol($C_{26}H_{53}OH$)	cerotic acid($C_{25}H_{51}COOH$)
경랍(whale tallow)	cetyl alcohol($C_{16}H_{33}OH$)	palmitic acid($C_{15}H_{31}COOH$)

(3) 스테롤(sterols)

① 콜레스테롤(cholesterol)

콜레스테롤의 기본형인 포화고리탄화수소를 콜레스탄(cholestane)이라 하고, 콜레스테롤은 콜레스탄의 1가 제2알코올이다. Cholesterol ester의 구성 지방산은 불포화도가 높은 고도불포화지방산이 많다[그림 6-3].

담즙산, 성호르몬, 부신피질 호르몬, 강심배당체 등은 모두 스테롤과 동일한 탄소고리를 가지고 있다. 그래서 이것들과 이것들의 유사물질을 모두 steroids라 부른다. 동물의 steroid는 모두 콜레스테롤을 모체로 하여 체내에서 합성 된다.

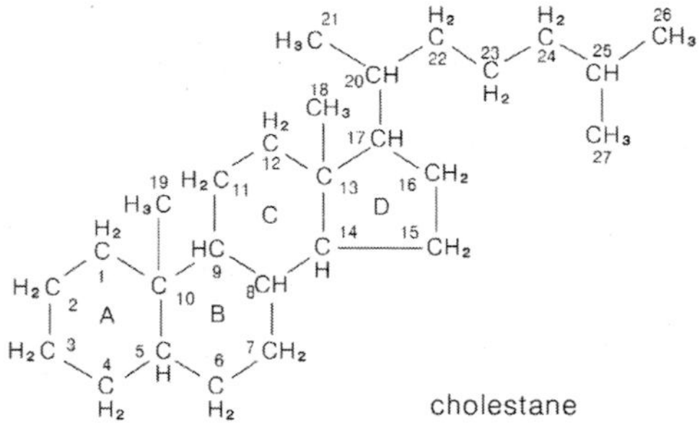

cholestane

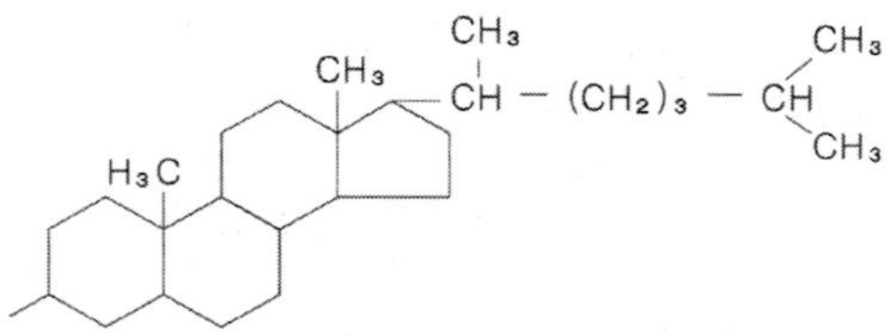

cholesterol

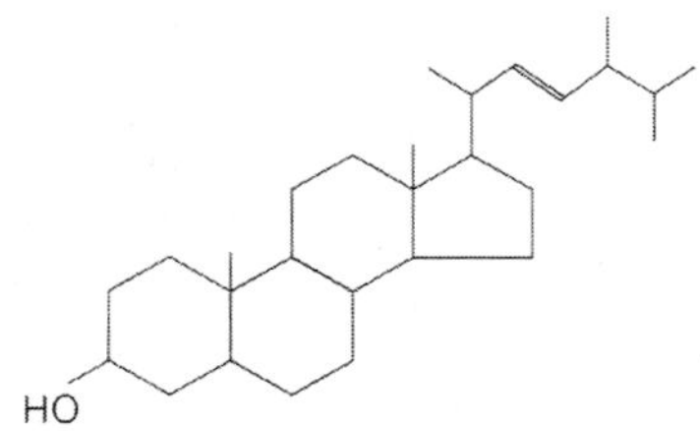

ergosterol

그림 6-3 Sterol의 종류

② 담즙산(bile acid)

나트륨 형으로 담즙에 함유되어 있는 담즙산은 지방을 유화하여 지방의 소화와 흡수를 도와주는 중요한 역할을 한다. 이러한 담즙산에는 글리코콜린산(glycocholic acid)과 타우로콜린산(taurocholic acid)이 있다. 전자는 글리신(glycine, CH_2NH_2CO-OH)과 cholic acid가, 후자는 타우린(taurine, $CH_2NH_2CH_2SO_3H$)과 cholic acid가 amide결합한 것이다. Cholic acid의 12번 탄소에 OH가 없으면 체노데옥시콜린산(cheno-deoxycholic acid)이고, 7번 탄소에 OH가 없으면 데옥시콜린산(deoxycholic acid)이다. 동물에 따라서 그 종류와 비율이 다르다. 즉 사람의 담즙산에는 글리코콜린산이 많고, 육식 동물의 담즙산에는 타우로콜린산이 많다[그림 6-4].

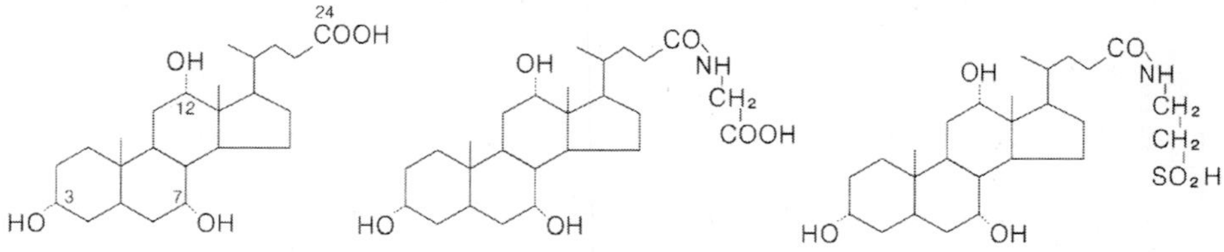

cholic acid glycocholic acid taurocholic acid

그림 6-4 Bile acid의 종류

(4) 스테로이드 호르몬(steroid hormone)

성호르몬과 부신피질 호르몬은 스테로이드에 속하고, 스테로이드 호르몬은 모두 알코올(일부는 페놀), 또는 carbonyl 화합물이다[그림 6-5].

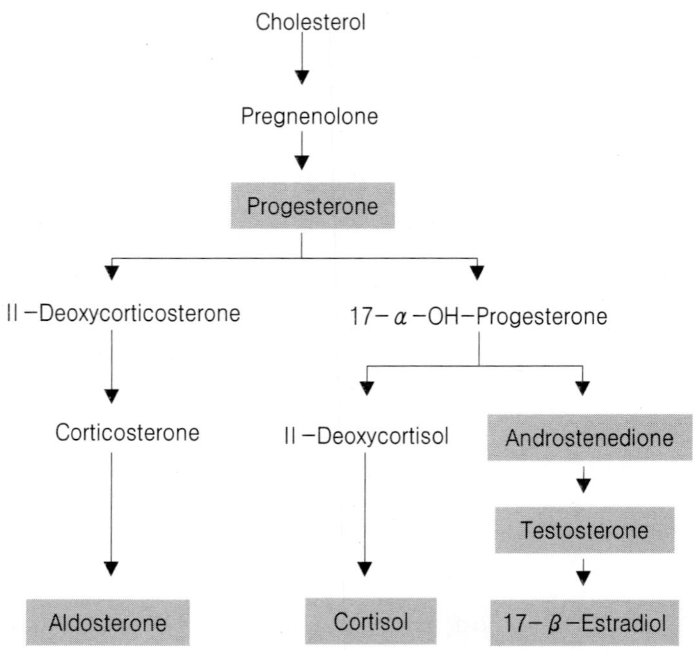

그림 6-5 Steroid hormone

① 성호르몬(sex hormone)

ⓐ 발정호르몬(estrogen)

난소에서 만들어진 발정호르몬은 난포의 내판에서 분비되고, 여성의 성기 및 유선을 발달시킨다. 동물에서는 발정현상을 일으킨다. 난포액에 강한 β-estradiol 이 있고 이것이 본래의 분비물이다[그림 6-6].

ⓑ 황체호르몬(progesterone)

난포가 성숙해서 배란을 한 후 구 난포의 벽이 비후되어서 만들어진 황체에서 분비된다. 황체호르몬은 자궁 점막에 변화를 일으켜서 수정 난이 착상하기 쉽게 한다.

ⓒ 남성호르몬(testosterone)

정자를 만드는 고환의 간질세포에서 분비된다. 이 호르몬은 남성 성기 전체에 영향을 미치고, 또 근육의 발달을 촉진한다. 남성의 요 중에는 testosterone이 변화된 androsterone이 있다.

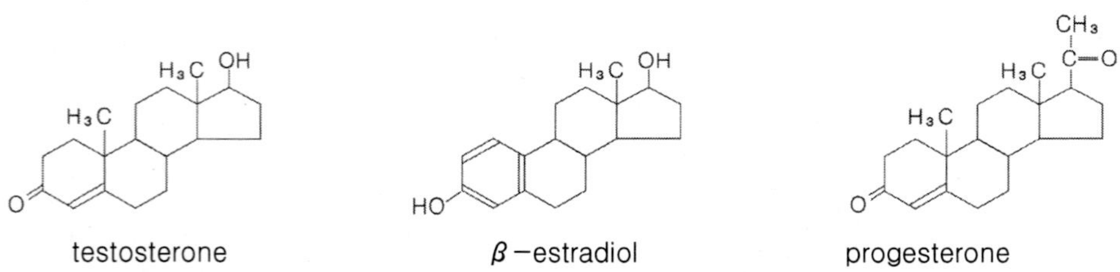

그림 6-6 Sex hormone의 구조

② 부신피질 호르몬(corticosteroid)

ⓐ cortisol

cortisol 중에서 당질 및 단백질 대사작용이 강한 것을 glucocorticoid라 부른다. 이 호르몬은 단백질의 분해와 간의 당신생작용을 촉진하고, 당으로부터 지방산의 합성을 억제한다[그림 6-7].

ⓑ aldosterone

신장의 세뇨관에서 Na^+의 재흡수와 K^+의 배설을 촉진한다. 그래서 이 호르몬을 minealcorticoid라 한다.

ⓒ corticosterone

양쪽의 작용을 조금씩 겸비하고 있다.

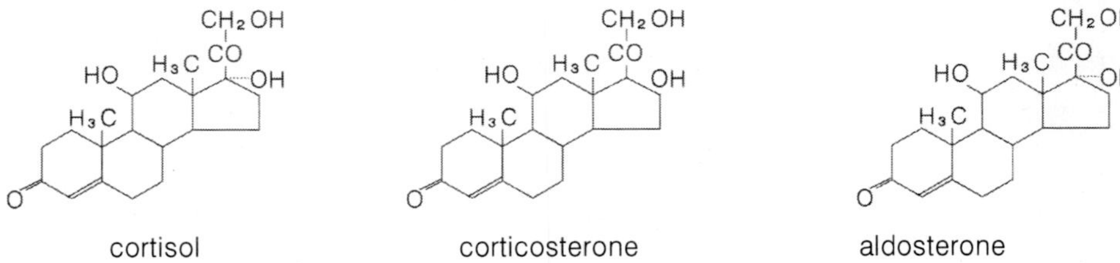

그림 6-7 Corticosteroid의 구조

2) 복합지질

(1) 인지질(phospholipids)

① phosphoglyceride

ⓐ Phosphatidic acid

지방산 2분자와 glycerol 및 인산 각각 1분자로 구성되어 있고, 지방 및 lecithin이 생체 내에서 합성될 때의 중간산물이다[그림 6-8].

ⓑ Phosphatidyl choline

지방산 2분자와 glycerol, choline, 인산 각각 1분자로 구성된 것으로 예전에는 lecithin이라 불렀다. Choline은 제 4 암모늄염기(NH^{4+})인 동시에 알코올 구조를 가지며, 이것이 phosphatidic acid와 ester결합해서 phosphocholine을 형성하는 것이다. 일반적으로 glycerol의 α-위치에 포화지방산이, 그리고 β-위치에 불포화지방산이 많이 결합한다. Lecithin은 세포막, 미토콘드리아 막 등의 구성성분이고, 뇌 세포와 신경세포 그리고 간 등에 많으며, 특히 난황에 많다.

ⓒ Phosphatidyl serine

Phosphatidyl choline의 choline 대신에 α-amino acid인 serine이 결합된 것이다.

ⓓ phosphatidyl ethanolamine

Lecithin의 choline 대신에 ethanolamine [$HOCH_2CH_2NH_2$]이 결합된 것이다.

전에 cephalin이라고 불리던 것 중에서 난황의 cephalin은 거의 순수한 phosphatidyl ethanolamine이었고 cephalin도 lecithin과 함께 세포막을 구성하는 성분이다.

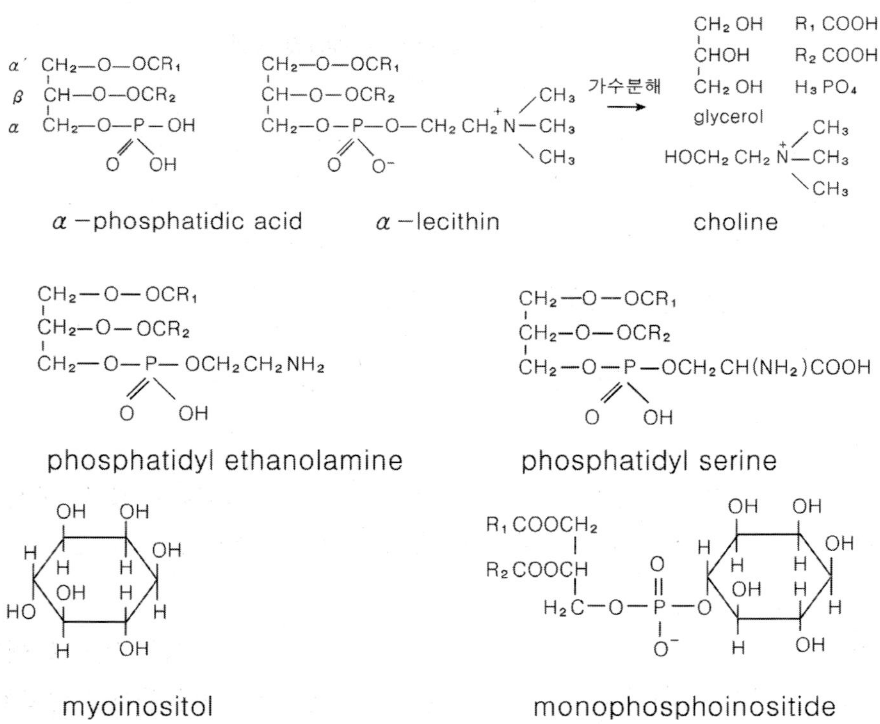

그림 6-8 Phosphoglyceride의 종류

② Phosphoinositide

Glyceride에 인산과 inositol이 결합한 것으로 inositol은 cyclohexane의 6가 알코올이고, 몇 개의 입체이성체가 있으나 천연의 것은 선광성을 갖지 않는 미오이노시톨(myoinositol)이다. 뇌의 cephalin 성분으로 많은 것은 인산 1분자를 함유한 monophosphoinositide이다.

③ Phosphosphingoside

Phosphosphingoside는 한 분자의 지방산, sphingosine, 인산, 그리고 choline이 결합한 인지질이다. 그러므로 sphingosine은 glycerol 대신 사용된 것이다. 이와 같이 sphingosine과 지방산이 에스테르결합한 것을 세라마이드(ceramide)라 한다. 그래서 ceramide와 phosphocholine이 결합한 phosphosphingoside를 sphingomyeline이라 하며, 이것은 신경의 수초를 구성하므로 뇌, 신경 등에서 당지질과 함께 공존한다[그림 6-9].

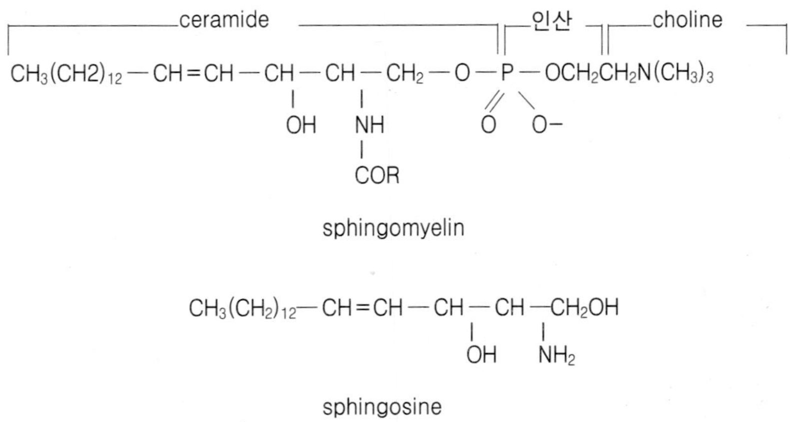

그림 6-9 Phosphosphingoside의 구조

(2) 당지질(glycolipid)

대표적인 당지질은 cerebroside이고, 신경수초의 구성성분이며, 뇌 및 신경에 많다. 당지질이 가수분해 되면 지방산과 sphingosine 그리고 galactose가 생산된다. Cerebroside 이외에 ganglioside 란 복잡한 당 지질이 있는데 뇌의 단백질이나 적혈구 막에 함유되어 있다[그림 6-10].

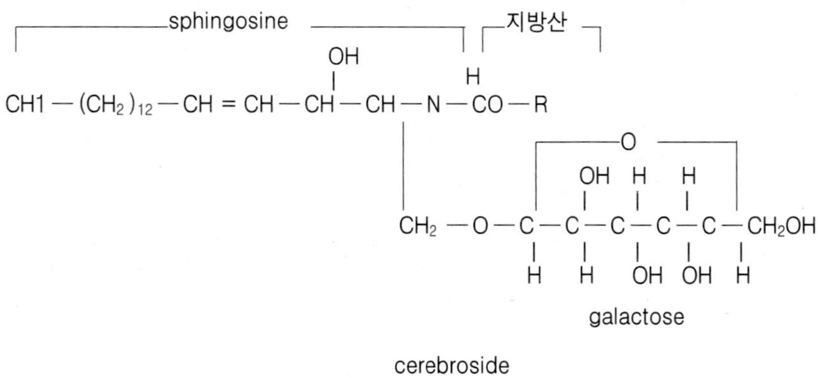

그림 6-10 Cerebroside의 구조

3. 지방의 특성 및 기능

1) 지방의 특성

(1) 가수분해(hydrolysis)

중성지방인 triacylglycerol(TG)은 리파제(lipase)에 의하여 지방산과 글리세롤로 가수분해 된다. Phospholipase에는 여러 종류가 있어서 인지질의 여러 에스테르결합을 가수분해 시킨다.

(2) 검화가(saponification value)

Alkali(NaOH, KOH)로 지방을 분해하면 글리세롤과 지방산 염이 생성되는데, 이 지방산 염을 검화(비누)라 한다. 그리고 지질 1g을 검화하는데 필요한 KOH의 mg수를 검화가라 하며 지질의 분자량에 반비례한다.

물 속에서 용해된 비누분자는 소수성 부분이 내 측을 향하고, 친수성 부분이 외측을 향하므로 전체가 친수성의 표면을 갖는 집합체(micelle)를 형성할 수 있다[그림 6-11].

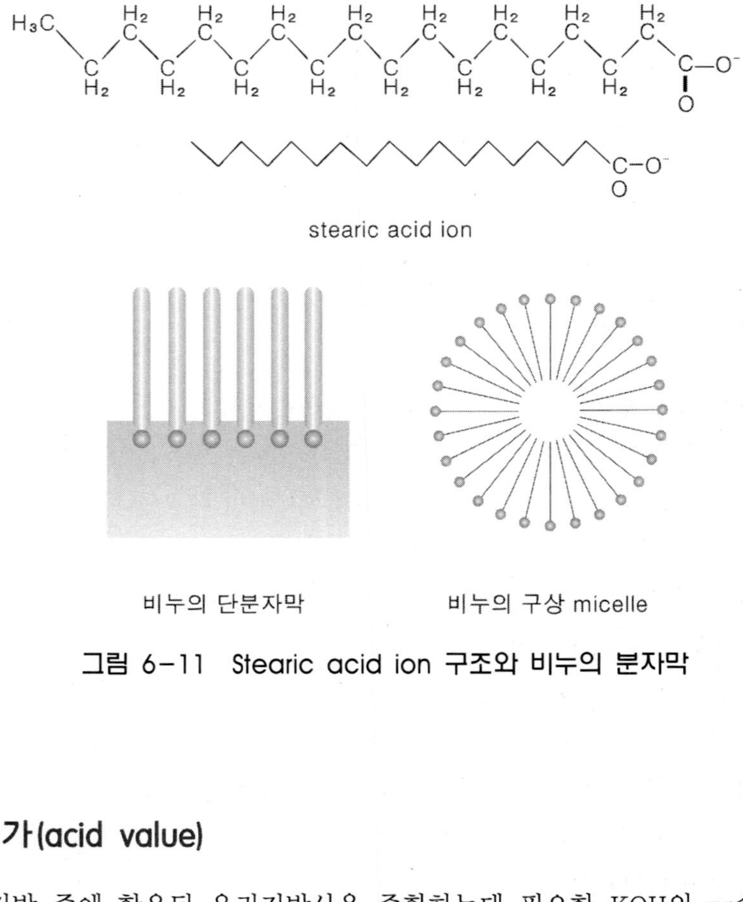

그림 6-11 Stearic acid ion 구조와 비누의 분자막

(3) 산가(acid value)

1g의 지방 중에 함유된 유리지방산을 중화하는데 필요한 KOH의 mg수를 산가라 한다. 산가가 높을수록 지방이 산패되었음을 나타낸다. 지방의 신선도를 나타내는 지표로 많이 이용된다.

(4) Polenske value

지방 5g에서 얻은 불용성 지방산을 중화하는데 필요한 0.1 normal KOH의 ㎖ 수를 말한다.

(5) 요오드가(iodine value)

요오드가는 지방 100g에 결합된 요오드의 양(g)을 말한다. 그래서 요오드가는 지질의 불포화도를 측정하는 것이다. 즉 불포화지방산의 함량이 많을수록 요오드가는 높아진다.

(6) Acetyl value

Acetyl화 된 후 지방 1g의 검화에 의하여 얻어진 acetic acid를 중화하는데 필요한 KOH의 mg수를 말한다. 이것은 지방에서 hydroxy acid 기의 수를 측정하는 것이다.

2) 지방의 기능

(1) 지방은 불수용성이므로 삼투압에 영향을 미치지 않고, 탄력성이 커서 외부 충격으로부터 신체를 보호해 주고, 열 절연체로 체온을 유지해 준다.

(2) 그램(gram) 당 에너지 발생량과 에너지 저장량이 크므로 에너지 공급원인 동시에 잉여 에너지를 저장할 때 체중을 가장 가볍게 할 수 있는 영양소이다.

(3) 지방은 많은 지용성 영양소의 소화와 흡수를 도와주고, 뉴론(neuron)에서 신경전달의 절연체 역할을 하는 미엘린 수초의 주요한 구성 성분으로 신경의 자극전달이 정확, 신속하도록 도와주며, 지방, 특히 콜레스테롤은 성호르몬과 부신피질 호르몬 등의 전구체이다.

(4) 지방은 헤모글로빈, 윤이 나는 머리카락 및 탄력성 있는 피부 등을 형성하는데 이용되고, 호르몬과 유사한 기능을 가진 생리활성 물질인 프로스타글란딘(prostaglandins)의 전구체이다.

chapter 7

지질 대사

제7장
지질 대사

1. 지질의 소화와 흡수

1) 지질 소화흡수의 특징

지방의 가수분해효소인 lipase는 위액, 췌장액, 장 점막 등에 함유되어 있으나 가장 강력한 것은 췌장액의 lipase로 이것을 steapsin이라 한다. 지방은 십이지장으로 이행되면서부터 담즙의 도움을 받아 본격적으로 소화된다. 담즙은 간의 분비액으로 소화효소는 없지만 담즙산염을 함유하고 있고, 이것이 지방을 유화하여 lipase의 소화 작용을 쉽게 한다. 담즙분비가 부족하면 지방의 소화와 흡수가 잘 되지 않는다.

췌장액의 lipase는 중성지방(triacylglyceride, TG)을 완전히 분해하지 못하고 대개 monoglyceride까지만 분해한다.

$$
\begin{array}{lcccl}
CH_2OOCR_1 & & & CH_2OH & HOOCR_1 \\
| & & & | & \\
CHOOCR_2 & + \ 2\ H_2O & \longrightarrow & CHOOCR_2 & + \\
| & & & | & \\
CH_2OOCR_3 & & & CH_2OH & HOOCR_3 \\
\text{TG} & & & \text{MG} & \text{지방산}
\end{array}
$$

이렇게 해서 만들어진 monoglyceride와 담즙산염이 협동하여 미세한 micelle을 형성한다. 그리고 이 micelle에 지방산과 소화되지 않은 지방, 그리고 비타민 A와 같은 지용성 물질이 흡수되어서 투명한 용액을 만든다. 이러한 상태까지 지방이 분산되면 소장점막에서 흡수된다. 이 때 담즙산염은 장 속에 남아서 다시

monoglyceride와 회합하여 새로운 micelle을 형성한다.

이처럼 담즙산염은 반복하여 지방흡수에 사용된 후 소장하단으로 내려가서 흡수된다. 흡수된 담즙산은 간으로 들어가서 담즙을 통해 다시 배출된다. 이것을 담즙산의 장간순환이라 한다.

소화되지 않은 지방은 장 점막 속에 들어가서도 lipase에 의하여 가수분해 된다. 그러나 장 점막 속에 그대로 머물러 있지 않고 monoglyceride와 지방산은 ester결합하여 지방으로 재합성된다. 재합성된 지방에 인지질, cholesterol 그리고 단백질이 부가되어 안정한 chylomicron이란 입자로 되어서 세포 간격으로부터 림프액으로 이동하고, 림프관에서 흉관을 지나 정맥혈 속으로 들어간다.

(1) 중성지방(triacylglycerol, TG)

중성지방은 주로 십이지장과 공장에서 소화. 흡수된다. 중성지방은 인지질 등과 함께 위내에서 혼합 교반되어서 유화 된다. 일부는 gastric lipase에 의해 가수분해 되어서 주로 유리 지방산과 diacylglycerol로 된다. 이 가수분해는 불완전하지만 췌장의 기능이 약한 신생아 및 췌장환자에서 중요하다.

Diacylglycerol이 십이지장으로 운반되어 오면 담즙으로 분비된 인지질과 담즙산염(bile salts)에 의해서 더욱더 유화되고, 췌장 lipase에 의하여 2-monoacylglycerol과 유리 지방산으로 분해된다[표 7-1]. 이 때 췌장액 중의 colipase가 lipase의 소화를 돕는다. 생성된 가수분해 물질은 담즙산 및 인지질과 함께 혼합 미셀(micelle)을 형성하여 수용성으로 되고, 소장 상피세포 표면에서 미셀로 유리되면 단 분자로 단순 확산에 의하여 소장상피세포 내로 흡수된다. 흡수된 유리 지방산과 2-monoacylglycerol은 상피세포의 microsome에서 신속히 중성지방으로 재합성된다. 그래서 섭취된 중성지방의 거의 모두가 체내로 흡수된다.

미셀형성에 사용된 담즙산은 회장까지 운반되므로 그것의 대부분이 재 흡수된다. 그래서 문맥을 경유해서 간으로 되돌아가면 담즙으로 재 분비된다. 이런 담즙산의 순환을 장간순환(enterohepatic circulation)이라 한다.

표 7-1 지질의 주요한 흡수경로

<table>
<tr><th colspan="2">소장내강에서 분해</th><th colspan="2">소장점막상피세포에서 재합성</th><th>비 고</th></tr>
<tr><td>TG</td><td>유리지방산
2-TG</td><td>TG</td><td rowspan="3">Chylomicron</td><td>중쇄유리지방은 문맥을 통해 간장으로 들어감</td></tr>
<tr><td>Lecithin</td><td>유리지방산
Lysolecithin</td><td>Lecithin</td><td rowspan="2">Chylomicron은 림프로 분비되어 대정맥으로 들어감</td></tr>
<tr><td>Cholesterolester</td><td>유리지방산
Cholesterol</td><td>Cholesterolester</td></tr>
</table>

(2) 인지질

식이 중의 인지질은 담즙의 인지질과 함께 지방을 유화하여 지방의 소화를 돕는다. 또한 인지질은 췌장액의 phospholipase A_2에 의하여 글리세롤 2번 탄소에 에스테르 결합한 지방산이 유리되어서 lysophospholipid(lysolecithin)로 된다[표 7-1]. 유리 지방산과 lysophospholipid는 중성지방의 경우와 같이 소장 상피세포에서 흡수되어 인지질로 재합성된다.

(3) 콜레스테롤(cholesterol)

식이 중의 콜레스테롤에스테르(cholesterolester)는 췌장액의 콜레스테롤에스테르분해효소(cholesterolesterase)에 의하여 유리 콜레스테롤과 지방산으로 분해된다[표 7-1]. 그리고 다른 지방과 같이 미셀화 된 후 단 분자로 소장 상피세포에서 흡수된다. 이 콜레스테롤의 80~90%는 소장 상피세포 내에서 acyl CoA cholesterol acyltransferase에 의하여 다시 장쇄 지방산과 에스테르 결합하여 콜레스테롤에스테르로 된다.

(4) 지용성 비타민의 흡수와 지질의 역할

지용성 비타민 A, D, E, K는 식이성 지질에 용해되어 지질과 함께 소장에서 흡수된다. 지질은 지용성 비타민의 담체로 지용성 비타민의 흡수를 돕는 중요한 역할을 담당한다. 소장 내강의 지질 가수분해 물은 비타민이 담즙산이 미셀에 용해되는 것을 돕고, 비타민의 흡수를 촉진한다.

2) 지질운반과 지단백질 대사

림프액 및 혈액 중에서 지질을 운반하는 입자를 지단백질(lipoprotein)이라 하고, 이것을 구성하는 단백질을 아포단백질(apoprotein)이라 한다. 소장 상피세포에서 흡수된 각종의 지질은 몇 개의 아포단백질과 함께 카일로마이크론(chylomicron)이라고 하는 구상입자를 형성해서 림프계로 방출되어 가슴관을 경유해 대정맥으로 들어간다[표 7-1]. 카일로마이크론은 식이성 지질을 운반하므로 대부분이 중성지방이며 간에 흡수되어서 간에 중성지방과 콜레스테롤 에스테르를 공급한다. 카일로마이크론보다 입자의 직경이 작은 초저밀도지단백질(very low density lipoprotein, VLDL)이 간에서 중성지방과 콜레스테롤 에스테르를 이용해서 합성된다. 이 VLDL은 혈액 중으로 분비되므로 말초조직에 지방산을 공급하고, 중밀도지단백질(intermediate density lipoprotein, IDL)로 되며, 다시 간의 혈관 벽에 존재하는 간성 lipase에 의하여 중성지방을 잃으면서 저밀도지단백질(low density lipoprotein, LDL)로 대사된다. LDL은 콜레스테롤 에스테르를 풍부하게 함유한 Apo B 및 E를 인식하는 LDL 수용체에 의하여 말초조직에 콜레스테롤을 공급하고 간에 흡수된다.

HDL의 일부도 LDL 수용체에 의해 조직에 흡수된다. 가장 작은 지질 운반체는 고밀도지단백질(high density lipoprotein, HDL)이다. HDL은 말초조직에서 콜레스테롤을 뽑아낸다. 이 콜레스테롤은 혈액 중의 lecithin cholesterol acyltransferase의 작용으로 lecithin의 2번 탄소에서 지방산을 받아 콜레스테롤 에스테르로 되어서 간으로 운반된다. 또한 HDL은 카일로마이크론과 VLDL에 자신의 아포단백질 E와 C를 공급한다.

이와 같이 지질은 지단백질에 의해서 각 조직으로 운반된다. 아포단백질은 지단백질이 각 조직 세포에서 수용체에 의해 인식되는 인식대상이다 그리고 lipoprotein lipase와 lecithin cholesterol acyl transferase를 활성화하는 역할을 담당한다.

지단백질을 전기영동 분획 상으로 분류하면 [표 7-2]와 같다. 비중이 낮을수록 triglyceride 와 cholesterol의 함량이 많은 데, 특히 비중이 1.019-1,063인 LDL 분획상에 콜레스테롤이 많다. LDL은 연소자에 적고, 고령자가 되면 증가하므로 관상동맥경화증과 관계가 있다고 한다.

표 7-2 사람의 혈장 lipoprotein(%)

분획	비중	Sf	전기영동	단백질	TG	chole.	PL
Chylo.	<0.96	>400	α_2	2	83	8	7
VLDL	0.960-1.019	12-400	β_1	9	50	22	18
LDL	1.019-1.063	0-12	β_1	21	10	46	22
HDL	1.063-1.210	-	α_1	33	8	30	29
VHDL	>1.210	-	α_1	57	5	17	21

chylo.=chylomicrons, chole.= cholesterols, PL=phospholipids, TG; triglyceride
Sf; Svedberg units(flotation unit, 부침강정수, 10^{-13}cm/s/dyne/g/at 26℃),

3) 간과 지질대사

간세포의 지질 함량은 다른 장기세포와 달리 경우에 따라서 잘 변한다. 간에 이상이 있을 때에는 현미경하에서 지방입자가 분명하게 보일 정도로 중성지질이 증가되는데, 이런 상태의 간을 지방간이라 한다. 그러나 이와 같이 간에 지방입자가 증가한 것이 간에 지질이 저장된 것을 의미하지는 않으며, 오히려 간에서 지질대사가 일어나므로 지질 출입의 불균형 때문인 것으로 생각된다.

간에 당질이 많이 공급되면 글리코겐이 축적된다. 그리고 간의 글리코겐 저장능력이 초과되면 지방이 합성되고, 합성된 지방은 혈장으로 나아가서 지방조직으로 운반된다. 그러나 글리코겐이 감소되면 지방합성이 정지되고, 저장지방이 동원되어서 간으로 운반되며, 간에 모인 지방은 ketone체로 불완전 산화되어서 혈액 속으로 방출된다[그림 7-1]. 간에서 추출된 지방산은 일반적으로 불포화도가 높다. 이것은 간에서 포화지방산이 불포화지방산으로 전환되기 때문이다.

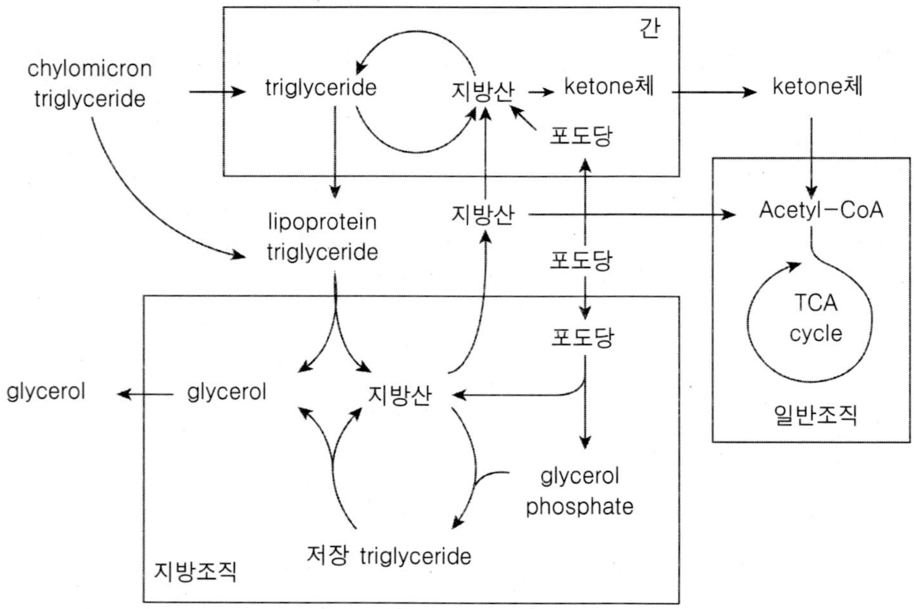

그림 7-1 인체 내의 지방대사

2. 케톤체(ketone body)

1) 케톤체의 합성

장기간 식사를 못해서 에너지 공급이 단절되면 지방조직에서 다량의 지방산이 동원된다. 그래서 간이 다량의 지방산을 산화하게 되면 미토콘드리아에서 생성되는 모든 acetyl-CoA를 TCA회로에서 모두 처리할 수 없어서 acetyl-CoA가 acetoacetate나 β-hydroxybutyric acid 등으로 생성된다[그림 7-2]. 그리고 acetoacetate는 탈탄산 되어서 2차적으로 acetone으로 되기도 하므로 이들 3개의 불완전산화물을 케톤체라 하며 β-hydroxybutyrate와 acetoacetate는 심장, 간, 신장 등에 함유되어 있는 β-hydroxybutyrate dehydrogenase의 작용으로 상호 전환될 수 있다. 간에는 케톤체를 이용하는 효소가 없으므로 케톤체는 혈액 중으로 방출되고, 간 이외의 조직에서는 acetyl-CoA로 전환되어서 조직에 에너지를 공급하는 정상적인 물질이다. 특히 뇌는 유리지방산을 이용할 수 없기 때문에 보통은 혈당을 에너지원으로 이용하지만 절식 시에는 케톤체를 이용하기도 한다.

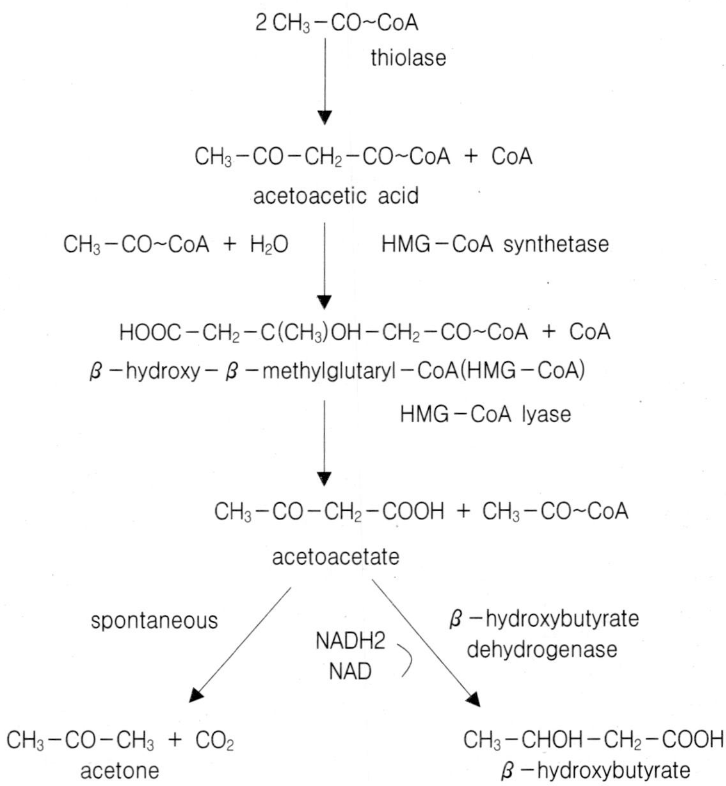

그림 7-2 케톤체의 생합성

2) 케톤체의 기능

당뇨병에서는 ketone체가 이상하게 많이 합성된다. 뇌와 간 이외의 거의 모든 조직에서 혈당의 흡수는 혈액의 인슐린 농도에 의존한다. 당뇨병에는 인슐린 의존형과 비의존형이 있지만 어느 형에서도 조직은 glucose를 흡수하지 않으므로 에너지가 부족하게 된다. 그래서 지방조직에서 다량의 지방이 동원되고, 간에서 케톤체가 생산된다. 그 결과 혈액의 케톤체량이 이상하게 상승되어서 케톤혈증(ketonemia) 및 케톤뇨증(ketonuria)으로 케톤체를 요로 배설한다. 이 상태를 케톤증(ketosis)이라 하고, 인슐린 의존형에서 특별히 현저하다. 중증의 경우는 탈수증상을 일으켜서 사망하기도 한다.

정상시에는 혈장에 극히 적은 양의 ketone체가 생성되지만 기아 시, 당뇨병, 그리고 지방을 많이 섭취하고 당질의 섭취를 극도로 제한하였을 때에는 지방산의 불완전 산화물로 ketone체가 체내에서 생성되어 소변으로 배설된다.

체내에서 ketone체의 원료로 될 수 있는 물질에는 주로 짝수 탄소의 지방산, 즉 천연의 지방산과 leucine, isoleucine, phenylalanine, tyrosine 등의 아미노산이 있다. 특히 케톤체를 생성하는 아미노산을 케토원성 아미노산(ketogenic amino acid)이라 한다. 또한 간에서 glycogen으로 될 수 있는 물질에는 당, 젖산, glycerol, 그리고 당원성 아미노산(glucogenic amino acid, alanine, glutamate aspartate, serine) 등이 있어서 ketone체의 발생을 억제하고, 홀수 탄소의 지방산도 짝수의 지방산보다 ketone체의 생성이 적다. 특히 propionic acid(C3)는 간에서 glycogen으로 되기 때문에 ketone체를 생성하지 않는다.

β-hydroxybutyrate와 acetoacetate는 산성이 아주 강하므로 이것들이 체내에서 생성되면 acidosis를 일으키고, 심하면 호흡곤란증상을 일으켜서 사망하게 된다. 당질의 섭취가 부족하거나 당뇨병 같이 당의 소비가 부진할 때는 거의 모든 에너지를 지방에서 보충해야 되므로 지방산이 간, 근육, 그리고 기타 여러 조직세포에서 불완전하게 산화된다. 그러므로 간에서 불완전산화물인 ketone체의 생성은 증가되지만 각 조직세포에서 ketone체를 소비할 수 있는 능력은 제한되어 있으므로 ketone체는 체내에 쌓이게 된다. 그리고 이들은 혈액에 의하여 간 외로 운반되어서 소변으로 배설된다. 지방산이 불완전하게 산화되는 원인은 지방산 분자 중에 함유되어 있는 산소 원자의 수가 아주 적기 때문이다.

3. 지방산의 산화

1) 지방산의 활성화

지방산의 기능 중 하나는 에너지의 생산이다. 간, 근육 및 심장 등에 흡수된 유리 지방산은 acyl CoA로 활성화된다[그림 7-3].

그리고 acyl CoA는 carnitine acyl transferase에 의하여 acylcarnitine으로 전환되어야만 미토콘드리아 막을 통과할 수 있다. 미토콘드리아 내로 흡수된 acylcarnitine은 다시 acyl CoA로 활성화된 후 β-산화에 의하여 2개의 탄소 단위로 절단되어서 acetyl-CoA를 생성한다. β-산화에 의하여 생성된 acetyl-CoA는 TCA회로의 기질이 된다.

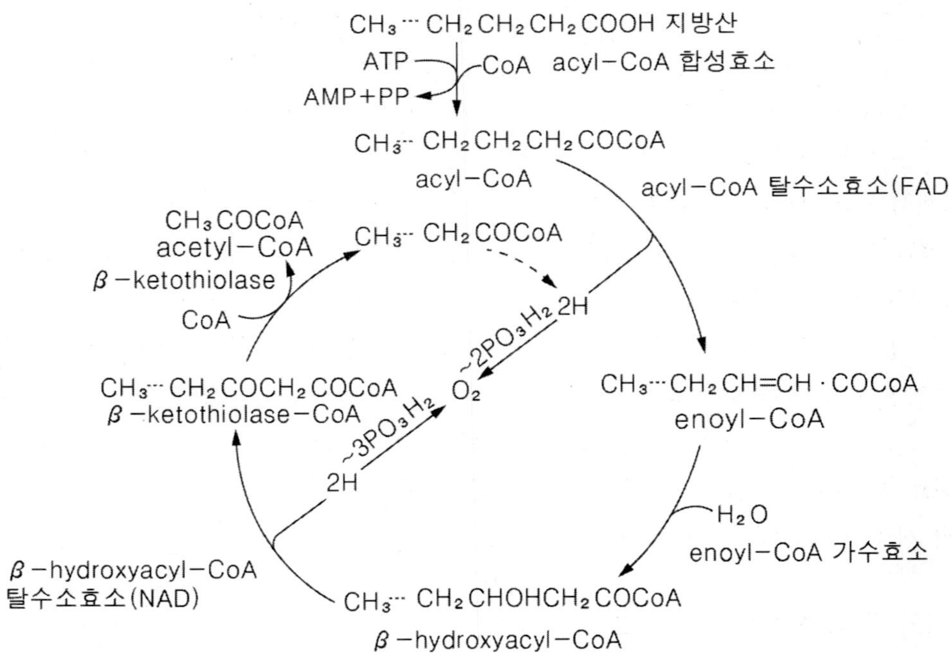

그림 7-3 지방산의 β-산화

2) 지방산의 β-산화

(1) 포화지방산의 산화

지방산은 신체 각 기관에서 산화된다. 이때 β-위치의 탄소원자에서 산화가 일어나 2개의 탄소원자가 acetyl-CoA로 떨어져 나간다. 그러므로 이 산화를 β 산화라 한다. 지방산의 탄소사슬에서 떨어진 acetyl-CoA은 당질대사에서 기술한 것처럼 TCA cycle로 들어가 CO_2와 H_2O로 완전히 산화된다. 지방산의 β-산화 과정에 관여하는 효소는 모두 미토콘드리아에 있다.

지방산은 우선 CoA와 결합하여 acyl-CoA로 된 후 β-산화에 의하여 acetyl-CoA로 분해된다. 즉 이 산화의 제 1단계 반응은 탈수축합반응으로 ATP가 AMP와 pyrophosphate로 분해되면서 acyl-CoA를 형성하는 반응이고, 제 2 단계 반응은 acyl-CoA가 FAD에 의한 탈수소반응으로 enoyl- CoA를 형성하는 반응이며, 제 3 단계 반응은 가수반응으로 β-hydroxyacyl-CoA를 형성하는 반응이다. 그리고 제 4 단계 반응은 NAD에 의한 탈수소반응으로 β-ketoacyl-CoA를 형성하는 반응이고, 제 5 단계 반응은 탈수축합반응으로 CoA의 존재 하에서 α와 β 탄소원자 간이 절단되어 acetyl-CoA와 탄소원자 수가 2개적은 acyl-CoA로 분해된다. 그리고 acetyl-CoA는 TCA회로에 들어가 완전 산화되며, acyl-CoA는 제 2단계 반응부터 다시 시작한다. β-산화 1회마다 탄소원자가 2개씩 떨어져서 최후에는 전부 acetyl-CoA로 될 것이다.

지방산의 β-산화과정을 1회전할 때마다 2개의 탈수소반응이 있고, 그 곳에서 얻어진 수소가 산소와 화합하여 물로 될 때까지 산화적 인산화에 의하여 4분자의 ATP가 만들어진다. 그러므로 β-산화에 의하여 생성된 acetyl-CoA가 TCA 회로에서 완전히 산화되면 10개의 ATP를 생성한다. 만일 palmitic acid가 완전히 산화되면 생성되는 ATP수는 (10 * 8) + (4 * 7 - 2) = 106개이다.

(2) 포화지방산의 산화

불포화지방산의 산화로 얻는 ATP는 같은 탄소 수 지방산이 산화될 때 얻는 ATP보다 이중결합 1개당 1.5개씩 적다. Palmitoleic acid가 완전히 산화될 경우에는 1개의 $FADH_2$가 생성되지 않으므로 포화지방산보다 1.5개의 ATP가 덜 생산되므로 104.5개의 ATP가 생성된다. 즉 불포화지방산의 경우는 같은 탄소 수를 가진 포화지방산보다 불포화도에 1.5를 곱한 수만큼 ATP가 덜 생성된다.
지방산이 간에서 β-산화 될 때 생성된 acetyl-CoA는 TCA회로에 들어갈 뿐만 아니라 상당한 양이 축합되어서 acetoacetate와 cholesterol을 만든다. acetoacetate는 간 이외의 조직으로 운반되면 그 곳에서 acetoacetyl-CoA로 활성화 된 후 다시 2분자의 acetyl-CoA로 분해되어서 TCA회로를 통해 완전히 산화될 수도 있다.

(3) 홀수 지방산의 산화

홀수 지방산은 지방산 산화경로의 마지막회전에서 acetyl-CoA와 propionyl-CoA로 분해된다. Acetyl-CoA는 바로 TCA회로에서 산화되지만, propionyl-CoA는 succinyl-CoA나 acetyl-CoA로 되어 TCA회로에서 산화되거나 lactate이 된다.

3) 글리세롤의 산화

글리세롤은 ATP에서 인산기를 받아 α-phosphoglycerol로 되고, 다시 탈수소효소의 작용으로 dihydroxyacetonephosphate(DHAP)로 변화되어서 해당과정으로 들어간다.

4. 지방산의 생합성

지방산은 주로 당질의 대사산물에서 생합성 되고 합성 장소는 세포질이다. 해당과정에서 생성된 피루브산이 미토콘드리아에 들어가면 acetyl-CoA로 된다. 이 acetyl-CoA가 TCA회로에서 구연산으로 전환되면 세포질로 방출되어서 다시 acetyl-CoA로 된다. 세포질에서 acetyl-CoA는 acetyl-CoA carboxylase에 의해서 malonyl-CoA로 되는데 이것이 지방산 생합성의 개시반응이고 율속 단계이다.

1) 포화지방산의 생합성

당은 acetyl-CoA로 분해 되어서 TCA회로에 들어가 완전히 산화되지만 acetyl-CoA에서 지방산이 만들어지기도 한다. 포화지방산을 합성하기 위해서는 acetyl-CoA carboxylase의 작용으로 acetyl-CoA에 CO_2가 결합하여 malonyl-CoA로 되고, 이것이 많이 축합되어 지방산이 생합성 된다. 즉 지방산 합성효소의 아실 운반단백질(acyl carrier protein, ACP)의 SH기에 malonyl-CoA와 acetyl-CoA가 결합하여 CoA를 유리시키고 malonyl-ACP-acetyl 복합체를 만든다. 이 acetyl-ACP-malonyl 효소복합체에서 malonyl기의 -COOH가 CO_2로 제거되면서 acetyl기가 malonyl기로 전이하고, 결합해서 acetoacetyl-ACP효소복합체를 형성한다. 이와 같이 3개의 탄소을 가진 malonyl-CoA에서 CO_2가 제거되면서 7회 반복하여 결합하면 팔미틴산(palmitic acid)이 생합성 된다[그림 7-4]. 팔미틴산은 마이크로솜(microsome)에서 palmityl-CoA로 되고, 이것에 malonyl-CoA가 1개 더 결합하면 스테아린산(stearic acid)으로 사슬이 연장된다.

지방산 생합성에 환원제로 사용되는 NADPH는 5탄당 인산회로에서 생산된 것이다.

$$\underset{\text{acetyl-CoA}}{CH_3COCoA} + CO_2 \longrightarrow \underset{\text{malonyl-CoA}}{HOOC-CH_2CO-CoA}$$

$$\underset{\text{acetyl-CoA}}{CH_3COCoA} + 7\ \underset{\text{malonyl-CoA}}{HOOC-CH_2CO-CoA} + 14\ NADPH + 14\ H^+ \longrightarrow$$

$$\underset{\text{palmitate}}{CH_3(CH_2)_{14}COOH} + 8\ CoA + 7\ CO_2 + 14NADP^+ + 6H_2O$$

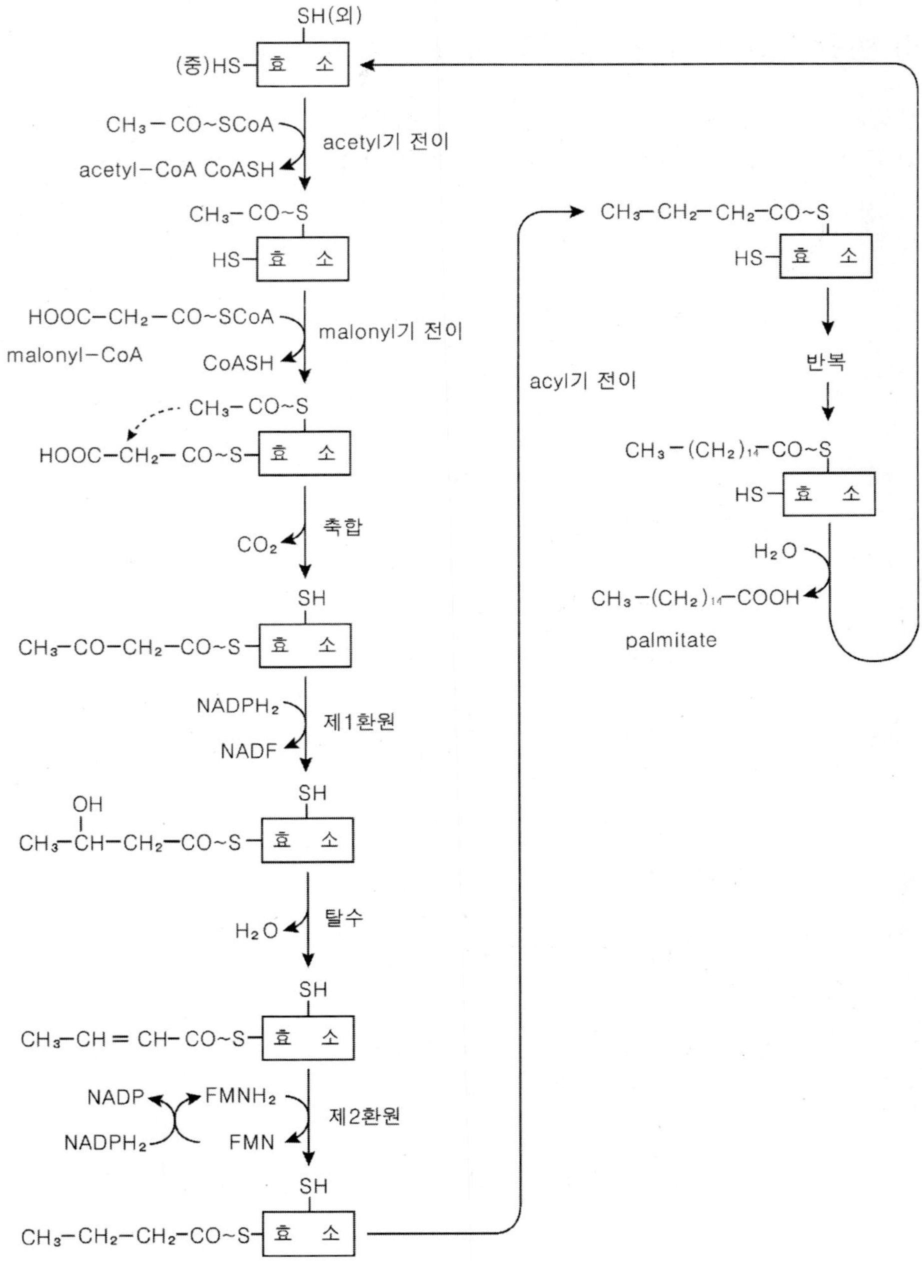

그림 7-4 지방산 생합성 경로

2) 불포화지방산의 생합성

(1) 이중결합이 1개인 불포화지방산의 생합성

불포화지방산은 같은 탄소수를 가진 포화지방산의 탈수소반응에 의하여 만들어지는 것이 아니고, ATP, CoA, Mg^{2+}의 존재 하에서 $NADPH_2$와 분자상태의 산소가 첨가된 후 탈수반응에 의하여 생합성 된다[그림 7-5].

$CH_3(CH_2)_5CH_2CH_2(CH_2)_7COOH$
(palmitic acid)

thiokinase | + (CoA, ATP, Mg) − (AMP + PPi)

$CH_3(CH_2)_5CH_2CH_2(CH_2)7CO{-}CoA$

palmityltransferase | +Enz −CoA

$CH_3(CH_2)_5CH_2CH_2(CH_2)_7CO{-}Enz$

hydroxylase | $+(O_2 + NADPH_2)$ $-(NADP + H_2O$

$CH_3(CH_2)_5CH_2CHOH(CH_2)_7CO{-}Enz$

hydratase | $-(H_2O)$

$CH_3(CH_2)_5CH{=}CH(CH_2)_7CO{-}Enz$

acyltansferase | +CoA −Enz

$CH_3(CH_2)_5CH{=}CH(CH_2)_7CO{-}CoA$

| $+H_2O$

$CH_3(CH_2)_5CH{=}CH(CH_2)_7COOH + CoA{-}SH$
(palmitoleic acid)

그림 7-5 이중결합이 1개인 불포화지방산의 생합성

(2) 이중결합이 2개 이상인 불포화지방산의 생합성

이중결합 간에 methylene기가 있고, 2번째로 생기는 부가적 이중결합은 식물의 경우 기존 이중결합과 ω-탄소 사이에서만 생기고, 동물의 경우는 기존 이중결합과 carboxyl기(-COOH) 사이에서만 생긴다. 그러므로 동물이 사슬연장과 불포화반응을 겸용하면 ω-9계열의 불포화지방산은 완전히 합성할 수 있지만 ω-6계열(linoleic acid)과 ω-3계열(linolenic acid)은 합성할 수 없다. 그래서 합성할 수 없기 때문에 식이로 꼭 섭취하여야 하는 지방산을 필수지방산이라 한다.

일반적으로 oleic acid에서 linoleic acid는 생합성 되지 않으므로 linoleic acid는 필수지방산으로 꼭 섭취해야 하고, linoleic acid를 섭취하면 같은 ω-6계열인 γ-linolenic acid(C18 : 6, 9, 12)와 arachidonic acid는 체내에서 생합성 되지만 ω-3계열인 linolenic acid(C18 : 9, 12, 15)는 생합성 되지 않는다[그림 7-6].

$CH_3(CH_2)_4{=}CHCH_2CH{=}CHCH_2(CH_2)_6CO{-}CoA$

Linoley-CoA

$+(O_2 + NADPH_2)$

$-(NADP + {}_2H_2O)$

$CH_3(CH_2)_3(CH_2CH{=}CH)_3(CH_2)_4CO{-}CoA$

△6,9,12 γ-Linolenyl-CoA

$+(\text{malonyl-CoA} + 2NADPH_2)$

$-(CoA + CO_2 + H_2O + 2NADPH_2)$

$CH_3(CH_2)_4(CH{=}CHCH_2)_3(CH_2)_5CO{-}CoA$

△8,11,14 Eicosatrienoyl-CoA

$+(O_2 + NADPH_2)$

$-(2H_2O + NADP)$

$CH_3(CH_2)_4(CH{=}CHCH_2)_4(CH_2)_2CO{-}CoA$

arachidonyl-CoA

그림 7-6 이중결합이 2개인 불포화지방산의 생합성

3) 중성지방 및 인지질의 생합성

식이에서 당질이 충분히 공급되면 식이성 지방산과 생합성된 지방산은 해당계의 중간산물인 DHAP에서 생성되는 glycerol 3-phosphate와 에스테르 결합해서 중성지방을 합성한다. 그리고 이 경로의 중간산물인 1,2-diacylglycerol에서 인지질이 합성된다.

지방산은 CoA와 결합하여 acyl-CoA로 되고, 이것이 α-phosphoglycerol과 ester 결합해서 phosphatidic acid를 만든다. α-phosphoglycerol은 간에서 glycerol이 ATP로부터 인산기를 받아서 합성될 수 있지만, 일반적으로 당대사의 중간체인 dihydroxyacetone phosphate(DHAP)의 환원에 의하여 공급된다.
phosphatidic acid가 phosphate를 잃고 diglyceride로 되면, 이것에 acyl-CoA가 반응하여 triacylglyceride가 생성된다. Diglyceride가 CDP-choline과 반응하면 phosphatidyl choline(lecithin)이 만들어진다[그림 7-7].

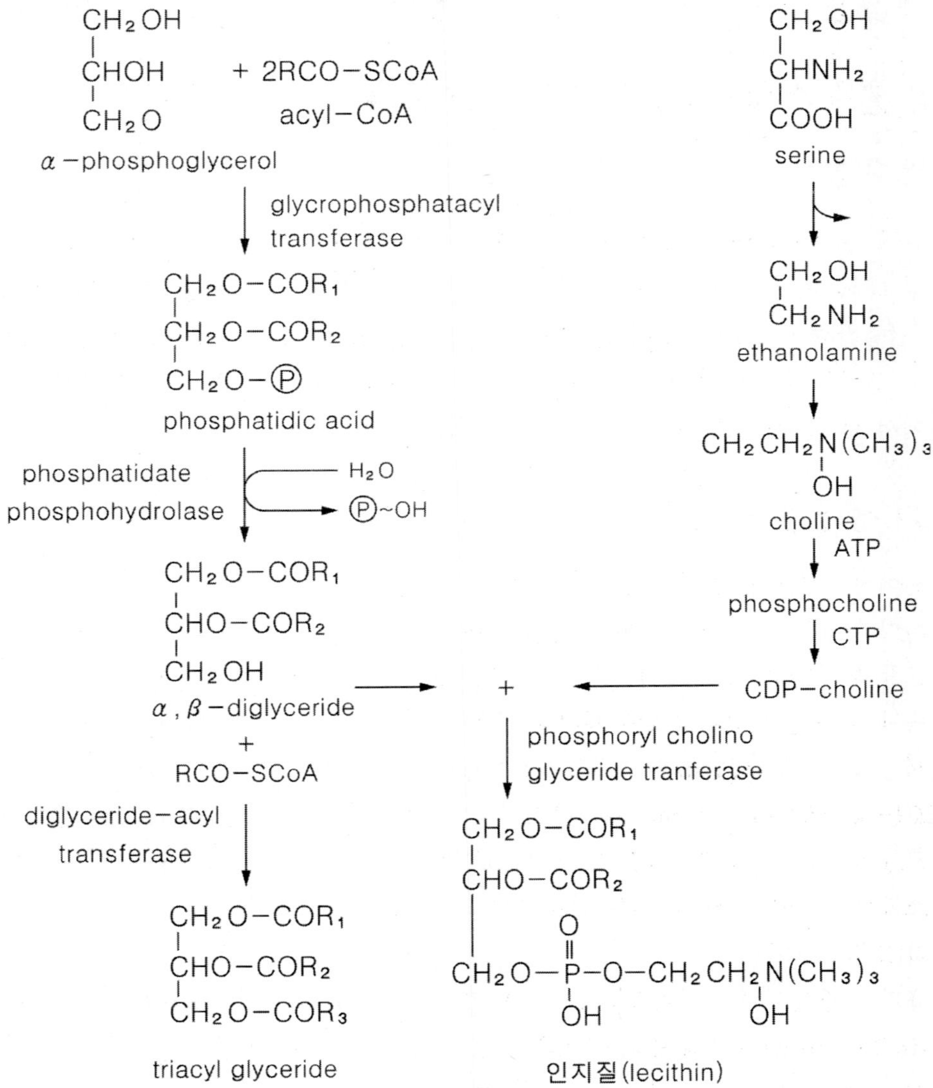

그림 7-7 지방 및 인지질의 합성경로

5. 콜레스테롤(cholesterol) 대사

1) 콜레스테롤의 기능과 생합성

(1) 기능

유리 cholesterol은 포유동물의 생체막 구성성분으로 생체막의 안정화와 생체막의 기능을 유지하는데 관여한다. 또한 콜레스테롤은 지질을 흡수할 때에 필요한 담즙산과 steroid 호르몬인 부신피질 호르몬과 성호르몬, 그리고 비타민 D3 등의 전구물질이다. 이와 같은 콜레스테롤은 생체에 꼭 필요한 성분이지만 인체 내에서 합성되므로 반드시 식이에서 섭취할 필요는 없다.

(2) 생합성

식이성 콜레스테롤은 카일로마이크론(chylomicron) 미립자로 주로 간에서 흡수된다. 식이에서 콜레스테롤이 충분히 공급되지 않을 때는 주로 간에서 하루 1g 정도를 합성한다. 콜레스테롤은 세포질의 acetyl-CoA를 출발물질로 해서 마이크로솜과 세포질의 복합효소에 의하여 생합성 된다. 즉 3분자의 acetyl-CoA가 모여서 β, β-dihydroxymethylglutaryl-CoA(HMG-CoA)를 형성하고, 이 HMG-CoA에서 mevalonate란 유기산이 만들어진다. 이 mevalonate는 CO_2를 잃고 isoprene이 되고, 이것이 6분자 모여서 squalene이란 carotinoid계의 탄화수소를 형성하며, squalene은 다시 변화되어 lanosterol을 거쳐서 cholesterol이 된다[그림 7-8].

초기 단계에서 마이크로솜의 HMG-CoA 환원효소는 3-hydroxy-3-methylgl- utaryl-CoA(HMG-CoA)를 mevalonic acid로 전환하는데 이 환원효소의 반응이 율속단계이다. 이 효소의 활성은 식이성 콜레스테롤의 유입으로 세포 내의 콜레스테롤 농도가 상승되면 억제된다. 한편 과잉 섭취한 콜레스테롤은 콜레스테롤 에스테르로 세포 내에 저장되고 필요에 따라서 이용된다.

간 이외의 조직에서도 cholesterol의 생합성은 가능하지만 보통은 LDL에서 공급된다. 간 이외의 조직세포에서는 세포 내에 콜레스테롤이 충분하면 LDL 수용체를 감소시켜서 콜레스테롤의 섭취를 억제하고, 과잉 성분은 콜레스테롤 에스테르로 저장한다.

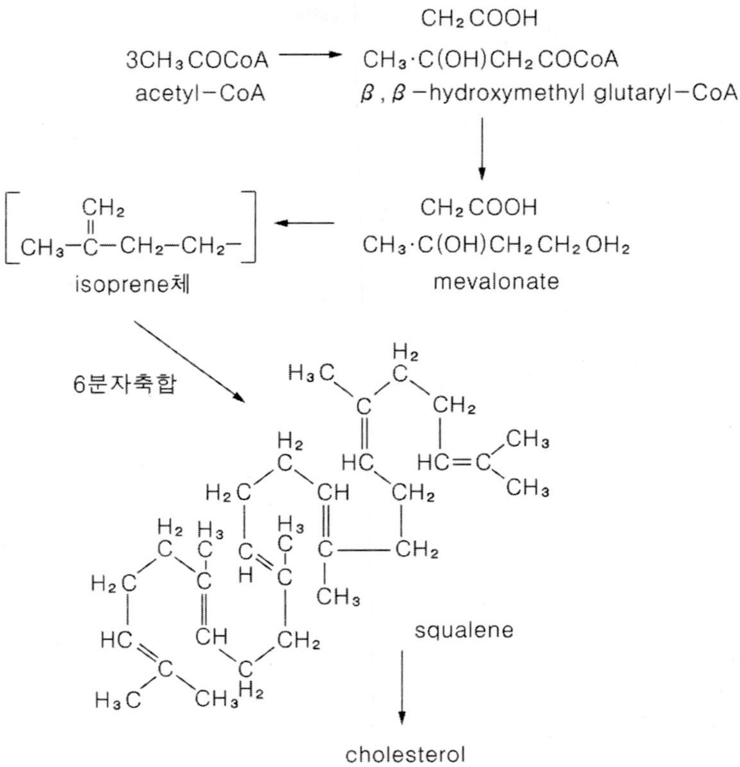

그림 7-8 cholesterol 생합성

3) 담즙산 및 스테로이드 호르몬으로 전환

유리 콜레스테롤은 간에서 담즙산으로 전환되고, 담즙산은 담즙과 함께 소화관으로 분비된다[그림 7-9]. 담즙산은 지질흡수에 이용되고, 대부분은 간 순환에서 재이용되며, 일부는 대변으로 배설된다. 담즙산의 합성은 복잡한 단계를 경유하지만 제 1단계의 반응은 마이크로솜의 콜레스테롤 7α-수산화 효소에 의하여 콜레스테롤이 7α-수산화(OH) 콜레스테롤로 전환되는 것이다. 이 효소에 의한 반응이 율속단계이다. 콜레스테롤의 일부는 담즙에 함유되어 있어서 담즙산과 함께 대변으로 배설된다. 또한 콜레스테롤은 부신, 정소 및 난소 등에서 스테로이드 호르몬 합성에 이용되는데 양적으로는 많지 않다.

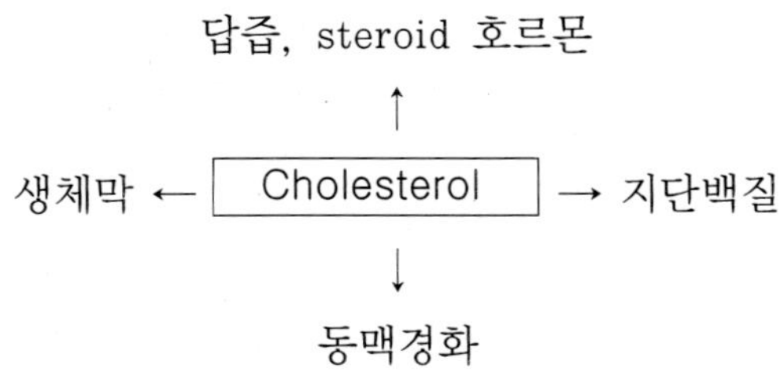

그림 7-9 cholesterol 대사

4) 혈장 콜레스테롤과 동맥경화증

사람에서는 혈장 콜레스테롤의 상당한 부분이 LDL에 존재한다. 그리고 LDL 콜레스테롤 농도가 높으면 동맥경화증의 위험성이 증가하는 것으로 알려졌다. LDL은 혈관 내피의 지질 과산화에 따라서 변성된다. 변성된 LDL은 마크로파지(macrophage)가 scavenger 수용체에서 인식하고 세포 내로 거둬들인다(scavenger경로).

Scavenger 수용체는 LDL 수용체와 달라서 세포 내에 콜레스테롤이 과잉되어도 감소시키지 않고 콜레스테롤을 거둬들이기 때문에 마크로파지 내에 콜레스테롤 에스테르가 축적되어 동맥경화증에서 동맥벽에 침착시킨다.

LDL 콜레스테롤의 농도가 높을수록 동맥경화증의 위험성은 증가되고, HDL 콜레스테롤의 농도가 높을수록 콜레스테롤의 역전송계가 활발해서 콜레스테롤은 마크로파지와 동맥에 침착하기 어렵다. 그러나 혈장 콜레스테롤 농도가 지나치게 낮으면 혈관이 약해져서 뇌출혈이 많아진다.

일반적으로 지방의 섭취량이 많으면 혈장 콜레스테롤의 농도는 상승한다. 또한 포화지방산인 lauric acid($C_{12:0}$), myristic acid($C_{14:0}$), palmitic acid($C_{1:0}$) 등을 다량으로 섭취하면 혈장 콜레스테롤의 농도가 상승하고, 불포화지방산인 linoleic acid($C_{18:2}$)와 linolenic acid($C_{18:3}$)를 다량으로 섭취하면 혈장 콜레스테롤의 농도가 저하된다. 불포화지방산인 oleic acid($C_{18:1}$)도 linoleic acid 만큼 강하지는 않지만 포화지방산에 비해 혈장 콜레스테롤 농도를 저하시킨다.

EPA와 DHA를 함유한 어류의 기름을 섭취하면 LDL 콜레스테롤의 농도를 약간 감소시킨다. 이들의 기구는 충분히 설명되고 있지 않지만 동맥경화증을 예방하기 위해서는 포화지방산의 섭취량을 감소시키고, linoleic acid 등의 고도불포화지방산 섭취를 늘리는 것이 좋은 것으로 생각된다.

또한 최근에 palmitic acid가 혈장 콜레스테롤의 농도를 상승시키는 작용은 혈장 콜레스테롤 농도가 높은 사람에서만 일어나는 것으로 알려졌다. 그리고 trans 지방산을 다량 섭취하면 혈장 LDL 콜레스테롤의 농도를 상승시킬 수 있다. 실제로 trans지방산의 섭취량이 하루에 10g 정도인 미국인에서는 문제시되고 있으나, trans지방산 섭취량이 하루에 2g 이하이면 전혀 문제되지 않는다.

5) 식이성 콜레스테롤

식이성 콜레스테롤이 증가하면 간의 콜레스테롤 생합성은 억제되므로 콜레스테롤이 과잉되지 않도록 조절된다. 그러므로 보통 식이성 콜레스테롤은 걱정할 필요가 없다. 그러나 식이성 콜레스테롤이 증가하면 민감하게 혈장 콜레스테롤의 농도가 상승하는 사람이 있다. 이와 같은 사람은 콜레스테롤의 섭취량을 제한할 필요가 있다. 식물성 sterol은 소장에서 콜레스테롤의 흡수를 억제하므로 혈장 콜레스테롤 농도를 저하시킨다.

Cholesterol은 모든 세포에 널리 분포되어 있으며, 지방산과 ester형이나 유리형으로 존재한다. ester형은 저장형이며 인지질과 함께 세포막의 중요한 구성성분이고, 물질이 세포막을 통과하는 투과성 조절에 관계하는 것으로 생각된다.
Cholesterol의 일부는 담즙을 통해서 십이지장으로 배설되지만 대부분은 간에서 지방의 소화를 도와주는 담즙산으로 변화되어서 배출된다. 또한 cholesterol은 steroid 호르몬인 부신피질 호르몬과 생식선 호르몬의 전구체이고, 적혈구 막을 튼튼하게 유지시켜 주는 생리적 기능을 가지고 있으며, 체내에서 일정량(1g/day) 합성된다.

Cholesterol은 혈장과 혈구에 함유되어 있다. 적혈구에는 대개 유리 cholesterol이 있다. 동맥경화증일 때는 cholesterol이 동맥벽 속에 축적되어서 동맥이 단단하게 경화된다. 혈청 cholesterol은 음식물에서 흡수된 것도 있지만 체내에서 acetyl-CoA로부터 합성된 것도 있다.

포화지방산은 acetyl-CoA로 β-산화된 후 cholesterol의 합성원료가 되므로 포화지방산이 함유되어 있는 식품을 많이 섭취하면 혈장 cholesterol의 수준이 높아진다. 반면에 고도불포화지방산은 cholesterol이 담즙산으로 전환되는 대사를 촉진하므로 혈장 cholesterol의 수준을 감소시키는 작용이 있다.

chapter 8

단백질

제8장
단백질

1. 아미노산(amino acid)

1) 아미노산의 구조

생체 내에 존재하는 많은 수의 단백질은 20여 종의 아미노산으로 구성되었다. 아미노산은 α-탄소에 아미노기(-NH_2)와 carboxyl기(-COOH)가 결합한 양성 전해질로 측쇄(-R) 구조에 따라서 각 아미노산의 종류와 성질이 결정된다. 그래서 측쇄의 화학적 성질에 따라서 염기성, 중성, 산성 아미노산 등으로 분류되고, 또한 그 구조 및 함유원소나 작용기에 따라서 지방족아미노산, 방향족 아미노산, 함황 아미노산, 하이드록시(hydroxy)아미노산 등으로 분류된다.

천연 단백질의 아미노산은 모두 L-glyceraldehyde에서 유도된 L-계열의 L-α-아미노산이다. 가장 간단한 glycine 이외는 부제탄소를 가졌기 때문에 입체이성체가 있다.

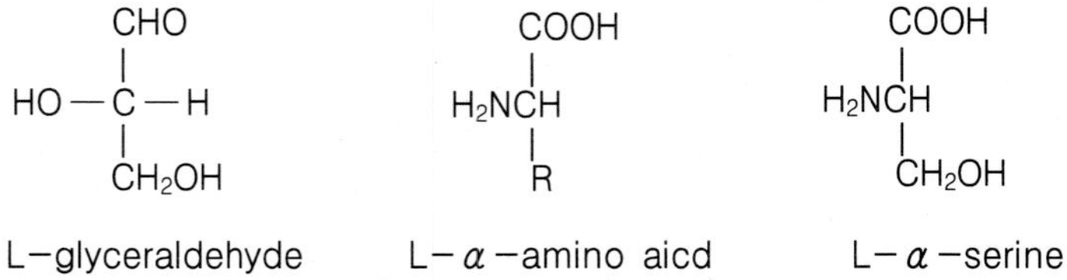

L-glyceraldehyde　　L-α-amino aicd　　L-α-serine

2) 필수 아미노산의 기능

식이로부터 섭취할 필요가 없는 비 필수아미노산과 체내에서 합성할 수 없거나 또는 합성할 수 있어도 필요량을 충족할 수 없어서 식이로부터 섭취할 필요가 있는 필수아미노산으로 대별한다. 식이에서 섭취된 대부분의 아미노산은 체내에서 단백질 합성재료로 이용되고, 일부는 신경전달물질과 생체에 필요한 질소화합물의 합성재료로 이용된다[표 8-1].

표 8-1 필수 아미노산의 기능

Aspartic acid	pyrimidine의 전구체
Cystein	taurine의 전구체, 환원제
Glutamic acid	γ-amino butyric acid(GABA)의 전구체
Glutamine	아미노기의 공급원, 질소의 담체
Glycine	purine 전구체, 신경전달물질
Histidine	histamine 전구체
Methionine	methyl기 공여체
Phenylalanine	catecholamine, dihydroxyphenylalanine(DOPA), melanine, melatonine의 전구체
Tyrosine	thyroxine의 전구체
Serine	choline, ethanolamine의 전구체
Tryptophan	serotonine, nicotinic acid의 전구체

3) 아미노산의 종류

20종의 아미노산이 [표 8-2]에 있다. 아미노기가 왼쪽에 위치한 아미노산을 L형, 오른쪽에 위치한 아미노산을 D형이라 한다. 단백질 중의 아미노산은 거의 대부분이 L-아미노산이다.

표 8-2 단백질을 구성하는 아미노산

Group	Trivial Name	Abbre-viation	Chemical Name	Structural Formula
	지방족 아미노산			
I	Glycine	Gly	Aminoacetic acid	$H-CH(NH_2)-COOH$
	Alanine	Ala	α-Aminopropionic acid	$CH_3-CH(NH_2)-COOH$
	Valine	Val	α-Aminoisovaleric acid	$(H_3C)_2CH-CH(NH_2)-COOH$
	Leucine	Leu	α-Aminoisocaproic acid	$(H_3C)_2CH-CH_2-CH(NH_2)-COOH$
	Isoleucine	Ile	α-Amino-β-methylvaleric acid	$CH_3-CH_2-CH(CH_3)-CH(NH_2)-COOH$
	OH 함유 아미노산			
II	Serine	Ser	α-Amino-β-hydroxypropionic acid	$CH_2(OH)-CH(NH_2)-COOH$
	Threonine	Thr	α-Amino-β-hydroxy-n-butyric acid	$CH_3-CH(OH)-CH(NH_2)-COOH$
	유황을 함유한 아미노산			
III	Cysteine	Cys	α-Amino-β-mercaptopropionic acid	$CH_2(SH)-CH(NH_2)-COOH$
	Methionine	Met	α-Amino-γ-methylthio-n-butyric acid	$CH_2(S-CH_3)-CH_2-CH(NH_2)-COOH$
	산과 아민을 포함한 아미노산			
IV	Aspartic acid	Asp	α-Aminosuccinic acid	$HOOC-CH_2-CH(NH_2)-COOH$
	Asparagine	Asn	γ-Amino of α-aminosuccinic acid	$H_2N-C(=O)-CH_2-CH(NH_2)-COOH$

Group	Trivial Name	Abbre-viation	Chemical Name	Structural Formula
IV	Glutamic acid	Glu	α-Aminoglutaric acid	$HOOC-CH_2-CH_2-CH(NH_2)-COOH$
	Glutamine	Gln	δ-Amide of α-aminoglutaric acid	$H_2N-C(=O)-CH_2-CH_2-CH(NH_2)-COOH$
	염기를 함유한 아미노산			
V	Arginine	Arg	α-Amino-δ-guanidino-n-valeric acid	$H-N(C(=NH)NH_2)-CH_2-CH_2-CH_2-CH(NH_2)-COOH$
	Lysine	Lys	α, ε-Diaminocaproic acid	$CH_2(NH_2)-CH_2-CH_2-CH_2-CH(NH_2)-COOH$
	Hydroxylysine	Hyl	α, ε-Diamino-δ-hydroxy-n-caproic acid	$CH_2(NH_2)-CH(OH)-CH_2-CH_2-CH(NH_2)-COOH$
	Histidine	His	α-Amino-β-imidazolepropionic acid	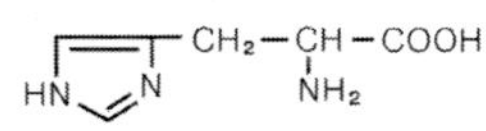
	방향족 아미노산			
VI	Histidine (see above)			
	Phenylalanine	Phe	α-Amino-β-phenylpropionic acid	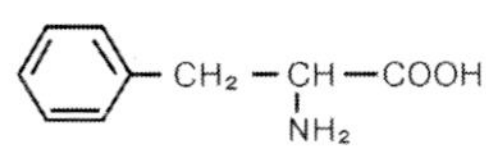
	Tyrosine	Tyr	α-Amino-β-(ρ-hydroxyphenyl) propionic acid	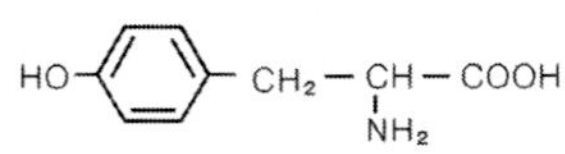
	Tryptophan	Trp	α-Amino-β-3-indolepropionic acid	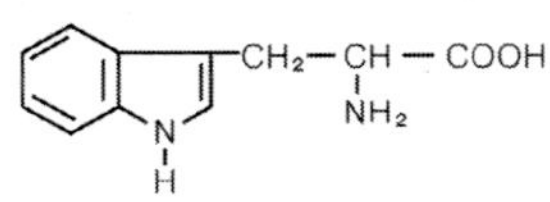
	아미노 아미노산			
VII	Proline	Pro	Pyrrolidine-2-carboxylic acid	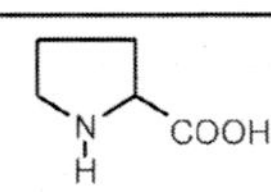
	4-Hydroxyproline	Hyp	4-Hydroxypyrrolidine-2-carboxylic acid	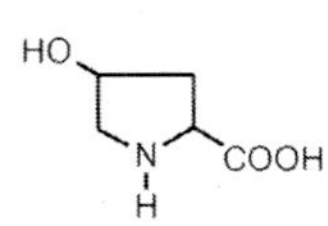

2. 펩티드(peptides)

한 아미노산의 carboxyl기와 다른 아미노산의 아미노기 사이에서 물 1분자가 빠지고 결합되는 것을 peptide결합이라 하고, peptide결합에 의하여 만들어진 연쇄상 화합물을 peptide라 한다. 즉 아미노산이 peptide결합으로 중합된 화합물을 peptide라 한다[그림 8-1]. 또한 peptide는 아미노산의 배열순서에 의해서 구조와 기능이 결정되고, 아미노산의 배열순서는 유전자의 염기배열 순서로 암호화되어 있으며, peptide를 구성하는 아미노산을 아미노산 잔기(amino acid residue)라 한다. 단백질의 크기를 분자량과 함께 아미노산의 잔기 수로 표시하는 것이 많고, 아미노산의 수가 2개면 dipeptide, 3개면 tripeptide, 2개 이상 10개 이하의 단백질을 oligopeptide, 10개 이상 수십 개까지의 것을 polypeptide 라하며, 그 이상의 것을 단백질이라 하지만 엄밀한 구별은 아니다. 일반적으로 아미노산 51개의 잔기로 구성된 인슐린이 최소의 단백질로 알려져 있다.

사슬의 기본이 되는 -CO-NH-의 반복을 원사슬(주쇄)이라 하고 R_1, R_2 등을 곁사슬(측쇄)이라 부른다. Peptide 명은 아미노산 이름의 약자를 순서대로 나열하여 표시하지만 유리된 $-NH_2$기를 가진 아미노산을 왼쪽 끝에 쓰고 N말단이라 하며, 유리 carboxyl기를 가진 것을 오른쪽 끝에 쓰고 C말단이라 한다.

N-말단 --- Val-Ile-Cys ---- C-말단

단백질은 polypeptide를 기본으로 하는 물질인데 단 1개의 polypeptide사슬로 된 것도 있지만 일정한 수의 polypeptide사슬이 모여서 더 큰 단백질 분자를 형성한 경우도 있다.

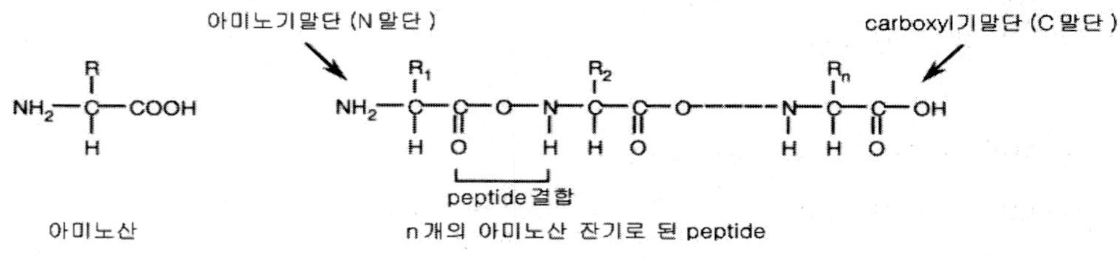

그림 8-1 아미노산과 peptide의 기본구조

3. 단백질(protein)

1) 단백질의 성질

(1) 응고와 침전

많은 단백질 수용액은 열, 산, 알코올, 중금속염, 자외선, 초음파 등의 작용에 의해 변성되어서 응고 침전된다. 계란을 삶으면 난백과 난황의 단백질이 열 응고되기 때문에 굳어진다. 단백질 용액에 황산암모늄 등의 중성염을 첨가하면 단백질의 용해도가 낮아져서 점차 침전하게 된다. 이 현상을 염석(salting out)이라 한다. 이 침전은 가역적이어서 물에 다시 녹이면 녹기 때문에 단백질의 분리·정제에 이용된다.

(2) 양성 전해질(amphoterism)

수용액에서 아미노산의 아미노기는 NH_3^+으로, carboxyl기는 COO^-으로 대전되기 때문에 아미노산은 양성이온(zwitter ion)이 된다.

$$H_3N^+-\underset{}{\overset{\displaystyle R \atop |}{CH}}-COO^-$$

α-아미노산의 일반식

따라서 아미노산은 산성에서 H^+을 얻어 양이온이 되고, 알칼리성에서는 H^+을 잃으므로 음이온이 된다. 이와 같은 성질을 가진 것을 양성 전해질이라 한다.

$$\underset{\text{알칼리성 용액}}{H_2N-\overset{\displaystyle R \atop |}{CH}-COO^-} \xleftarrow{} +OH \xrightarrow{} \underset{\text{등전점 용액}}{H_3N^+-\overset{\displaystyle R \atop |}{CH}-COO^-} \xleftarrow{} +H^+ \xrightarrow{} \underset{\text{산성 용액}}{H_3N^+-\overset{\displaystyle R \atop |}{CH}-COOH}$$

아미노산이 양성이온을 가지고 있을 때의 용액의 pH를 등전점(isoelectric point, pI)이라 하고, 등전점에서 아미노산의 용해도는 최소로 되기 때문에 침전되기 쉽다.

(3) 전기영동(electrophoresis)

등전점보다 산성 또는 알칼리성인 수용액에서 단백질분자는 + 또는 －로 대전되기 때문에 그 속에 적당한 전극을 꽂으면 단백질분자는 어느 한 전극으로 끌려가게 되는데, 이것을 전기영동이라 한다. 전기영동의 속도는 전하의 크기, 단백질분자의 크기와 형태에 따라서 다르다. 그러므로 몇 개의 단백질 혼합용액을 전기영동에 걸면 각 성분이 분리된다[그림 8-2].

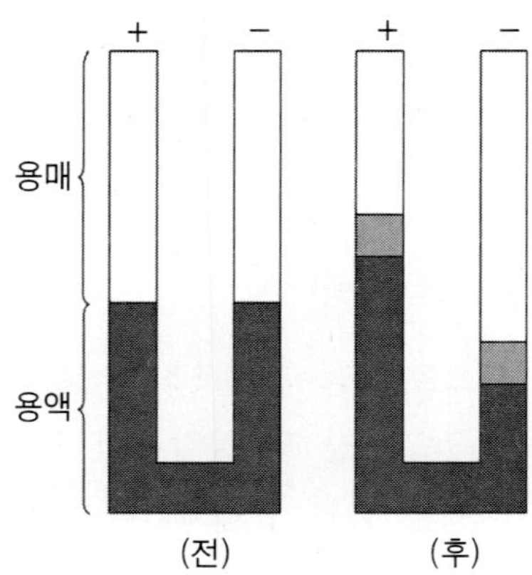

그림 8-2 전기영동

2) 단백질의 분류

(1) 단순 단백질(simple proteins)

① 알부민(albumin)

순수한 물에 녹고, 거의 포화된 황산암모늄 용액(70~100 % 포화)에서 침전되며, 가열에 의하여 응고된다. 예를 들면 난백알부민, 유즙알부민, 혈청알부민 등이 있다.

② 글루텔린(glutelins)

물 및 중성 염 용액에는 녹지 않고 묽은 산과 알칼리에 녹는다. 열 응고성으로

glutamic acid가 많다. 그리고 식물성 식품, 특히 쌀(oryzenin)과 소맥(glutenin)등의 곡류에 많다.

③ 글로불린(globulins)

순수한 물에 녹지 않고, 묽은 산과 알칼리에 녹으며, 묽은 염류용액(10 % 식염용액)에 잘 녹는다. 그리고 반포화의 황산암모늄 용액에서 침전되고, 가열하면 응고된다. 예를 들면 난백, 우유, 혈청 globulin과 근육의 myosin, 그리고 대두의 glycinin 등이 있다.

④ 프롤라민(prolamins)

물에 불용성이고, proline이 풍부하기 때문에 70% 알코올에 용해된다. 예를 들면 소맥의 gliadin, 옥수수의 zein, 대두의 hordein 등이 있다.

⑤ 알부미노이드(albuminoids)

섬유 상 구조를 가진 것으로 동물 지주조직의 성분이 된다. 물, 염 용액, 묽은 산과 알칼리 용액에 녹지 않고, 산 및 알칼리에 의해 가수분해 되기 어려우며, 효소작용도 받기 어렵다. 예를 들면 결합조직의 교질섬유의 주성분인 collagen, 탄력섬유의 주성분인 elastin, 골 및 치아의 ostein, 뿔, 손톱, 모발 등의 주성분인 keratin, 그리고 견사의 주성분인 fibroin 등이 있다.

⑥ 히스톤(histone)

물과 극히 묽은 산에 녹으나, 극히 묽은 암모니아수에는 불용이고, 염기성 아미노산인 arginine과 lysine이 많이 함유되어 있다. 핵산과 결합하여 핵단백질로 되고, 유전자를 억제하는 기능을 가진 것으로 추측된다. Hemoglobin을 구성하는 globin도 이것에 속한다.

⑦ 프로타민(protamine)

분자량은 5,000이하이고 arginine이 많으며, histidine, lysine도 함유되어있다. 수용액은 강한 알칼리성을 나타낸다. 물, 암모니아수에 녹고 열에 응고하지 않는다. 예를 들면 연어와 청어의 정자에 salmine과 culpein 등이 있고, 이것들이 핵단백질을 만든다.

(2) 복합 단백질(conjugated protein)

① 인단백질(phosphoprotein)

단백질을 구성하는 hydroxy 아미노산(대개의 경우 serine)의 OH기에 인산이 ester 결합한 것이다. 강산성인 물 및 묽은 산에 불용이고, 알칼리용액에는 녹지만 산성으로 되면 다시 침전된다. 예를 들면 유즙 중의 casein, 난황의 vitellin 등이 있다.

② 당단백질(glycoproteins) 및 점액단백질(mucoproteins)

다량의 다당류가 단백질과 결합한 것으로 난 mucoids의 당질은 glucosamine, ma-nnose, galactose로 구성되었고, 열에 응고되지 않으며, 초산에 의하여 침전되지 않는다. 점액의 mucin은 다량의 산성 mucopolysaccharide를 함유하고, 초산에 의하여 침전된다. 점막의 표면을 매끈매끈하게 하여서 마찰, 세균 침입으로부터 점막을 보호하는 기능을 가진다.

③ 핵단백질(nucleoprotein)

단순 단백질인 histone이나 protamine에 핵산(DNA, RNA)이 결합된 것으로 세포핵의 주성분이다. 동물체의 장기, 흉선, 정액 중에는 DNA와 nucleohistone 형태로 존재하고, 담배모자이크 비루스, 그리고 효모 등에는 nucleoprotamine과 RNA의 형태로 존재한다.

④ 색소 단백질(chromoprotein)

배합족으로 색소를 가진 것인데, 적혈구의 혈색소, 즉 헤모글로빈과 식물의 엽록소, 황색효소(flavoprotein)등이 이것에 속한다.

⑤ 금속단백질(metaprotein)

특수한 금속을 함유한 것을 일반적으로 금속단백질이라 한다. 예를 들면 ferritin(간, 비장에 저장된 철)은 18~20%의 철을 함유하고 있고, ceruloplasmin(혈장)은 동을 함유한 청색의 금속단백질이며, 탄산탈수효소는 아연을 함유한다.

⑥ 지단백질(lipoproteins)

지질과 단백질이 결합된 것으로 원형질막도 일종의 지단백질이다. 예를 들면 혈장의 지단백질은 지질의 운반에 관계한다.

(3) 유도단백질(derived protein)

천연 단백질에서 물리학적 또는 화학적으로 변화되어서 생긴 것으로 단백질 분자가 분자 내에서 형이 변화되거나 가벼운 가수분해를 받아서 성질이 변화된 것, 또는 상당한 정도로 가수분해를 받은 것 등 여러 단계의 것이 있다.

① 제1차 유도단백질

산, 알칼리, 효소, 가열 등에 의하여 천연단백질의 구조에 변화가 생겨서 불수용성이 된 것들로 protean, gelatin, metaprotein, 응고단백질 등이 있다. protean은 수용성 천연단백질이 효소나 화학물질의 작용으로 불수용성이 된 것이다. 예를 들면 가공식품의 단백질인 가용성의 edestin과 myosin이 edestan과 myosan으로 변형된 것이 있다.

Gelatin은 콜라겐에 물 또는 묽은 산이나 알칼리를 넣어서 가열하면 생성되는 변형된 단백질이다.

② 제2차 유도단백질

제1차 유도단백질보다 가수분해가 좀더 진행된 단백질로 proteose, peptone, peptide 등이 있다. proteose는 천연단백질의 가수분해 생성물로 수용성이고, 가열해도 응고되지 않으나 황산암모늄[$(NH_2)SO_4$]의 반 포화용액에 의하여 침전된다.

Peptone은 proteose보다 적은 분자량의 단백질 분해 생성물로 무수알코올이나 탄닌산에 의하여 침전되며, 포화황산암모늄 용액에 의해서는 침전되지 않는다. Peptide는 단백질의 가수분해 산물로 물에 녹고 열에 응고되지 않는다.

3) 단백질의 구조

(1) 1차 구조(primary structure)

아미노산의 배열순서를 단백질의 1차 구조라 한다. polypeptide 사슬 중의 아미노산 배열순서를 이해할 수 있다.

이것은 사슬의 말단에 있는 유리아미노기 또는 카르복실기에 특정화합물을 결합시키고 가수분해시켜서 그 특정화합물에 연결된 아미노산을 알게 되면 그것이 이 사슬의 말단 아미노산인 것이다[그림 8-3].

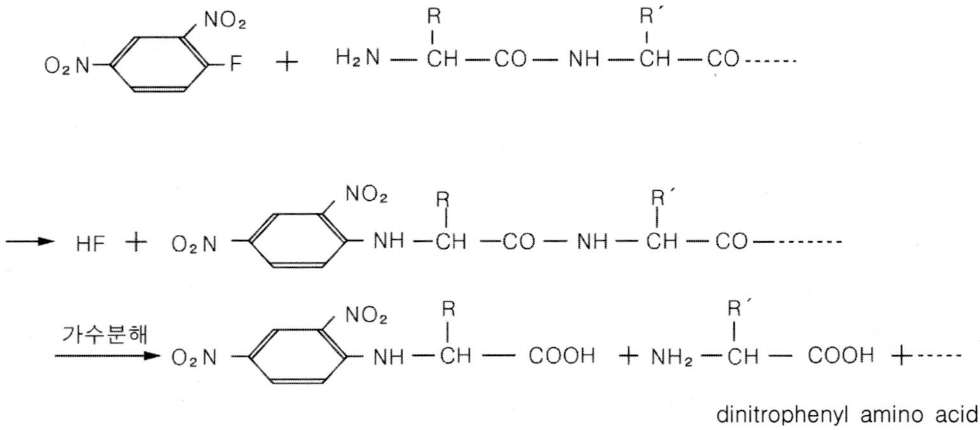

그림 8-3 DNP법

(2) 2차 구조(secondary structure)

측쇄간의 상호작용으로 국소적으로 형성되는 coil같은 α-나선구조, β-병풍구조 및 불규칙한 구조를 2차 구조라 한다. 기본적인 형은 polypeptide사슬 중의 -CO-와 -NH- 사이에 작용하는 수소결합에 의하여 일정한 형태를 취한다. 견사의 fibroin은 아미노산이 이웃 것과 180° 회전한 상태로 연결된 사슬이 평행하게 늘어서서 β-병풍구조를 만드는 것으로 생각된다. Keratin은 [그림 8-4]와 같이 3-7개의 아미노산 잔기가 한 바퀴 감은 α-나선구조로 되어있지만 길게 늘이면 β-구조로 된다.

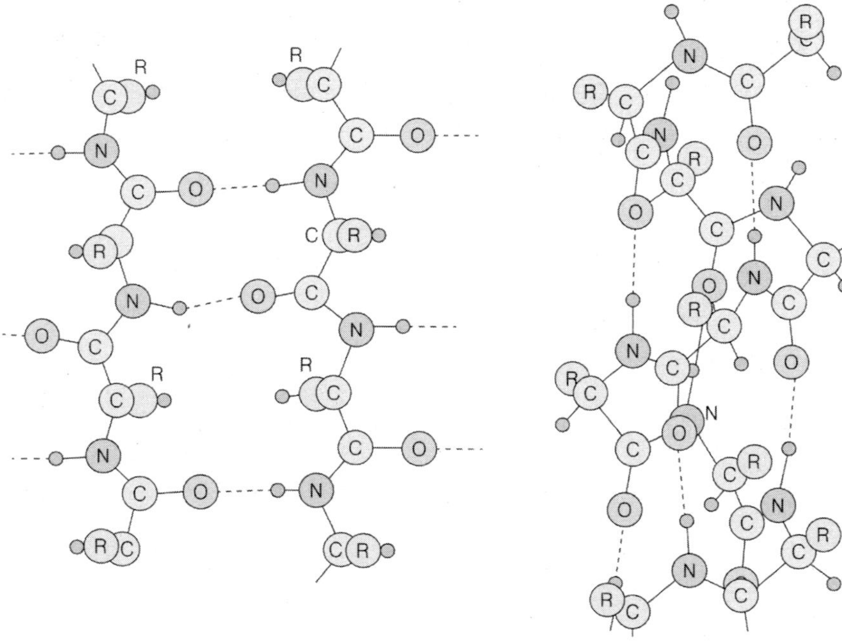

그림 8-4 Fibroin의 β -구조와 keratin의 α -구조

(3) 3차 구조(tertiary structure)

많은 단백질은 2차 구조를 한 polypeptide사슬이 다시 일정한 형태로 접혀서 입체구조인 3차 구조를 형성한다. 이 때 사슬에 나선부분과 비 나선부분이 있는데 나선부분이 전체의 약 20~50%를 차지한다.

단백질의 2차, 3차 구조는 결국 1차 구조에 의하여 결정된다. 이것은 각 아미노산의 측쇄부분이 서로 회합하고, 충돌하여 움직임이 없게 되는 입체적 방해와 polypeptide사슬 부분간의 여러 결합력 관계로 먼저 안전한 형태로 자리 잡은 것에 의존한다.

결합력에는 -S-S- 결합, 카르복실기의 부전하(-COO-)와 염기성기($-NH_3$+ 등)의 정전하간의 전기적 인력, 수소결합, 소수기 상호간의 인력, S-S 결합 등이 있다. 일반적으로 소수기는 분자의 내부에 많고, 외부에는 친수기가 많다. 미오글로빈은 3차 구조의 대표적 예이다.

(4) 4차 구조(quaternary structure)

단백질에는 각각 한 가닥의 polypeptide사슬로 된 subunit 몇 개가 모여서 한 개의 단백질 분자를 형성하는 것이 많다. 이러한 단백질의 구조를 4차구조라 한다.

Subunit 1개로 된 것을 단량체(monomer), 2개로 된 것을 2량체(dimer), 4개로 된 것을 4량체(tetramer)라 한다. myoglobin은 단량체이며 hemoglobin은 4량체이므로 4차구조이다[그림 8-5].

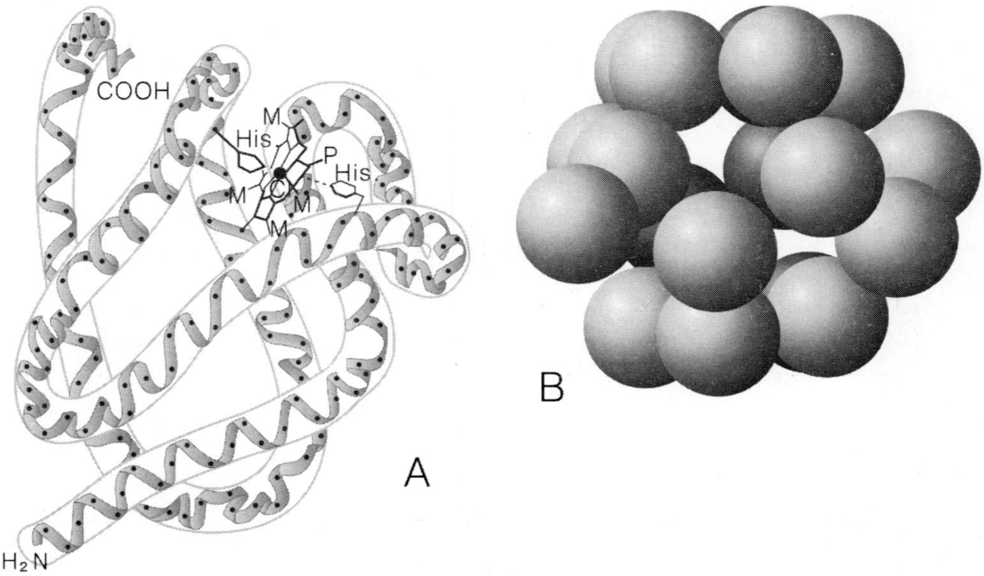

그림 8-5 단백질의 3차 및 4차 구조
A : 3차 구조 B : 4차 구조

4) 단백질의 변성

단백질의 2차 구조 이상의 구조를 고차구조라 하고, 고차구조를 형성하는 힘은 약하므로 변화되기 쉽고, 산, 알칼리, 열, 광선, 압력, 흡착, 알코올, 요소 등에 의하여 쉽게 부서져서 천연의 성질과 기능을 상실하게 되는데 이것을 단백질의 변성이라 한다[그림 8-6].

변성되면 단백질은 쉽게 응고되어서 그 단백질의 특유한 기능을 상실하며, 효소 등은 그 작용이 없어지기도 한다. 변성될 때는 분자 내에 polypeptide사슬을 일정한 형태로 유지하는 약한 수소결합 등이 파괴되고, 나선구조가 적어져서 형태가 파괴된다. 그렇기 때문에 반응하기 쉬운 원자단이 표면에 나타나서 용액 중의 이온과 침전제가 작용하기 쉬운 상태로 된다.

또한 변성되면 가수분해 효소의 작용을 쉽게 받을 수 있으므로 생 난백보다 약한 열을 가해서 변성시킨 반숙 난백이 trypsin에 의해 잘 분해된다. 변성으로 응고되면 숨어 있던 소수성기가 표면으로 나오고 표면으로 나온 하전기가 다른 하전기와 결합해서 소수성으로 되기도 하고, 새롭게 -S-S-결합이 만들어지기도 해서 침전. 석출하게 된다. 온화한 원인에 의해 변성되었을 때에는 원인이 제거되면 다시 복원될 수도 있다.

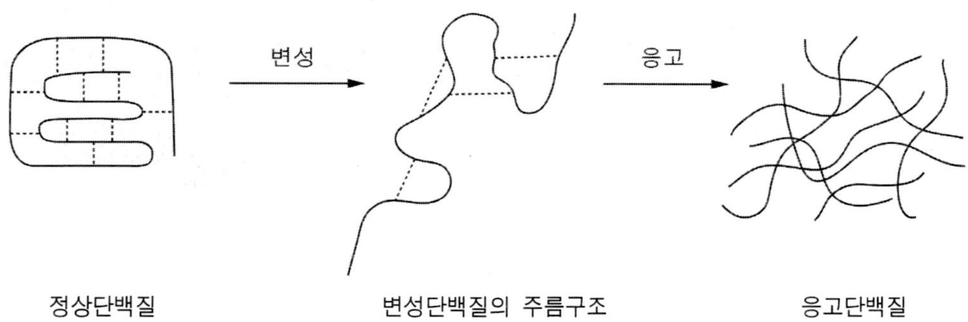

그림 8-6 단백질의 변성

5) 단백질의 기능

(1) 촉매기능

생체 내의 화학반응은 대개 효소의 촉매작용에 의하여 수행된다. 효소는 입체구조로 형성된 영역에 활성중심(active center)을 가지고 있다. 활성중심에 존재하는 아미노산 측쇄의 화학적 성질을 이용하여 촉매 하는 물질인 기질(substrate)과 결합함으로써 효소 반응양식이 결정된다.

생체 내의 물질대사 및 에너지 대사는 대개 효소에 의해 연속되는 효소반응인데, 이 효소반응은 물질과 에너지 등의 대사를 촉매하고, 반응의 속도를 조절한다.

(2) 정보전달 기능

단백질은 각 단백질의 특징적인 입체구조와 화학적 성질로 여러 물질을 식별할 수 있고, 인식할 수 있다. 이런 단백질의 특징은 정보전달계에서 꼭 필요하다. 정보전달물질에는 수용성과 지용성의 물질이 있고, 단백질 같은 고분자와 아민 같은 저분자의 물질이 있으며, 칼슘 같은 금속이온 등이 있다. 이와 같은 다양한 물질을 식별하고 인식하는 것은 단백질이 수용체로 작용하기 때문이다.

(3) 물질 운반기능

산소를 운반하는 헤모글로빈(hemoglobin, Hb)은 4량체의 단백질이고, 각 subunit에 1개의 산소분자가 결합할 수 있으므로 Hb에는 4개의 산소분자가 결합할 수 있다. subunit에 산소분자가 결합하면 그 구조가 변화된다. 구조변화는 다른 subunit에 전해져서 4차 구조가 크게 변화되어 산소에 대한 친화력이 상승된다. 이와 같이 친화성을 변화시킬 수 있으므로 Hb은 폐에서 효과적으로 산소를 흡착하여 조직으로 신속히 방출할 수 있다.

수용성인 포도당과 아미노산은 혈액 중에서 이동할 수 있지만 세포막을 통과할 수 없다. 그래서 세포막에는 이것들을 운반하는 운반체(transporter)의 단백질이 존재한다. 운반체는 반드시 물질을 인식하는 기구를 가지고 있어서 필요한 물질을 특이적으로 세포 내로 흡수한다. 이런 단백질은 필요에 따라서 물질을 필요한 장소로 운반하는 기능을 가지고 있으므로 운반체라 한다.

(4) 에너지 변환기능

근육은 화학 에너지를 기계 에너지로 변화시키는 변환기이다. 근육을 구성하는 주요한 단백질은 구상 단백질인 actin과 섬유상의 6량체 단백질인 myosin이지만 actin은 Mg 존재 하에서 비 공유결합으로 중합된 불수용성 섬유로 형성되었고, myosin은 ATP를 가수분해해서 에너지를 공급한다.

근육의 수축은 myosin분자가 ATP로부터 얻은 에너지를 이용하여 actin섬유 위를 미끄러져 들어감으로써 일어난다. 근육세포의 운동도 세포골격을 구성하는 actin, myosin, fibrin, gelatin, pimentin 등의 섬유상 단백질에 의존하고 있다.

(5) 구조건축기능

콜라겐(collagen)은 인체 총 단백질의 30% 정도를 차지하고, 모든 조직에 존재하며, 세포 외골격을 형성하는 단백질이다. 골격은 콜라겐에 인, Ca, Mg 등이 침착되어서 만들어진다.

피하 전체에 분포하고 있는 결합조직의 주요 성분은 콜라겐이고, 연골 및 눈의 유리체도 콜라겐이다. 또한 세포와 세포를 연결하여 간장 등의 조직을 만드는 것도 콜라겐의 역할이다.

반면에 모발 및 피부를 형성하는 것은 케라틴(kelatin)이다. 앞에서 기술한 actin, myosin, fibrin도 근육 및 세포골격을 형성하기 때문에 구조건축기능을 가지고 있다.

chapter 9

단백질 대사

제9장
단백질 대사

1. 단백질의 소화와 흡수

1) 소화흡수 기전

단백질은 우선 위액의 pepsin에 의하여 proteose나 peptone으로 된다. 이 때 pepsin은 위산(HCl)에 의하여 위액의 pH가 1.5~2.5정도 되어야만 활성화된다. pepsin이 위에서 분비될 때는 불활성인 pepsinogen이지만 염산과 섞이면 효소 단백질의 일부가 분해되면서 활성화되어 pepsin으로 된다.

$$\text{pepsinogen} \xrightarrow{\text{HCl}} \text{pepsin}$$

위에서 단백질이 아미노산으로 분해되는 것은 없다. 어떤 단백질은 pepsin의 작용을 받고 그대로 십이지장으로 내려간다. 십이지장에서 위산이 중화되면 pepsin의 작용은 없어지고, 대신 췌장액에 의한 강력한 소화가 개시된다. 췌장액의 단백질 분해효소에는 trypsin, chymotrypsin, carboxypeptidase 등이 혼합되어 있다. Trypsin이나 chymotypsin은 췌장에서 불활성형의 trypsinogen 및 chymotrypsinogen으로 분비된다. 십이지장에서 분비되는 장액 중의 enteropeptidase는 trypsinogen을 가볍게 분해하여 활성형인 trypsin을 만든다. 이 trypsin은 다시 trypsinogen을 분해하므로 전체의 trypsinogen이 신속히 활성화된다. Trypsin은 다시 chymotrypsinogen에 작용해서 이것을 chymotrypsin으로 활성화시킨다.

Trypsinogen —enteropeptidase→ Trypsin

↓

Chymotrypsinogen ——→ Chymotrypsin

Trypsin, chymotrypsin, pepsin 등은 polypeptide사슬을 분해하는 장소가 다르므로 비교적 소수의 아미노산 분자로 구성된 여러 가지의 peptide를 생성한다. 이 peptide에 다시 췌장액 중의 carboxypeptidase가 작용하여 polypeptide의 C말단 쪽에서부터 아미노산을 1개씩 떼어낸다. 그렇게 해서 아미노산과 간단한 peptide의 혼합물로 된다.

소장점막에는 aminopeptidase가 있고, 이것은 polypeptide의 N말단 쪽에서부터 아미노산을 1개씩 떼어낸다. 그리고 최후에 dipeptide로 되면 dipeptidase가 작용하여 아미노산으로 분해된다. 장액의 aminopeptidase와 dipeptidase 정도의 양으로는 섭취한 단백질을 완전히 소화할 수 없다. 그러므로 현재까지 알려진 바에 의하면 peptide분자가 작아지면 소장의 점막 상피세포 속에 들어가서 각종의 aminopeptidase 및 dipeptidase의 작용을 받아 아미노산으로 분해된다고 생각하고 있다. 아미노산은 혈액으로 흡수되어서 간 문맥을 거쳐 간장으로 운반된다[그림 9-1].

2) 흡수된 아미노산의 운명

소장에서 흡수된 아미노산은 식후 4~5시간이 지나면 혈장 아미노산의 농도가 최고로 상승하고, 7시간이 지나면 원래의 상태로 되돌아간다. 그리고 식품으로 섭취된 아미노산은 다음과 같이 사용된다.

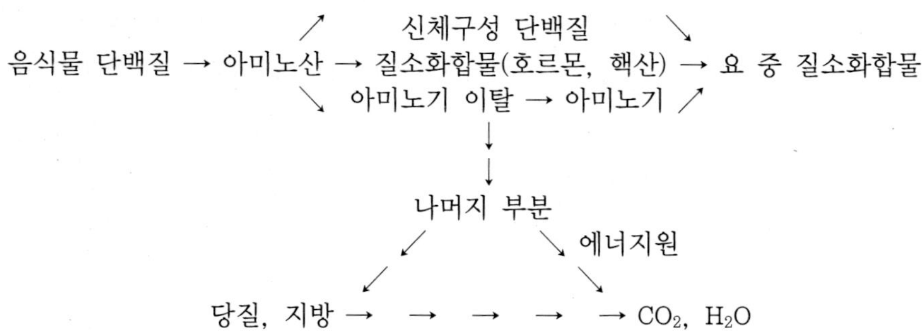

그림 9-1 아미노산의 운명

(1) 체 단백질의 합성

체 단백질은 늘 조금씩 소모되며 성장기에는 많은 단백질이 필요하다. 그러므로 식품으로 섭취된 단백질의 아미노산은 이런 체 단백질 합성에 이용된다.

(2) 특수한 질소화합물의 생산

호르몬의 작용을 가지고 있는 특수한 단백질인 인슐린, 뇌하수체 호르몬과 여러 효소를 생성하고, 단백질이 아닌 adrenaline과 thyroxine같은 호르몬을 생성하며, creatine, 핵산 등의 purine체와 pyimidine체 등을 생성한다.

(3) 에너지원이나 당질 또는 지방으로 축적

여분의 아미노산이 있으면 그것들은 탈 아미노반응 후 비질소 부분은 에너지원으로 산화되거나 당질 또는 지방으로 변화되어서 신체에 축적된다. 그러나 필요 이상으로 섭취된 아미노산은 체내에 오랜 기간 축적되어 있지 않고 배설되므로 적은 양일지라도 매일 소모되는 아미노산의 양만큼은 음식물에서 매일 섭취하여야 한다.

3) 필수아미노산(essential amino acids)

단백질을 구성하는 아미노산 중 몇 개는 질소원뿐만 아니라 당질 또는 지질대사의 중간산물로부터 새롭게 만들어질 수 있지만 기타 몇 개는 체내에서 만들 수 없다. 체내에서 만들 수 없는 아미노산은 음식물을 통해서 섭취해야한다. 이렇게 음식물을 통해서 꼭 섭취할 필요가 있는 아미노산을 필수아미노산이라 한다. 음식물의 단백질 중에 필수아미노산이 한 가지라도 결핍되거나 부족하면 완전한 성장이나 신체 유지가 불가능하게 된다.

2. 아미노산 및 단백질의 분해

1) Protease에 의한 단백질의 분해

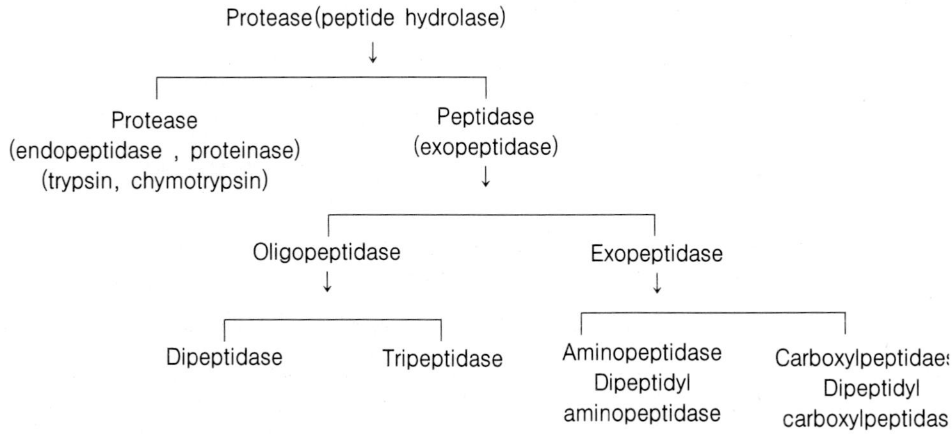

그림 9-2 Protease에 의한 단백질의 분해

2) 세포내에서 단백질의 분해

세포 내의 단백질은 세포질에 존재하는 protease나 lysosome 내에 존재하는 protease에 의하여 아미노산으로 분해된다. 단백질의 역할이 끝난 후에도 기능을 가진 고분자의 단백질이 잔존해 있으면 여러 불필요한 생체반응이 일어나기 쉽기 때문에 작용 후 신속히 분해되는 것이 좋다.

세포내에서 protease의 기능에는 생합성 된 전구체 단백질을 제한적으로 분해하여 peptide로 하는 processing과 불필요한 세포내 단백질을 아미노산으로 가수분해하는 노폐 단백질의 처리 등이 있다. Processing에는 혈장 단백질 및 단백질 호르몬 등 많은 분비 단백질 전구체의 아미노기 말단에 있는 signal peptide 절단의 경우와 protease류 및 호르몬류의 분자 내 절단에 의한 숙성의 경우 등이 있다. 세포내 단백질 분해반응에는 lysosome 효소군, Ca^{2+}의존성 protease, ATP의존성 protease, 기타 많은 중성 protease 등이 관여하고 있다.

3) 아미노산 탄소골격의 분해

아미노산이 아미노기를 상실하고 남은 탄소골격 부분은 다른 아미노산의 아미노기를 받아서 다시 아미노산으로 되돌아가거나, 해당과정 또는 TCA회로에 들어가서 산화되기도 한다. 그러나 간장에서는 절식 시 포도당이나 ketone체의 합성 원료로 이용되기도 한다. 즉 아미노산의 탄소골격은 ① pyruvic acid ② TCA회로의 중간산물 ③ acetyl-CoA 등으로 변화된다[그림 9-3].

이 물질들은 모두 TCA회로에서 산화되어 ATP를 생산하기도 하고, 영양상태에 따라서 포도당, 케톤체 및 지방산 합성에 이용되기도 한다. 예를 들면 공복 시나 기아 시 또는 당질의 섭취량이 부족해서 insulin의 수준이 낮아지고, 글루카곤의 수준이 높아질 때에는 pyruvic acid와 TCA 회로의 중간산물들이 당신생계를 거쳐서 포도당을 공급하고, acetyl-CoA는 케톤체를 공급한다.

반대로 당질 등의 에너지원이 충분히 섭취될 때에는 과잉의 아미노산은 아미노기를 제거한 후 pyruvic acid 나 TCA회로의 중간 산물을 거쳐서 acetyl-CoA을 생성하고, 더 나아가 지방산으로 전환되어서 저장지질로 지방조직에 축적된다. 탄소골격이 당신생계에 이용되는 아미노산을 당원성 아미노산(glycogenic amino acid)이라 하고, 케톤체를 생성하는 아미노산을 케토원성 아미노산(ketogenic amino acid)이라 하지만 순수한 케토원성 아미노산은 leucine과 lysine뿐이라 한다[표 9-1].

표 9-1 당원성 및 케토원성 아미노산

당 원 성	케 토 원 성
glycine, alanine, serine, threonine, valine, arginine, histidine, glutamic acid, proline, aspartic acid	leucine, isoleucine, phenylalanine, tryptophan tyrosine, lysine

Glutamic aicd, aspartic acid, alanine 등은 아미노기를 잃으면 각각 α-ketoglutaric acid, oxaloacetic acid, pyruvic acid 등으로 분해되어서 TCA회로에 들어가 산화된다.

Glycine은 heme과 creatin의 구성성분이고, 핵산의 구성성분인 adenine, guanine 등의 원료이다. 또한 aspartic acid는 핵산의 구성성분인 uracil, thymine, cytosine 등의 원료이다.

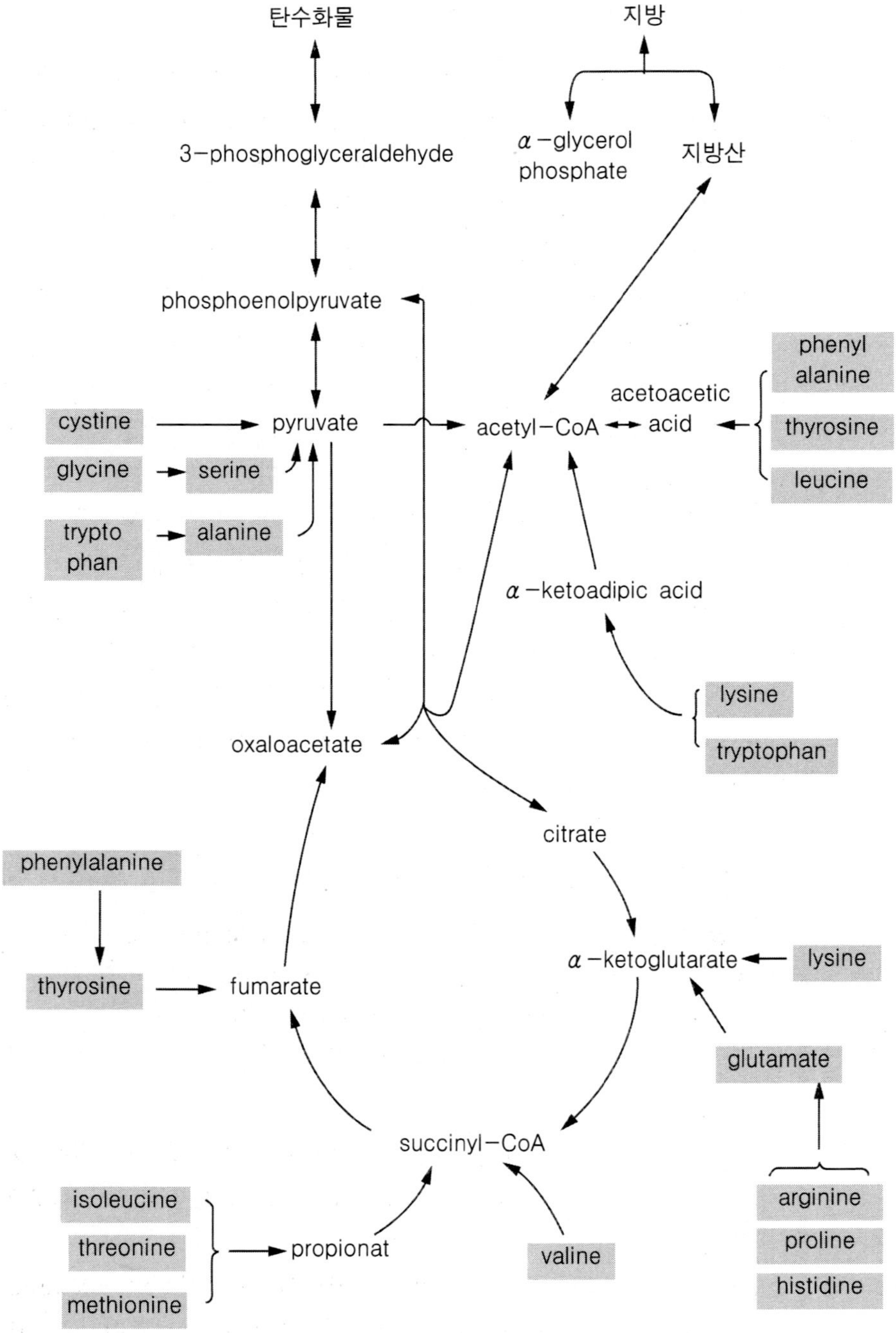

그림 9-3 아미노산의 대사경로

4) 요소회로

암모니아는 중추신경계에 강한 독성이 됨으로 즉시 ornithine 회로에 의해 무독한 요소로 변화되어서 요 중으로 배설된다. 간의 요소회로인 ornithine회로는 간에만 존재하므로 아미노산의 이화는 모두 간에서 이루어진다. 그러나 Val, Leu, Ile은 간장에서 대사 되지 않고 뇌와 근육에서 대사 된다. 특히 뇌는 이들 아미노산을 포도당에 버금가는 에너지원으로 이용하기 때문에 다량으로 아미노산을 소비한다. 이 때 생긴 암모니아는 글루타민으로 고정되어서 간으로 운반되고, 간의 요소회로에서 처리된다.

글루타민의 일부는 신장에서 암모니아를 유리하지만 이 암모니아는 그대로 요중으로 배설되거나 체액의 pH를 조절하는데 이용된다. 그러므로 혈청 중에는 모든 아미노산이 존재하지만 glutamine의 농도가 가장 높은 것은 이처럼 glutamine이 장기간의 아미노질소 운반체로 되기 때문이다. 즉 아미노산에서 떨어져 나온 아미노기는 많은 아미노산 사이를 옮겨 다니지만 아미노기를 잃고 남은 부분이 변화되므로 아미노기를 받을 방법이 없다. 그래서 아미노기는 유리암모니아로 된다. 이 유리암모니아는 독성이 있으므로 즉시 무독화되어야 한다. 우선 유리암모니아는 glutamic acid와 결합해서 glutamine으로 되어 혈 중으로 운반된다.

$$\text{glutamic acid} + \text{ammonia} + \text{ATP} \longrightarrow \text{glutamine}$$

혈중 glutamine은 장을 순환하는 사이에 glutamic acid와 ammonia로 분해되어 간 문맥을 통해 간으로 운반되고, 여기에서 ammonia는 요소로 합성된다. 이 때 ammonia 2분자와 CO_2 1분자가 결합해서 요소를 만들지만 이것은 효소에 의하여 ornithine 회로에서 이루어진다[그림 9-4]. 즉 ornithine에 ammonia와 CO_2가 결합해서 citrulline을 만들고, 이것에 다시 aspartic acid의 -NH3가 결합해서 arginine으로 되며, arginine은 arginase에 의하여 ornithine과 요소로 가수 분해된다. 이 요소생성 과정에서도 ATP가 사용된다.

간에 심한 장해가 있을 때는 요소의 합성이 잘 되지 않으므로 혈액 중의 ammonia농도가 상승하고, 그 때문에 혼수상태에 빠지게 되는데 이러한 상태를 간성 혼수라고 한다. 요소는 혈액으로 운반되어 신장에서 배설된다. 신장 장해에 의하여 요소가 충분히 배설되지 않으면 혈액 중의 요소가 증가되므로 혈액에 비단백질성 질소의 농도가 높아진다.

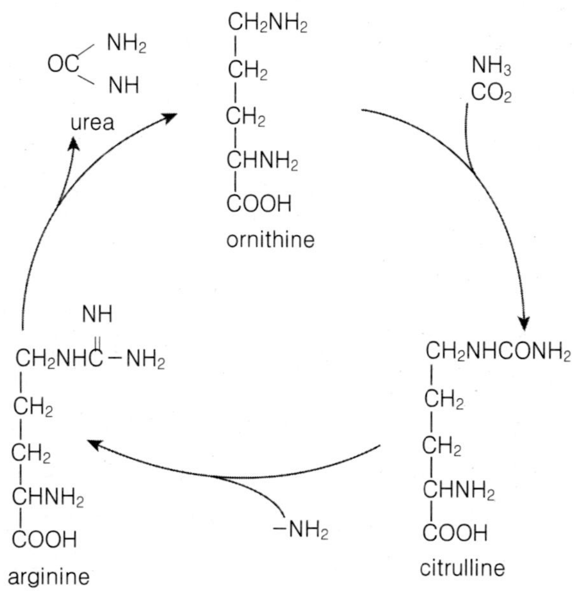

그림 9-4 아미노산의 대사경로

5) 크레아틴(creatine) 및 크레아티닌(creatinine)

요의 한 성분인 크레아티닌은 크레아틴을 모체로하는 물질이고, 크레아틴은 체내에서 glycine에 arginine의 아미딘(amidine)기, [HN=C(NH_2)]와 methionine의 methyl기가 결합해서 합성된다. 그리고 근육에 있는 인산과 결합해서 크레아틴인산(creatine phosphate)의 형태로 저장된다. 크레아틴인산 결합은 고에너지 인산결합으로 근육수축 시 일시적 에너지 공급원이 된다. 즉 근육이 급격히 작동할 때는 ATP가 분해하여 ADP와 무기인산(Pi)으로 되는데, ADP는 즉시 크레아틴인산으로부터 인산 기를 받아서 ATP로 재생된다. 그러므로 근육은 크레아틴인산이 완전히 분해될 때까지 수축을 반복할 수 있다.

$$ATP \longrightarrow ADP + Pi$$

$$ADP + \text{creatine phosphate(CP)} \longrightarrow ATP + \text{creatine}$$

근육이 휴식하면 해당과정이나 산화적 인산화에 의하여 ADP로부터 ATP가 재합성 된다. 그래서 재합성된 ATP가 크레아틴과 결합해서 크레아틴인산을 만들어 근육 속에 저장한다. 크레아틴인산은 늘 조금씩 크레아티닌으로 변화하여 요 중으로 일정하게 배설된다.

6) 아미노산의 이화작용

(1) 아미노기전이반응(transamination)

Glutamic acid에서 $-NH_2$가 떨어지면 α-ketoglutaric acid로 된다. 그러나 α-ketoglutaric acid는 아미노기전이효소(transaminase)에 의하여 다른 아미노산으로부터 아미노기를 받아서 glutamic acid로 될 수도 있다.

예를 들면 α-ketoglutaric acid가 alanine으로부터 아미노기를 받아서 glutamic acid로 되고, alanine은 pyruvic acid로 된다. Pyruvic acid는 해당과정의 산물이므로 이 반응이 역으로 진행되면 당대사의 중간산물에서 alanine이 생합성될 수도 있다.

$$\underset{\text{pyruvic acid}}{CH_3COCOOH} + \underset{\text{glutamic acid}}{HOOCCH_2CH_2CH(NH_2)COOH} \longrightarrow$$

$$\underset{\text{alanine}}{CH_3CH(NH_2)COOH} + \underset{\alpha\text{-ketoglutaric acid}}{HOOC(CH_2)_2COCOOH}$$

(2) 산화적 탈아미노반응(oxidative deamination)

산화적 탈아미노반응이란 아미노산이 산화되면서 α-케토산과 암모니아로 분해되는 효소반응이다.

$$R \cdot CH(NH_2)COOH + 1/2\ O_2 \longrightarrow R \cdot COCOOH + NH_3$$

이들과는 다른 NAD 또는 NADP를 조효소로 하는 glutamate dehydrogenase가 있는데, 이것은 주로 glutamate에만 작용하는 것으로 간에 강력한 것이 함유되어 있다.

$$\underset{\text{glutamic acid}}{HOOCCH_2CH_2CH(NH_2)COOH} + NAD(P) \longrightarrow \underset{\alpha\text{-ketoglutaric acid}}{HOOC(CH_2)_2COCOOH} + NH_3 + NAD(P)H_2$$

(3) 탈탄산반응(decarboxylation)

아미노산의 카르복실기에서 CO_2가 빠지면서 아민을 생성하는 반응이다.

$$\underset{\alpha\text{-amino acid}}{R \cdot CH(NH_2)COOH} \longrightarrow \underset{\text{amine}}{R \cdot CH_2NH_2} + CO_2$$

이 반응은 세균의 효소에 의하여 일어나므로 체내에서는 장내세균에 의하여 amine이 만들어진다. amine 중에는 histidine에서 생긴 histamine과 같이 혈압을 내리는 것과 thyrosine에서 생긴 thyramine과 같이 혈압을 상승시키는 것이 있다. amine에는 이들처럼 생리작용이 강한 것이 많이 있지만 흡수되면 간에서 해독되는 것도 많이 있다.

3. 아미노산 합성

1) 아미노산의 대사

아미노산 대사의 중심이 되는 효소반응에는 글루탐산 탈수소효소(glutamic acid dehydrogenase)에 의한 암모니아의 고정과 유리, 그리고 아미노기 전이효소(transa- minase)에 의한 아미노산과 알파-케톤산(α-ketonic acid)간의 아미노기 전이반응 등이 있다[그림 9-5]. 이것들은 가역반응이므로 아미노산의 합성과 이화에 공통으로 사용된다. 이 전이반응에 의한 아미노산 대사는 당 대사와 지방산 대사에 연결된다.

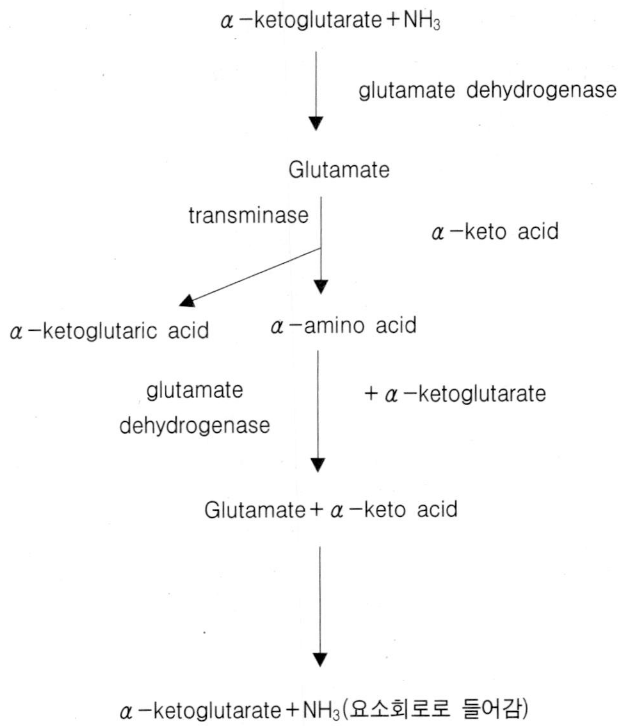

그림 9-5 아미노산 대사

2) 비 필수아미노산의 합성

비 필수아미노산은 기본적으로 각 아미노산의 골격이 되는 α-케토산에 글루탐산의 아미노기가 전이되어서 합성된다[그림 9-6]. ① Glutamic acid dehydrogenase의 작용으로 암모니아가 glutamic acid의 아미노기에 고정된다. ② aminotransferase의 작용으로 glutamic acid의 아미노기가 전이한다.

α-케토산은 당대사의 중간 산물로부터 공급되고, 아미노기의 질소는 주로 식사 단백질로부터 공급된다. 필수아미노산을 혼합한 식이로 동물을 사육하면 필수아미노산의 이용률이 나빠지는데 이것은 필수아미노산의 아미노기가 비 필수아미노산의 합성에 소비되기 때문이다.

한편 사람의 몸에서 필수아미노산이 합성될 수 없는 것은 아미노기를 주고, 받을 수 있는 아미노산의 골격이 되는 알파-케토산을 합성할 수 없기 때문이다. 한편 비 필수아미노산인 시스테인과 티로신처럼 필수아미노산인 메티오닌과 페닐알라닌에서 합성되는 것도 있다.

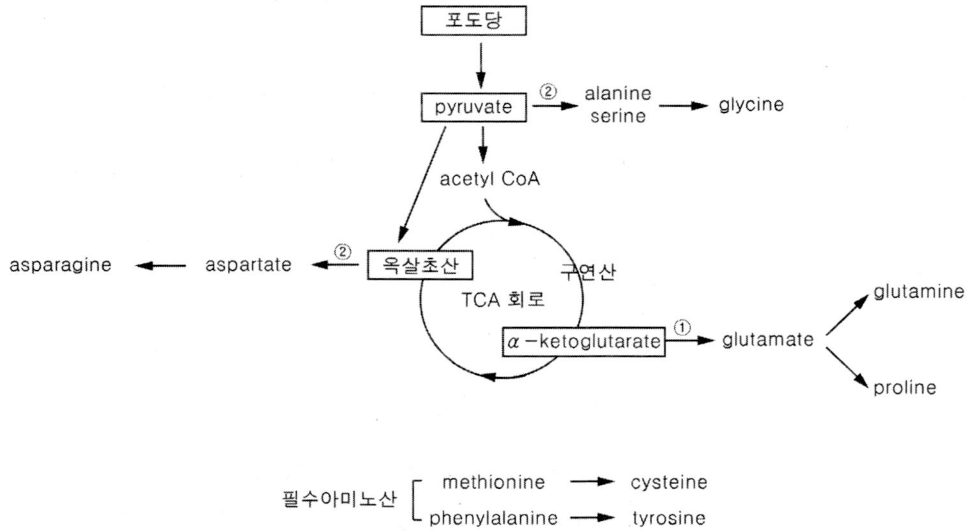

그림 9-6 비 필수아미노산 합성경로

4. 단백질의 생합성

1) 단백질 합성의 활성화과정

(1) 아미노산의 활성화

세포 내에 용해되어 있는 아미노산 활성화효소에 아미노산과 ATP가 결합해서 효소(E)-와 아미노산-AMP의 복합체가 만들어지고 PPi가 떨어진다.

E + ATP + 아미노산 ⟶ E-(AMP-아미노산) + PPi

(2) 아미노산의 tRNA로 이전

세포 내에는 각 아미노산에 대한 특정 tRNA가 있고, 이것이 활성화된 아미노산기를 받는다.

E-(AMP-아미노산) + tRNA ⟶ tRNA-아미노산 + E + AMP

(3) Polypeptide사슬의 형성

세포 내의 ribosome이 DNA지령에 따라서 만들어진 mRNA의 외 표면을 한쪽 끝에서 다른 쪽 끝으로 미끄러져 간다. 이 때 ribosome은 mRNA의 유전정보를 읽으면서 유전정보에 따라 tRNA에 의해서 운반되어 온 아미노산(tRNA-아미노산)을 받아서 peptide결합을 한다.

2) 단백질 합성 단계

단백질은 유전자의 전사, 번역의 과정을 통해서 합성된다. 유전자에서 mRNA로 전사되는 것은 RNA polymeraseⅡ에 의하여 수행된다. RNA polymerase는 처리억제인자(transacting factor)라고 하는 전사를 억제하는 일군의 단백질과 복합체를 형성해서 개개의 유전자 발현을 조절한다.

처리억제인자는 전사 개시점을 인식하는 기본전사인자(general transcription factor)군과 외부로부터 여러 정보에 응답하여 그의 발현량을 역동적으로 변화시키는 전사제어인자(transcription regulatory factor)군으로 판명되고 있다[그림 9-7].

기본배열은 반드시 전사 개시점에 있지만 조절배열의 위치는 일정하지 않다. [그림 9-8]에 전사제어의 모식도를 나타냈다.

유전자 전사의 직접 산물(1차 전사산물)은 아미노산을 code하는 exon(mRNA의 정보배열)과 아미노산의 배열정보를 갖지 않은 개재배열(intron)로 되어 있고 그것의 5’ 말단과 3’ 말단에는 각각 cap구조와 poly A구조가 부착되어 있다. 개재배열을 함유한 핵 내의 여러 크기의 RNA를 hnRNA(heterogenous nuclear RNA)라 한다. 개재배열이 핵 내에서 모두 삭제(splicing)되어서 성숙하면 mRNA로 세포질에 나타난다. mRNA의 염기배열은 리보솜(ribosome) 위에서 단백질로 번역된다[그림 9-9]. 이때 tRNA가 mRNA에 함유되어 있는 염기배열의 정보에 대응하는 아미노산으로 번역하는 번안자(adaptor)로 작용한다.

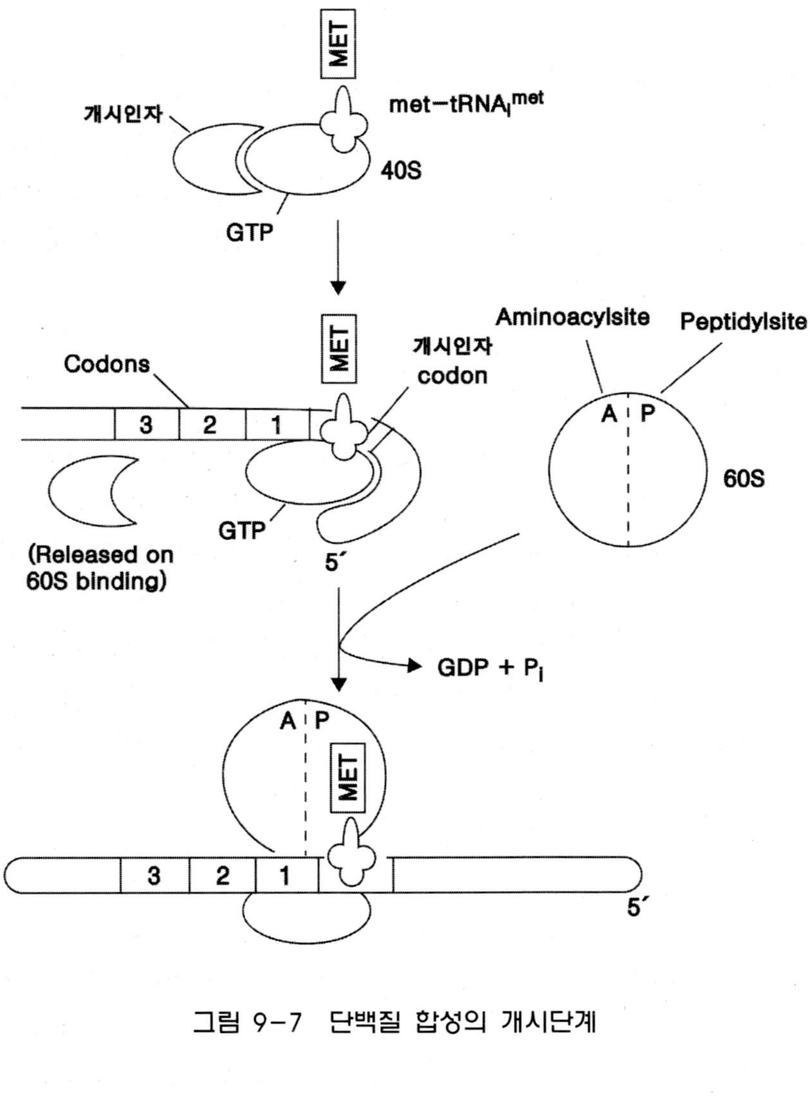

그림 9-7 단백질 합성의 개시단계

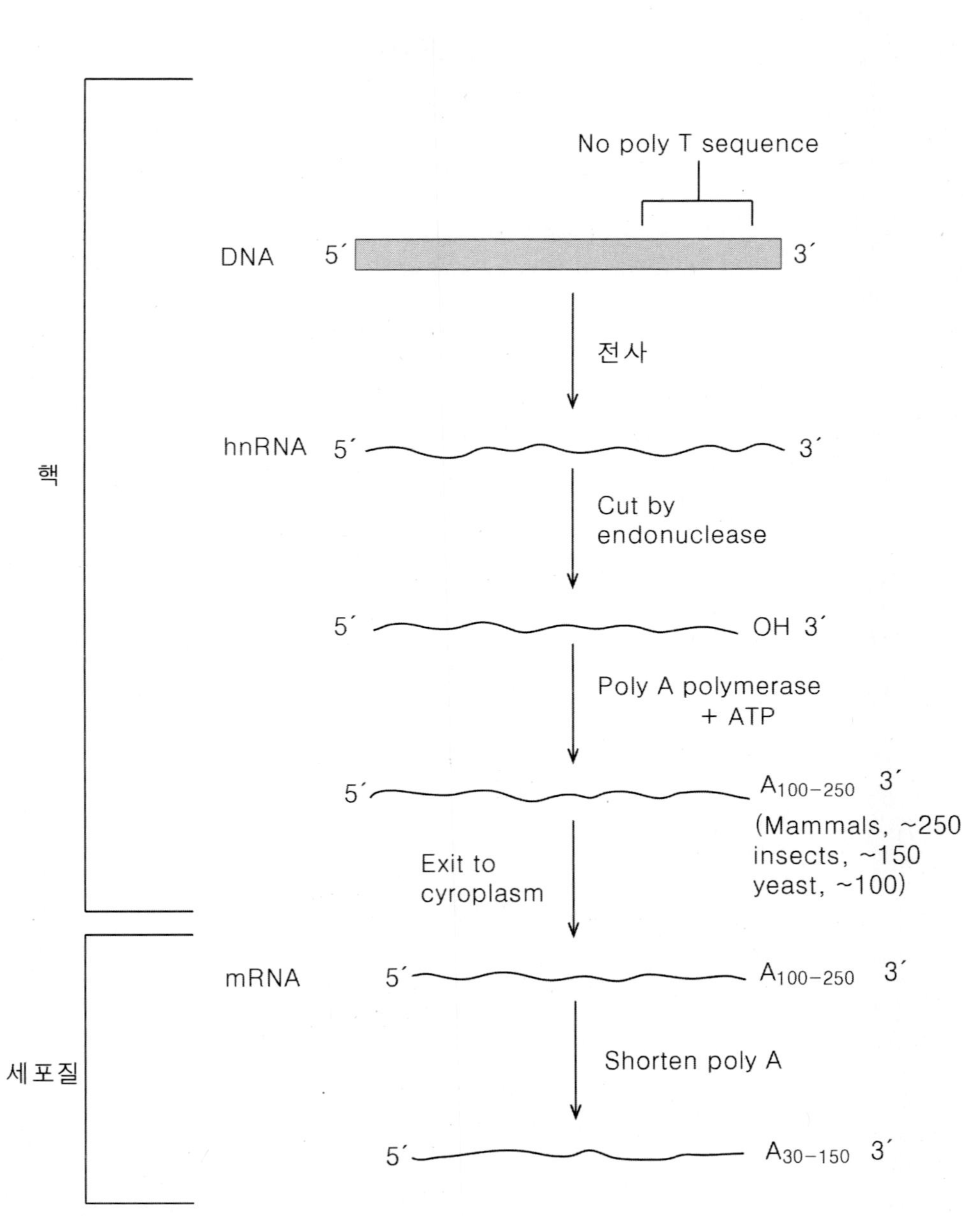

그림 9-8 단백질 합성의 전사단계

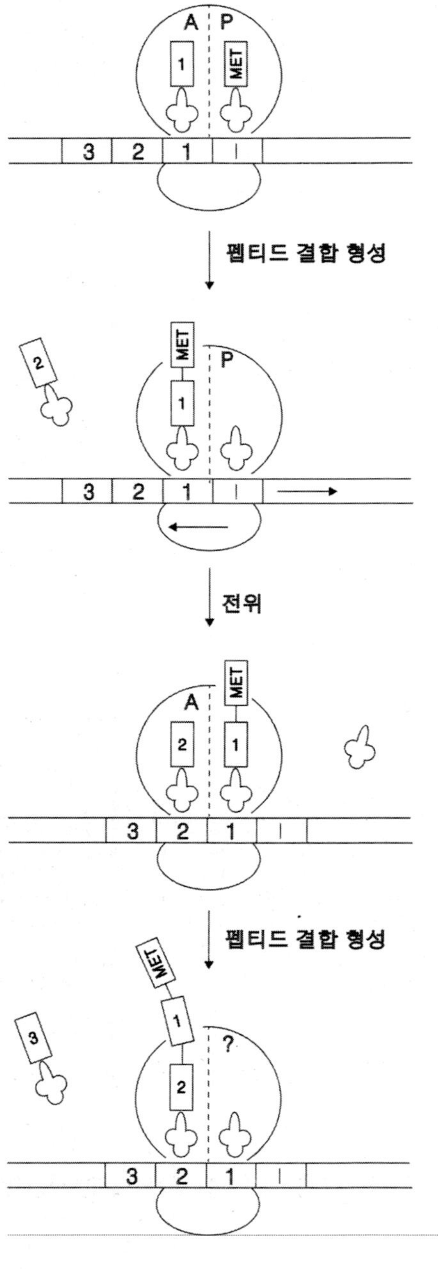

그림 9-9 단백질 합성의 연장 단계

chapter 10

핵산

제10장
핵산

1. 핵산의 구조

1) 핵산의 기본 구성

핵산은 염기(purine과 pyrimidine), 5탄당, 그리고 인산이 결합된 nucleotide를 기본구성단위로 한다. 그리고 각 nucleotide은 5탄당의 5번 탄소와 3번 탄소의 OH기가 인산과 에스테르(phosphodiester)결합하여 긴 사슬의 polynucleotide를 형성하는데 이 polynucleotide를 핵산이라 한다.

핵산은 5탄당의 종류에 따라 DNA(deoxyribose nucleic acid)와 RNA(ribose nucleic acid)로 분류되고, DNA와 RNA는 염기의 종류에 따라 [표 10-1]과 같은 nucleotide로 분류된다. 그리고 염기에는 purine염기와 pyrimidine염기가 있고, purine염기에는 adenine, guanine 등이 있고, pyrimidine염기에는 cytosine, thymine, 그리고 uracil 등이 있다.

핵산의 성분 이외에 생리적으로 중요한 purine염기의 유도체로 hypoxanthine, xanthine 그리고 uric acid 등이 있다. 사람은 요산을 요와 함께 약간 배설하지만 조류와 파충류의 뱀, 도마뱀 등은 요산을 흰색의 반 고체상태로 다량 배설한다. 커피의 caffeine인 성분은 1, 3, 7-trimethylxanthine이고, 홍차의 theophylline은 1, 3-dimethy- lxanthine이며, Cocoa의 theobromine은 3, 7-dimethylxanthine으로 모두 purine염기의 유도체이다[그림 10-1].

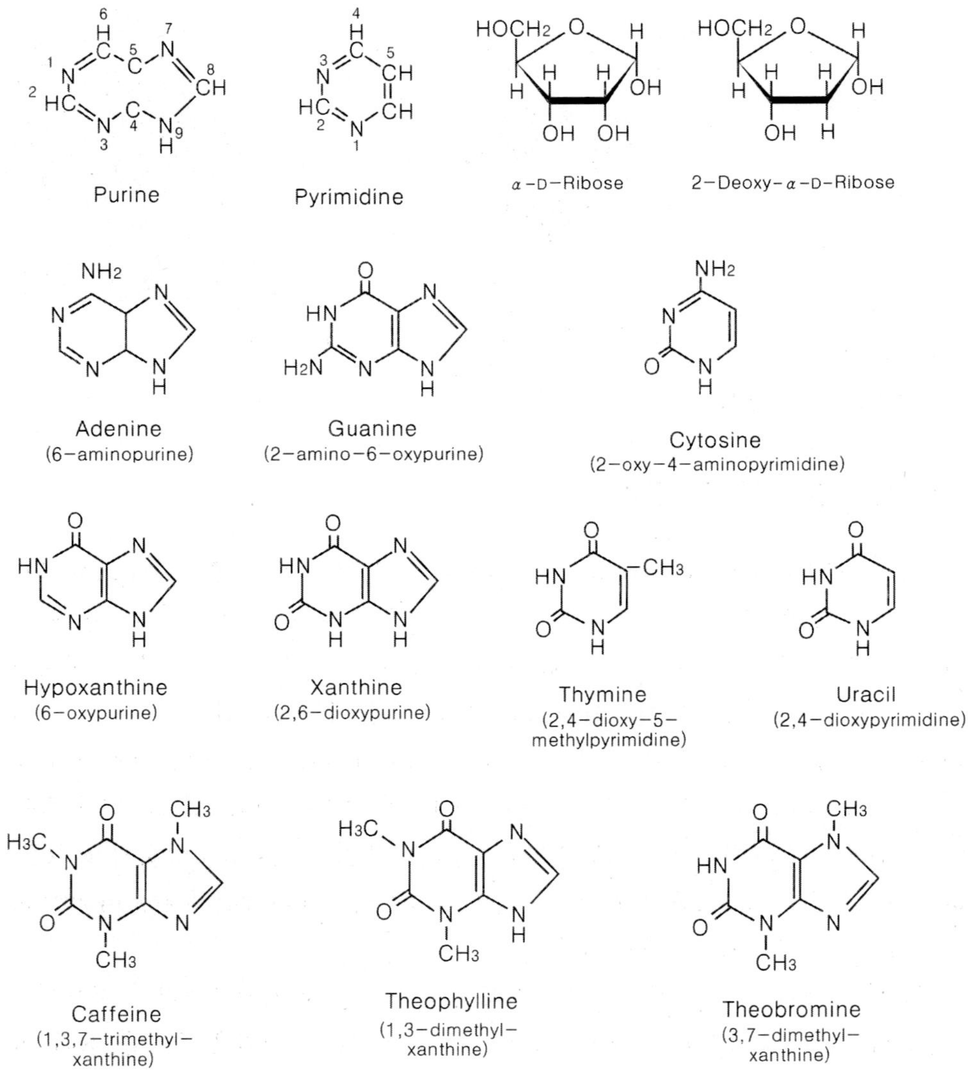

그림 10-1 핵산의 5 탄당과 염기 및 그 유도체

2) Nucleoside와 Nucleotide

(1) Nucleoside

Nucleoside란 purine 또는 pyrimidine염기처럼 질소를 함유한 유기염기와 5탄당의 환원기(hemiacetal OH)가 glycoside결합한 배당체화합물을 말한다. Purine 염기와 5탄당의 결합은 purine 염기의 9번 N와 5탄당의 1번 탄소(C)가 결합하고, pyrimidine염기와 5탄당의 결합은 pyrimidine염기의 3번 N와 5탄당의 1번 탄소가 결합하고, 이 nucleoside의 이름은 [표 10-1]에서 보는 바와 같다.

(2) Nucleotide

Nucleotide란 nucleosde의 5탄당 5번 탄소에 인산이 ester결합한 화합물로 이들의 이름은 [표 10-1]에서 보는 바와 같다. 그러나 인산은 5탄당의 5번 탄소이외의 탄소와도 결합할 수 있다[그림 10-2][그림 10-3].

표 10-1 핵산의 구성 성분

5 탄당	염기	nucleoside	nucleotide
Ribose (RNA)	Adenine(A)	Adenosine	Adenosine monophosphate(adenylic acid)
	Guanine(G)	Guanosine	Guanosine monophosphate(guanylic acid)
	Cytosine(C)	Cytidine	Cytidine monophosphate(cytidylic acid)
	Uracil(U)	Uridine	Uridine monophosphate(uridylic acid)
	Hypoxanthine	Inosine	Inosine monophosphate(IMP)
	Xanthine	Xanthosine	Xanthosine monophosphate(XMP)
Deoxyribose (DNA)	Adenine(A)	Deoxyadenosine	Deoxyadenosine monophosphate(dAMP)
	Guanine(G)	Deoxyguanosine	Deoxyguanosine monophosphate(dGMP)
	Cytosine(C)	Deoxycytidine	Deoxycytidine monophosphate(dCMP)
	Thymine(T)	Thymidine	Thymidine monophosphate(TMP)

생리활성 Nucleotide에는 adenosine의 ribose 5번 탄소에 3분자의 인산이 결합한 ATP(adenosine triphosphate), adenosine의 ribose 3번과 5번 탄소에 한

분자의 인산이 결합한 cAMP(cyclic adenosine 3', 5'-monophosphate), guanosine의 ribose 5번 탄소에 3분자의 인산이 결합한 GTP(guanosine triphosphate), uridine에 3분자의 인산이 결합한 UTP(uridine triphosphate), adenine nucleotide의 인산과 nicotinamide nucleotide의 인산이 결합해서 형성된 NAD(nicotinamide adenine dinucleotide), flavin nucleotide의 인산과 adenine nucleotide의 인산이 결합한 FAD(flavin adenine dinucleotide), 그리고 FMN(flavin mononucleotide) 등이 있다[그림 10-4].

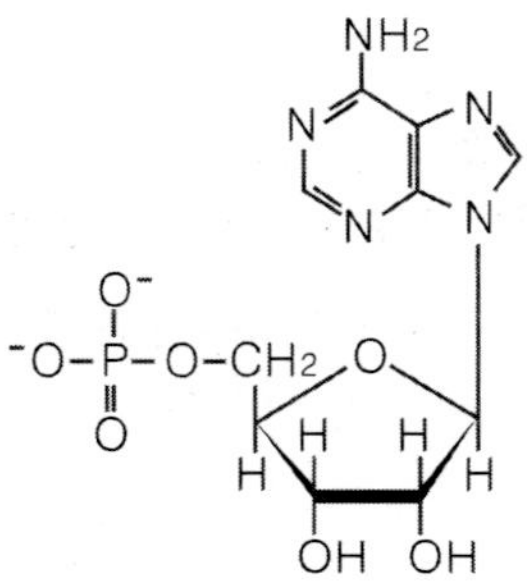

Nucleotide : Adenylate, adenosine
5'-monophosphate
Symbols : A, AMP

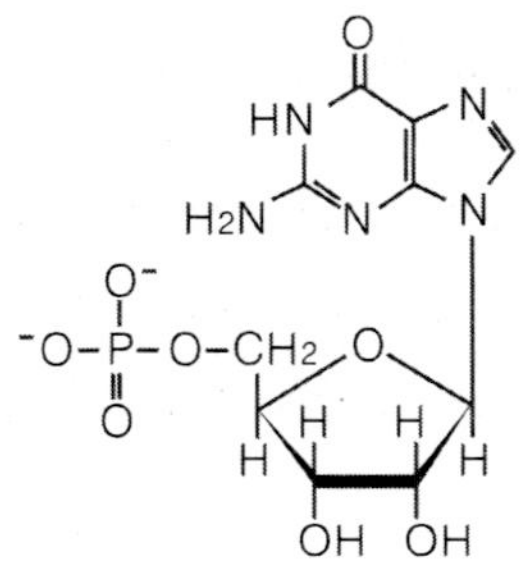

Guanylate, guanosine
5'-monophosphate
G, GMP

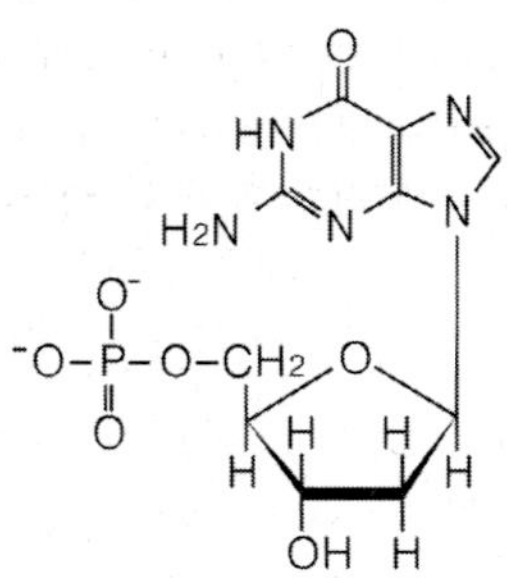

Deoxyguanylate, deoxyguanosine
5'-monophosphate
G, dG, dGMP

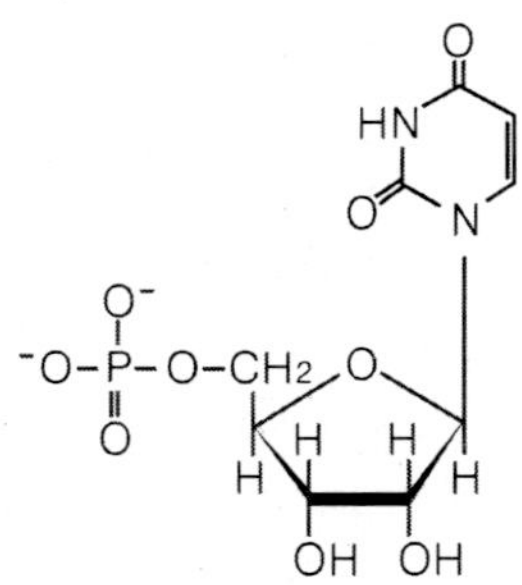

Uridylate, uridine
5'-monophosphate
U, UMP

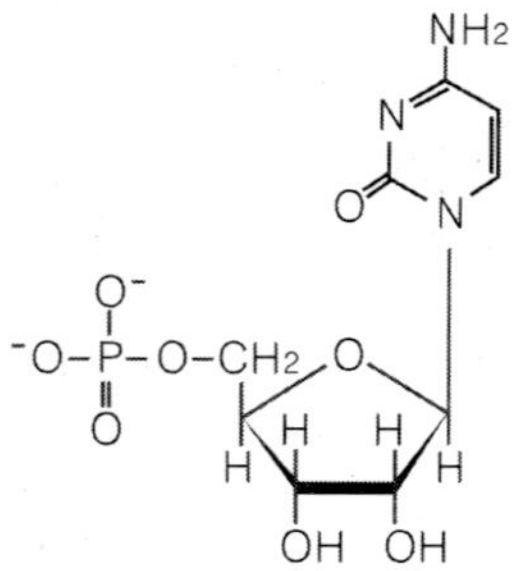

Cytidylate, cytidine
5'−monophosphate
C, CMP

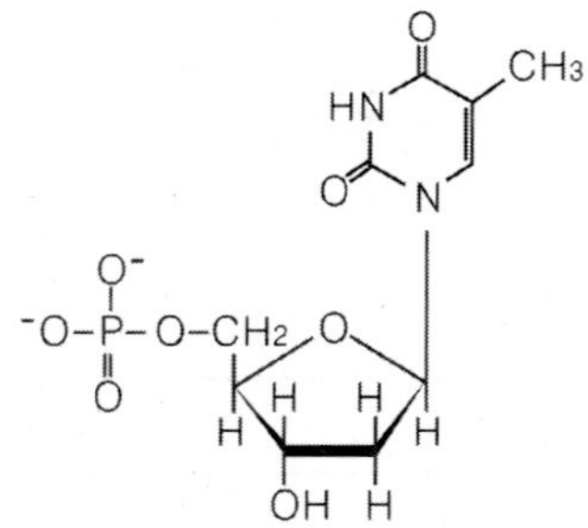

Deoxythymidylate deoxythymidine
5'−monophosphate
T, dT, dTMP

그림 10-2 Nucleotide 구조

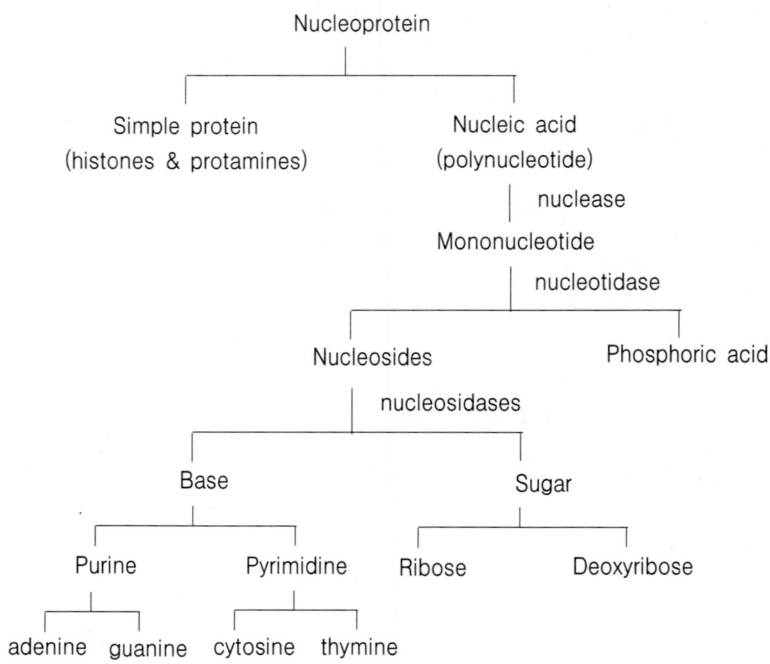

그림 10-3 핵단백질의 구조

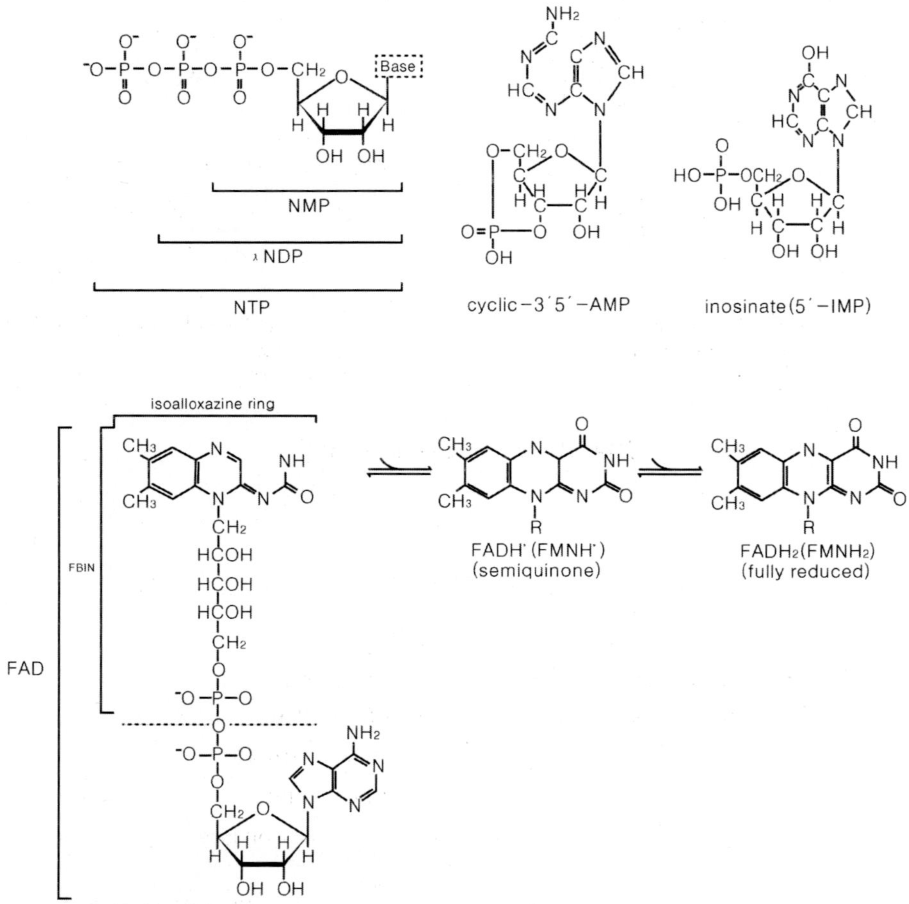

그림 10-4 생리활성 nucleotide

2. 핵산의 종류

1) DNA(deoxyribonucleic acid)

(1) DNA의 구조

① DNA는 2중 나선구조를 가진다(double helix strand).

② DNA의 2개 사슬은 같은 중심축의 주위를 나선모양으로 감싸 돌고 있다(직경 20Å).

③ DNA의 각 사슬은 서로 반대방향으로 주행한다.

④ DNA의 각 사슬은 인산이 deoxyribose의 3번과 5번 탄소에 반복적으로 phosphodiester결합해서 형성된다.

⑤ DNA의 purine과 pyrimidine염기는 나선구조의 안쪽에 있고, 인산은 바깥쪽에 있다.

⑥ DNA의 2중 나선의 1 회전 거리는 34Å이고, 이 나선거리에 10개의 nucleotide가 존재함으로 nucleotide간의 거리는 3.4Å이다.

⑦ DNA의 2중 나선간의 염기결합은 비교적 약한 수소결합으로 결합되어 있다.

(2) DNA의 결합

DNA는 2중 나선이므로 polynucleotide나선간의 염기결합은 수소결합(A=T, 2중 수소결합, G≡C, 3중 수소결합)으로 되어있고, 한 polynucleootide내에서 nucleotide간의 결합은 3', 5'-phosphodiester결합이다. 즉 한 nucleotide에 있는 deoxyribose의 3번 탄소의 OH기와 다른 nucleotide에 있는 deoxyribose의 5번 탄소의 OH기가 인산과 ester결합해서 polynucleotide를 형성하는 것이다[그림 10-5].

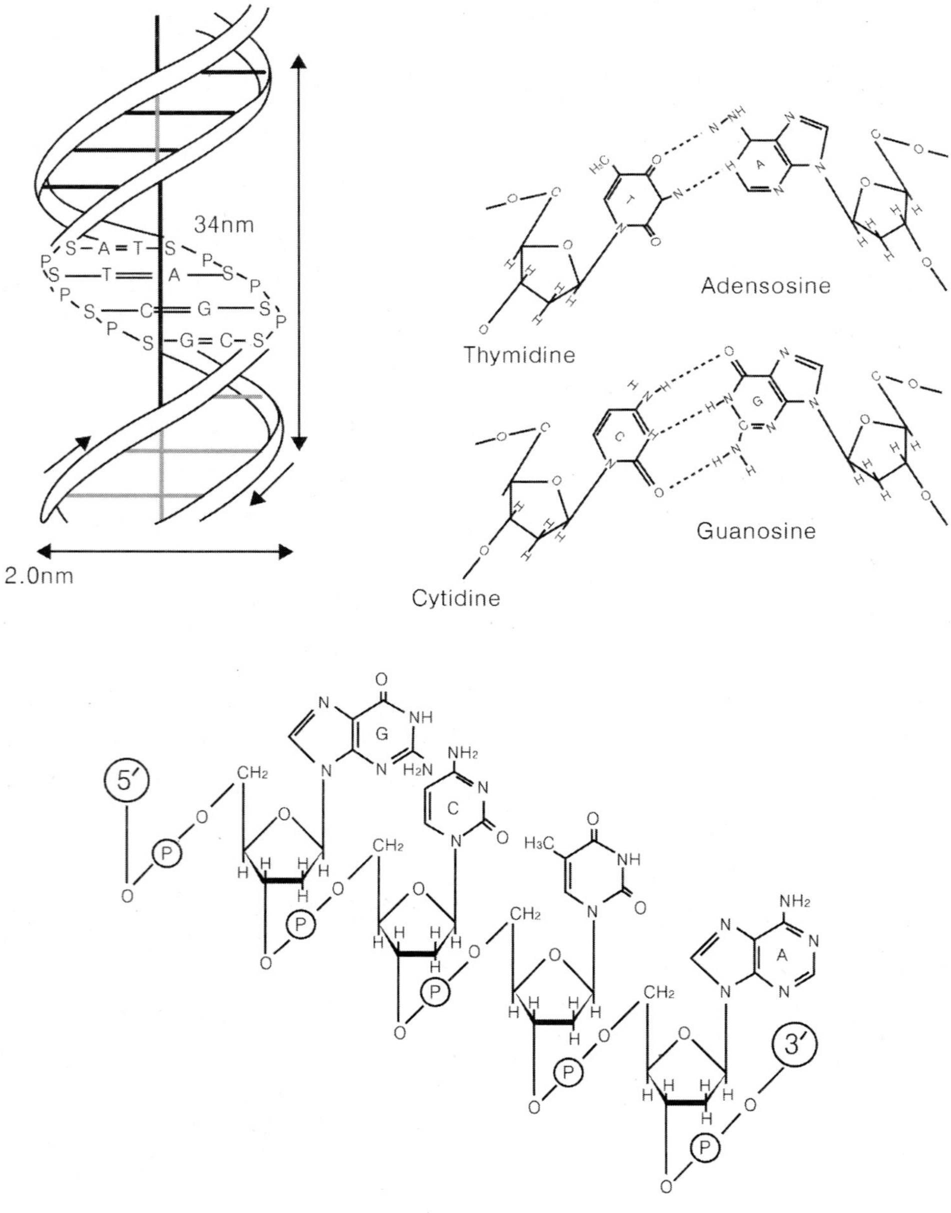

그림 10-5 DNA의 구조

2) RNA(ribonucleic acid)

(1) RNA의 소재와 기능

RNA는 세포 전체에 있고, 특히 핵 속의 핵소체(인)와 세포질 중의 리보솜 과립에 핵단백질로 많이 존재하지만 가용성인 RNA는 과립 이외의 용액부분에도 존재한다. RNA에는 DNA의 유전정보를 단백질 합성계인 ribosome에 전달하는 mRNA와 아미노산을 운반하는 tRNA, 그리고 ribosome RNA인 rRNA 등이 있다.

(2) RNA의 종류

① mRNA(messenger RNA)

mRNA는 핵의 DNA정보에 따라 소포체(endoplasmic reticulum)에서 만들어져서 단백질의 아미노산 배열을 결정하는 DNA에 축적된 정보를 tRNA에 전달하는 역할을 수행하기 때문에 붙여진 이름이다[그림 10-6].

mRNA는 핵의 DNA정보에 따라 만들어지므로 DNA의 한쪽 사슬에 상보적인 사슬로 만들어져서 세포질 쪽으로 이동한다.

mRNA는 세포핵 속에 적은 양 함유되어 있지만 분자량은 30,000에서 2,000,000 daltone에 이르고, 단일 나선(single helix)이며, ribonuclease에 의하여 분해된다.

② tRNA(transfer RNA) 또는 sRNA(soluble RNA)

tRNA는 전체 RNA의 10~20 % 정도이고, 단백질을 합성할 때 아미노산과 결합하며, 가능한 peptide사슬의 N-말단으로 아미노산을 운반한다. tRNA는 약 70개의 nucleotide로 구성되어 있는데 adenosine, guanosine, cytidine, uridine 이외에 pseu- douridine nucleotide를 가진다. 그리고 methyl기로 치환된 염기의 nucleotide나 IMP 같은 nucleotide도 들어있다. 한 종류의 아미노산에 대해서 여러 개의 tRNA가 대응할 수 있다. 현재까지의 연구결과에 의하면 모든 tRNA의 3' -말단에는 -C-C-A라는 염기배열이 있고, 운반될 아미노산이 tRNA에 결합할 때 아미노산은 tRNA의 3' -말단에 있는 adenosine의 ribose 3번 또는 2번 탄소의 OH기에 ester결합되어서 운반된다.

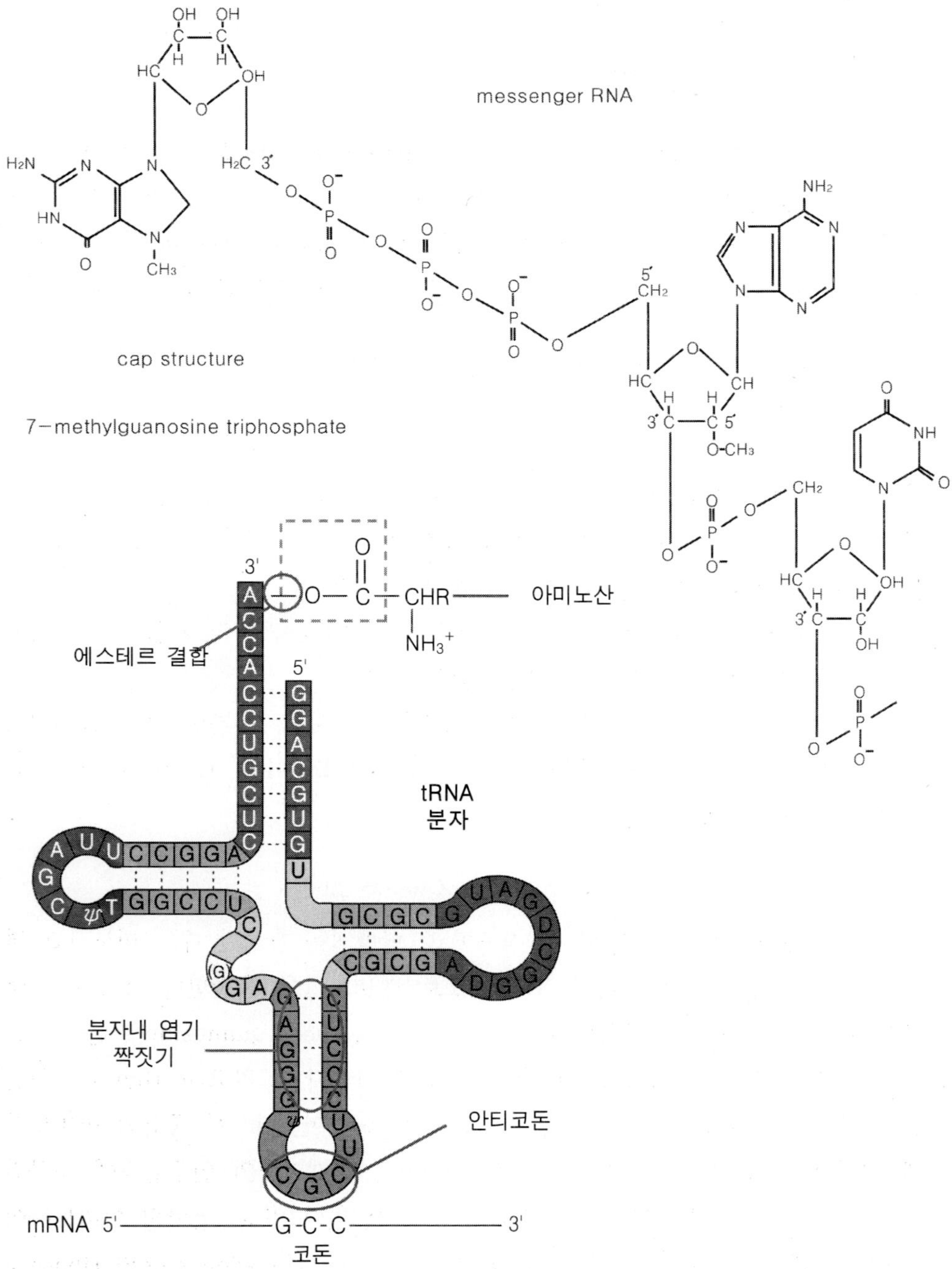

그림 10-6 mRNA와 tRNA의 구조

③ rRNA(ribosomal RNA)

rRNA는 소포체의 ribosome에 붙어있고, 전체 RNA의 50%정도를 차지하며 단백질 합성에 관여한다. rRNA를 분해능이 높은 전자현미경으로 보면 1개의 리보솜은 큰 것과 작은 것 2개의 입자가 서로 접착된 구상의 복합체이고, 큰 rRNA 분자에서 많은 단백질 분자가 만들어진다[그림 10-7].

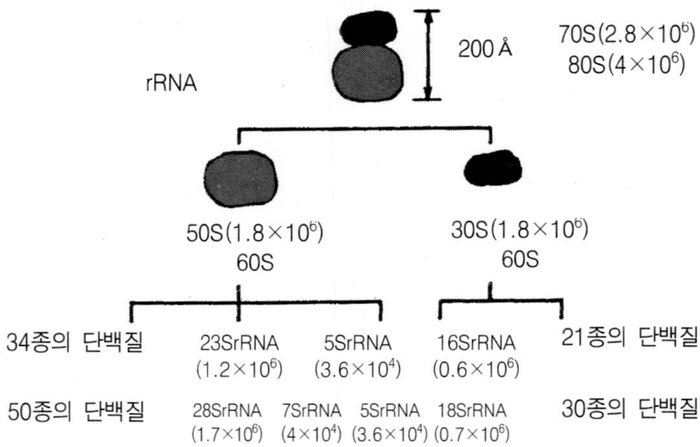

그림 10-7 rRNA의 구조

3. 핵산대사(metabolism of nucleic acid)

1) Purine 뉴클레오티드의 대사

(1) Purine 염기의 분해

Purine체인 adenosine은 guanosine과 달리 먼저 탈아미노화 되어서 inosine이 된 후 5탄당이 떨어져 hypoxanthine이 된다. 이것은 adenine을 탈아미노화시켜 hypoxanthine을 생성하는 adenase보다 adenosine deaminase나 adenylic acid deaminase의 활성이 강하고 광범위하게 조직에 분포되어 있기 때문이다[그림 10-8].

Xanthine 및 hypoxanthine을 산화하는 xanthine oxidase는 간장, 생우유로부터 정제되는 flavin 효소로 Fe 및 Mo 등을 구성성분으로 가진다. 이 효소는 이것들 이외에도 다수의 aldehyde물질을 산화하며, 이 효소가 선천적으로 결핍되면 대사 이상으로 요산의 배출이 적고, xanthine의 배출이 많아진다.

(2) 요산의 분해

사람의 경우 purine 뉴클레오티드 분해의 최종산물은 요산이며 대부분은 소변으로 배설되지만 일부는 담즙으로 배설되거나 또는 장내세균에 의해 분해된다. 요산대사의 이상으로 생기는 통풍(gout)의 증상에는 혈액 및 요 중의 요산량 증가, 요산염의 관절 침착에 의한 관절통, 신장결석 등이 있다.

포유동물에는 간에 uricase가 있어서 요산을 더 분해하여 allantoin으로 배설하고, 어류 및 양서류에는 allantoinase와 allantoicase가 있어서 allantoic acid를 거쳐서 요소와 glyoxylic acid로 분해되어 배출된다.

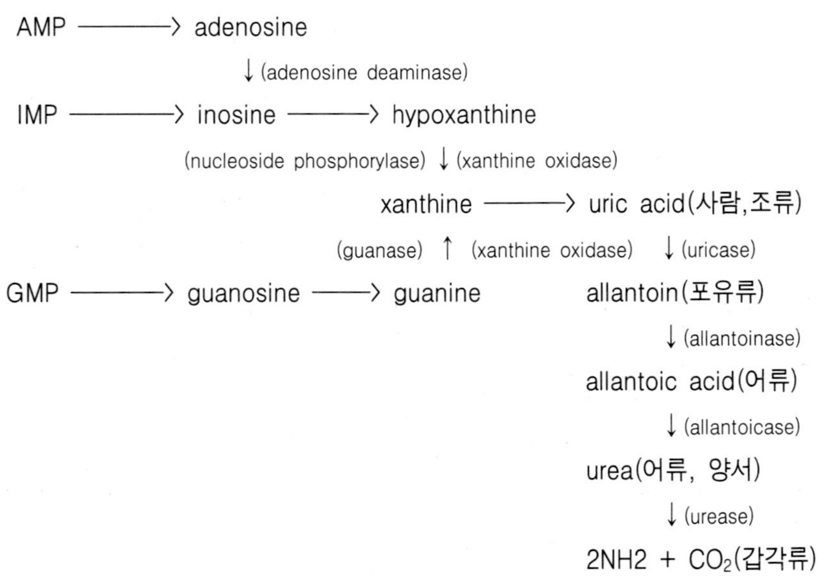

그림 10-8 Purine 염기 및 요산의 분해

(3) Purine 염기의 생합성

Purine핵을 구성하는 모든 원자는 [그림 10-9]에서와 같이 유래된다. 즉 1번의 질소(N)는 aspartate의 α-amino N에서, 2번, 8번의 탄소(C)는 개미산(formate)에서, 3번, 9번의 질소(N)는 glutamine의 amide N에서, 4번, 5번 탄소(C)와 7번 질소(N)는 glycine에서, 그리고 6번 탄소(C)는 CO_2에서 유래된다. Purine핵이 유리 형으로 생합성 되는 것은 없고, 처음부터 ribose와 인산이 결합한 것으로부터 생합성 된다[그림 10-9]. Purine 골격 형성 시 5ATP와 1GTP가 소모된다.

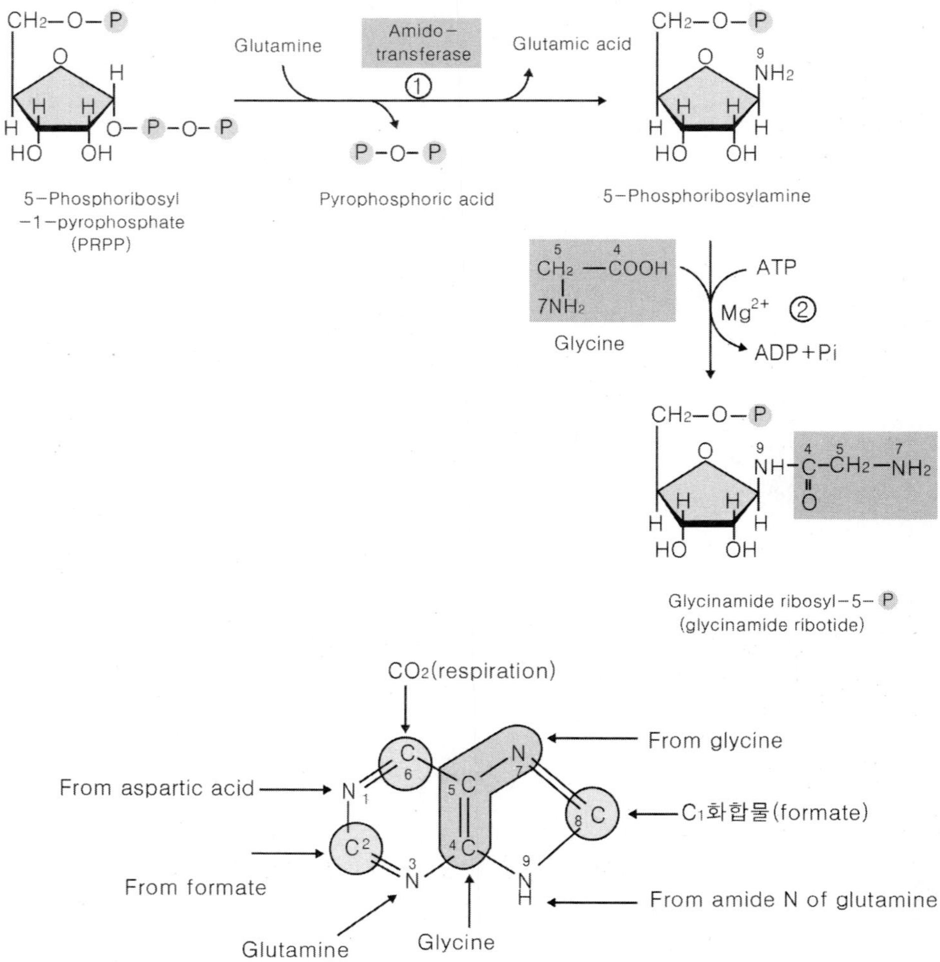

그림 10-9 Purine 골격의 형성

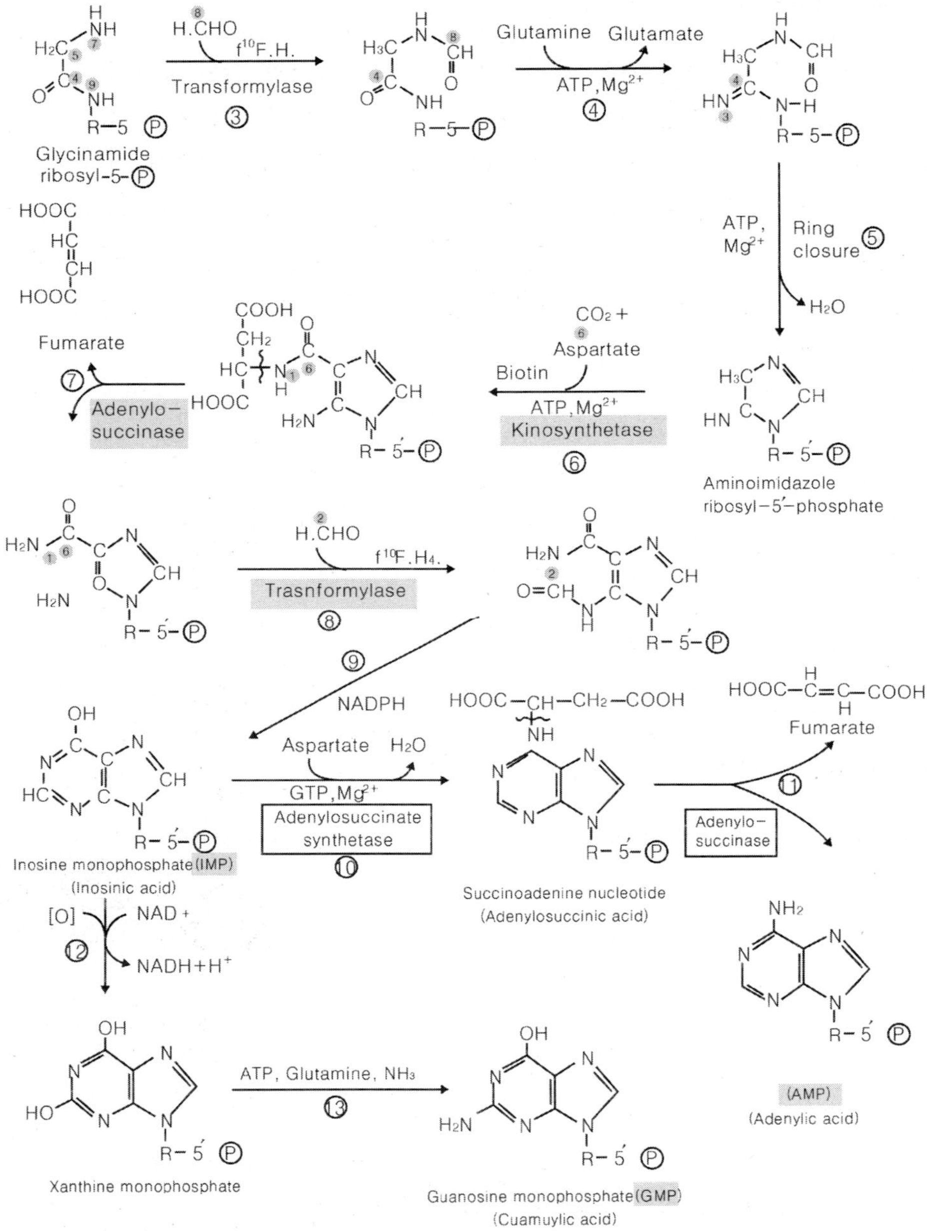

그림 10-10 Purine 염기의 생합성

(4) Purine nucleotide의 회수경로

포유동물은 이미 합성된 purine을 분해 배설시키지 않고 재이용하는 회수경로(salvage pathway)를 가지고 있으며 간단하고 에너지 소모도 적다.

즉 hypoxanthine이나 guanine에 ribose-1-phosphate가 결합하여 inosine이나 guanosine을 생성하는 반응은 nucleotide phosphorylase에 의하여 촉매 되고, 이것들에 인산을 부가하는 반응은 nucleoside phosphotransferase에 의하여 촉매 된다.

한편 유리상태의 purine에 PRPP로부터 ribosephosphate를 첨가하여 nucleotide를 합성하는 반응은 adenine, guanine, hypoxanthine과 같은 경우에 가능한데 이 반응에는 nucleotide pyrophosphorylase가 관여한다. 또한 nucleoside에서 nucleotide를 생성하는 경로에는 adenosine kinase에 의한 반응이 있다.

$$\text{Adenosine} + \text{ATP} \xrightarrow{\text{adenosine kinase}} \text{AMP} + \text{ADP}$$

2) Pyrimidine 뉴클레오티드의 대사

(1) Pyrimidine 염기의 분해

Pyrimidine은 주로 간에서 acetate와 β-aminoisobutyrate 그리고 CO_2와 NH_3로 분해되는데 이 분해 산물들은 요산과 달리 용해도가 높다[그림 10-11]. Pyrimidine 골격 형성 시 2 ATP가 소모된다.

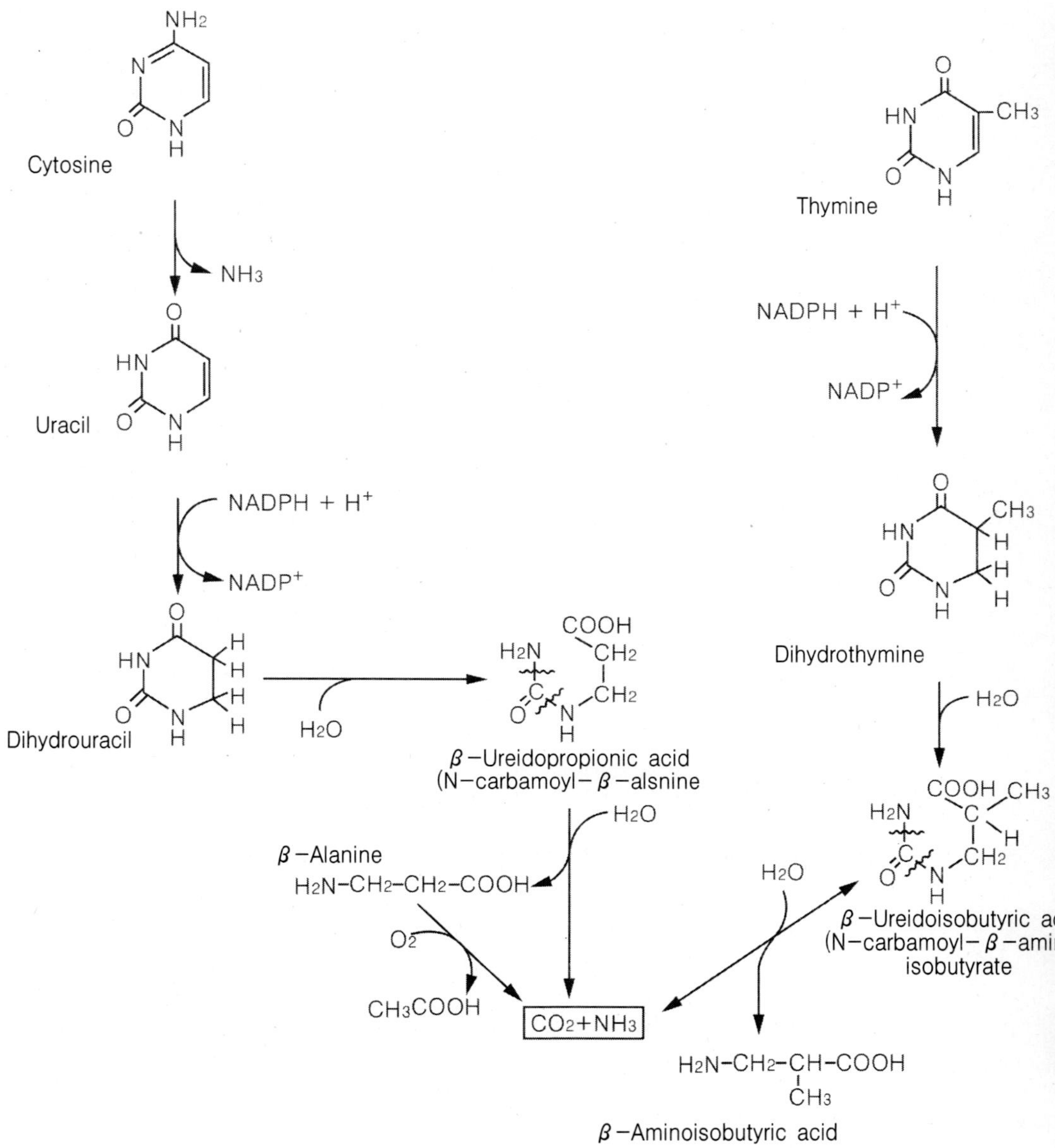

그림 10-11 Pyrimidine의 분해

(2) Pyrimidine 염기의 생합성

Pyrimidine핵의 탄소와 질소는 [그림 10-12]에서와 같이 aspartate와 암모니아, 그리고 CO_2에서 유래된다.

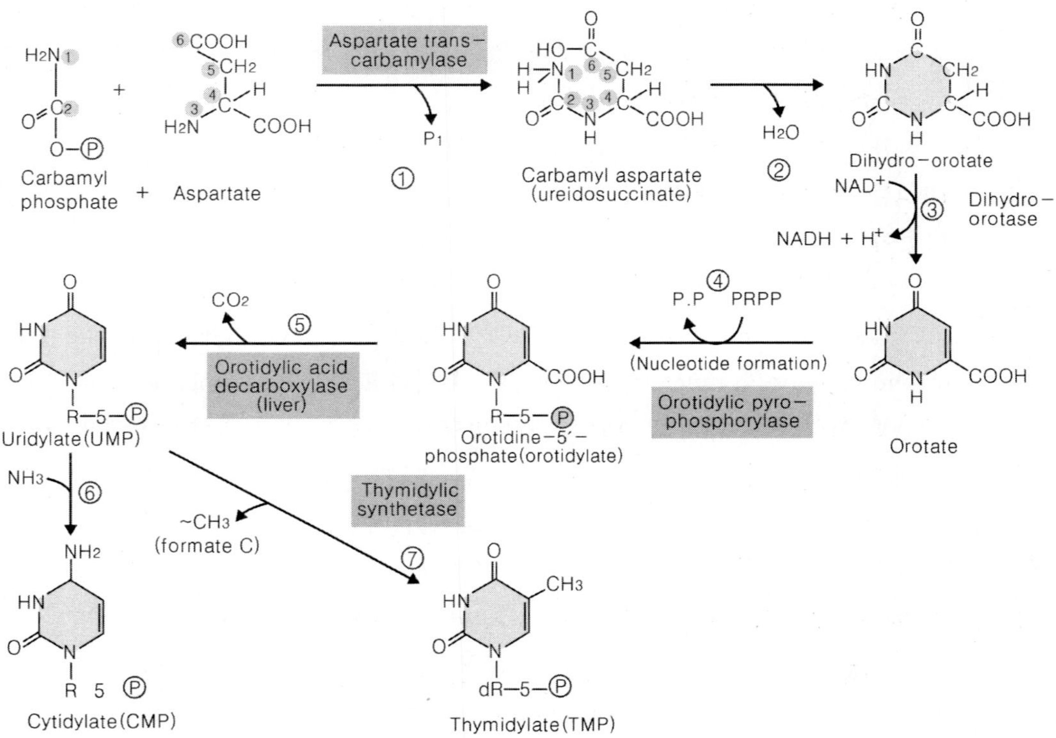

그림 10-12 pyrimidine의 생합성

4. 핵산의 생합성

1) DNA 합성

(1) DNA polymerase

DNA polymerase는 기질로 dATP, dGTP, dCTP, 그리고 TTP를 필요로 하고, 또한 Mg^{2+}와 이미 만들어진 DNA가 있어야한다. 그래서 합성된 DNA는 그 주형이 되었던 DNA와 성질이 유사하다.

천연의 이중나선 DNA는 DNA을 합성하는 작용이 없으나 단일나선 DNA는 DNA를 합성하는 작용이 강하므로 생체에서 DNA의 복제는 이중나선이 풀린 각 나선이 주형이 되어서 각각 새로운 나선을 형성한 후 이중나선의 DNA가 형성되는 것으로 생각된다.

그래서 DNA polymerase는 DNA에서 유리된 3 '-OH기에 nucleoside-5'-tripho- sphate의 nucleotide 단위를 부가하고, pyrophosphate를 유리하여 DNA를 합성한다. 그리고 DNA의 합성방향은 주형 DNA의 방향과 반대인 5' → 3' 방향이다[그림 10-13].

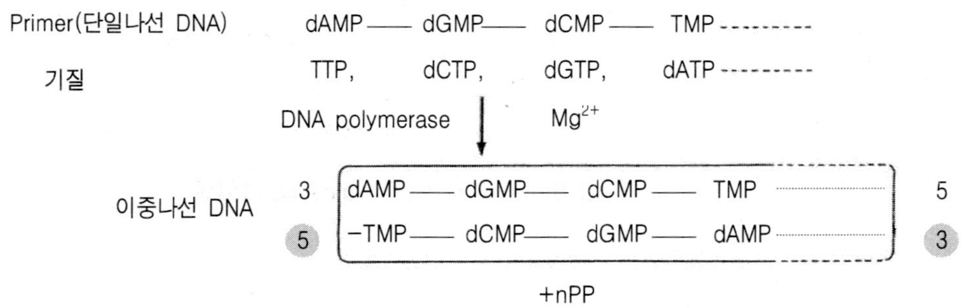

그림 10-13 DNA polymerase의 작용

(2) DNA ligase

이 효소는 2개 또는 1개의 DNA 나선 말단이 연결되어서 고리모양을 만드는데 작용하는 효소로 대장균의 추출액에서 발견되었다. 이 DNA 합성효소인 ligase는 이중나선 DNA의 한쪽 사슬에 생긴 파손을 복구할 수 있다. 이중나선 DNA의 복제는 DNA polymerase, DNA ligase 및 endonuclease의 공동작용이 필요하다 [그림 10-14].

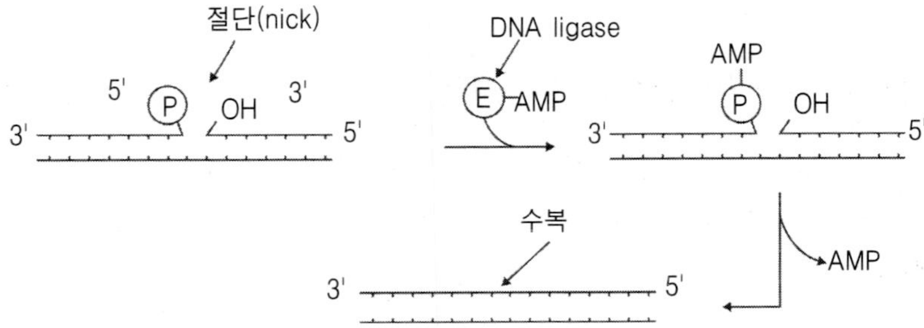

그림 10-14 DNA ligase의 작용

(3) Reverse transcriptase

RNA를 주형으로 하여 DNA를 합성하는 효소를 역전사효소(reverse transcriptase) 라고 한다. 숙주세포 내에서 virus RNA에 상보적인 DNA가 합성되고, 그것이 숙주의 유전인자로 편성될 위험성이 있다. 연구의 목적으로 이 효소를 사용하여 어떤 mRNA에 상보적인 DNA(cDNA)를 합성하기도 한다[그림 10-15].

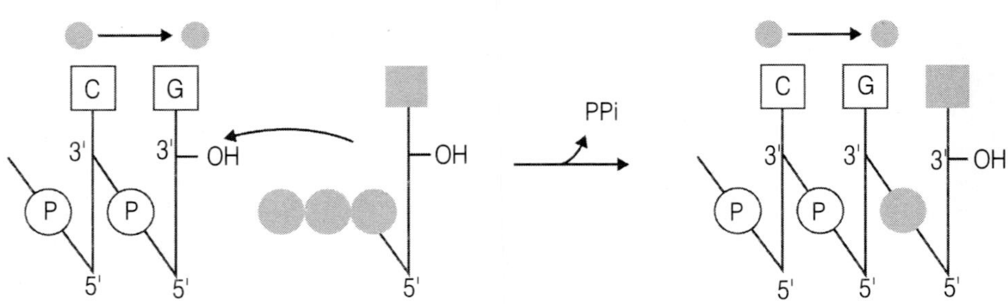

그림 10-15 DNA의 합성 및 합성방향

2) RNA의 합성

(1) DNA지령 RNA polymerase

DNA를 주형으로 하는 RNA의 생합성계는 1959년에 Weiss에 의해 흰쥐의 간 세포핵에서 발견되었는데, 이 생합성계의 효소인 DNA지령 RNA polymerase의 기질은 RNA에 함유되어 있는 4종류의 nucleotide(AMP, GMP, CMP, UMP)이다. 그리고 primer로 DNA가 필요하므로 생성되는 RNA는 primer DNA의 상보적이고, RNA 생합성 방향도 5'→ 3'방향이다[그림 10-16].

(2) Polynucleotide phosphorylase

이 효소는 Mg^{2+}의 존재 하에서 nucleoside diphosphate로부터 탈인산결합에 의해 중합되는 polynucleotide(RNA)를 생성한다. 이 때 primer로서 nucleotide 중합체를 첨가할 필요가 있다. 이 primer는 새로운 잔기가 첨가되기 위해 유리 상태의 3 '-OH기를 제공하기 위한 것이다.

$$nXRPP \leftrightarrow (XRP)n + nPi$$

X : 염기　R : ribose　P : 인산

생성된 polynucleotide의 구조는 3', 5'-phosphodiester결합이고, 분자량도 천연의 RNA와 비슷하지만 생성된 RNA의 염기조성은 기질의 XRPP의 상대적 농도에 따라 결정된다.

(3) RNA replicase

RNA virus에 감염된 세포에서 virus RNA를 주형으로 새로운 RNA를 합성하는 효소를 RNA replicase라 한다.

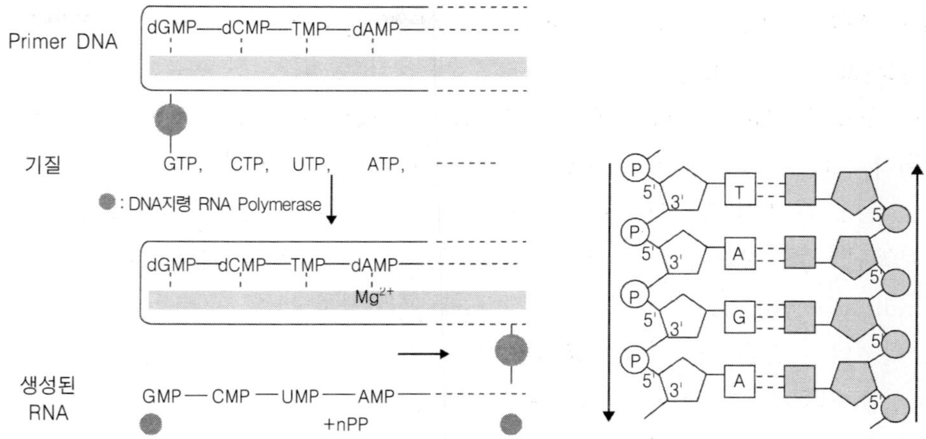

그림 10-16 RNA의 합성 및 합성방향

4. 단백질의 생합성

1) DNA의 복제(replication)

(1) 반 보존적 복제(semiconservative replication)

모세포의 유전정보를 딸세포에게 전달하기 위해서 DNA는 완전하게 복제되어야 한다. 그래서 모세포가 가진 이중나선의 각 사슬과 상보적인 DNA 사슬이 합성된다.

포유류는 세포주기 중 S기에 DNA복제가 일어난다. 이 복제반응에는 DNA합성효소인 DNA polymerase와 DNA ligase 이외에도 여러 효소 및 인자들이 관여한다. DNA합성효소는 새로운 DNA사슬을 합성하기 위해 몇 개의 nucleotide로 된 개시체(primer)가 필요하다. DNA가 복제되는 개시점에는 AT대가 많고, DNA polymerase는 5'→ 3'방향으로만 DNA를 복제한다.

(2) 복제과정

반보존적 DNA복제가 일어나는 과정을 정리하면 ① 초기(prepriming)단계는

DNA helicase와 gyrase에 의하여 나선구조가 풀어지고, 안정화 단백질인 single strand binding protein(ssb)과 결합해서 단일나선이 안정화된다. ② 개시(Priming)단계는 primase에 의하여 RNA primer(10-13개의 nucleotide)가 합성된다. ③ 사슬연장(elongation)단계는 DNA polymeraseⅢ에 의하여 RNA primer의 3'-말단에 nXTP가 3', 5'-phosphodiester결합해서 주형(template)과 상보적인 DNA사슬을 신장해 간다. 이 때 DNA의 복제방향은 한 방향(unidirectional) 및 양 방향(bidirectional)으로 일어날 수 있는데 5'→3'방향으로 복제되는 것을 선도가닥(leading strand)이라 하고, 3'→5' 방향으로 복제되는 것을 지연가닥(lagging strand)이라 한다. 그러나 DNA는 3'→5' 방향으로 합성될 수 없으므로 이 사슬은 primosome을 형성하면서 복제하는데 primosome을 형성하는 primer는 primase라는 일종의 RNA polymerase에 의해 합성되므로 이 RNA에 의하여 합성되는 DNA는 선도기닥과 동일한 양식으로 일정한 길이의 DNA를 합성한다. 그래서 3'→5' 방향으로 합성된 DNA 절편(Okazaki fragment)은 DNA ligase에 의하여 3', 5'-phosphodiester결합되어 완전한 DNA를 합성해서 지연가닥을 완성한다. 이 때 형성된 RNA-DNA 혼성복합체를 Okazaki fragment(100~1,000개의 nucleotide)라 한다. ④ RNA primer 제거단계는 DNA polymeraseⅠ에 의하여 RNA primer를 제거하여 상보적인 DNA가 남는다[그림 10-17].

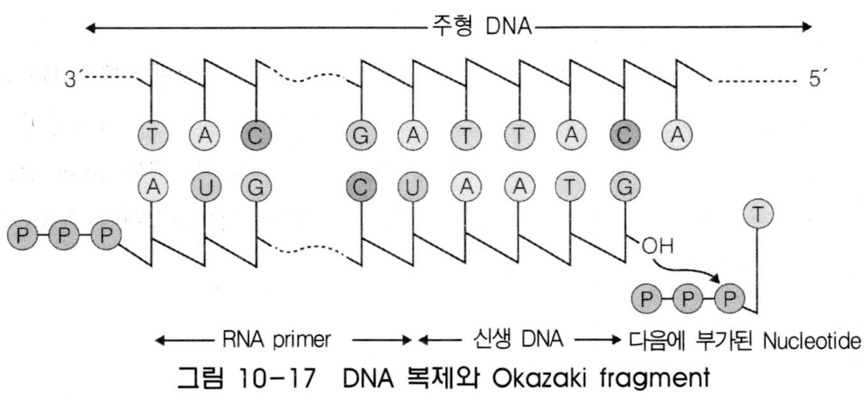

그림 10-17 DNA 복제와 Okazaki fragment

(3) Replicon의 형성

DNA복제를 제어하는 최소기능 복제단위를 replicon이라 한다. Replicon에는 복제 개시점(initiator) 생산을 결정하는 구조유전자, 또한 복제기점(replicator)이 함유되어 있다[그림 10-18].

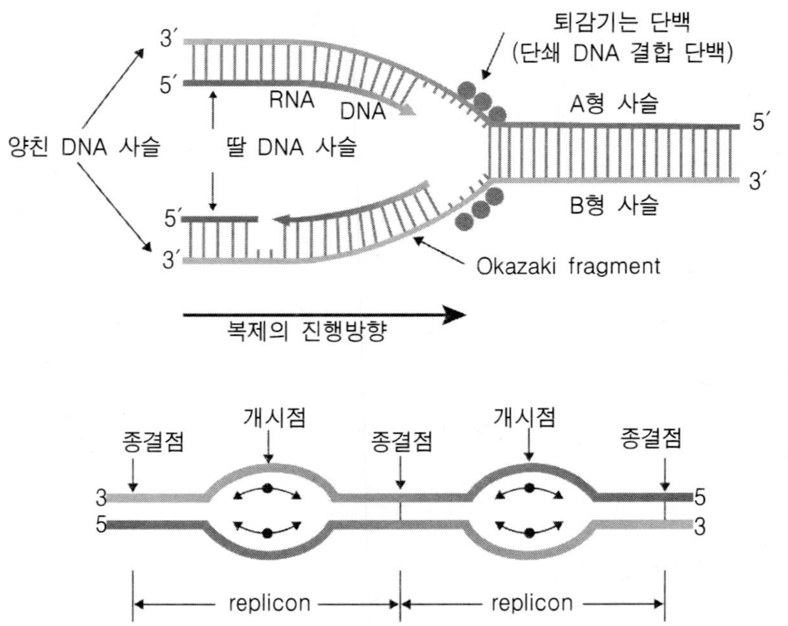

그림 10-18 딸 DNA 사슬의 연장 및 진핵세포 DNA의 복제

대장균의 DNA는 한 개의 환상으로 된 replicon이지만 진핵세포의 DNA는 크기가 다른 다수의 replicon으로 되어 있다. 대장균 chromosome의 DNA에는 유전자 지도상 약 83분마다 복제개시점이 있다. 복제는 이 개시 점에서 양 사슬이 동시에 시작하고 양쪽 방향으로 거의 같은 속도로 진행하므로 DNA 고리를 각각 반 바퀴씩 돈 지점에서 종결된다. 그러나 진핵세포에서는 대장균과 달리 대량의 DNA를 단 시간 내에 복제하여야 함으로 접해 있는 몇 개의 replicon이 동시에 양방향으로 복제를 시작해서 접합 점에서 종결되어 융합된다.

2) 전사(transcription)

DNA를 주형으로 RNA를 합성하는 전사는 RNA polymerase에 의해 이루어진다. DNA의 2중나선 중 한 나선이 주형으로 되어서 RNA로 전사되는데 이 때 전사되는 DNA의 한 나선을 주형나선(sense strand)이라 하고, 전사되지 않는 나선을 비주형나선(antisense strand)이라 한다. 새로 형성된 RNA의 염기배열은 T만 U로 치환된 비주형나선의 염기배열과 같다. 그리고 RNA사슬은 5' → 3' 방향으로 합성되므로 DNA 주형나선의 염기는 3' → 5' 방향이 된다[그림 10-19].

DNA			
anti-sense 사슬	5'	T G G A A T G G C T T C A G A A	3'
sense 사슬	3'	A C C T T A C C G A A G T C T T	5'
RNA	5'	p A U G G C U U C A G A A	3'

그림 10-19 주형나선 DNA와 전사 산물인 RNA의 관계

3) 번역(translation)

mRNA의 염기(A, G, C, U)중 3개의 염기배열(triplet)이 1개의 유전자를 나타내는데 이것을 codon이라 한다. Codon은 모두 64개이고, 이것은 각각 1개의 아미노산을 지정하지만 단백질 합성의 개시 또는 종결도 지시한다. AUG(원핵생물에서는 GUG도 개시 codon이다)는 Met.을 지정함과 동시에 단백질 합성의 개시를 지시하는 개시 codon이다. 또한 UAA, UAG 및 UGA는 단백질 합성의 종결을 나타내는 종결 codon이다. 3개의 종결 codon에는 대응하는 aminoacyl-tRNA가 존재하지 않으므로 이들 codon에서 단백질합성이 종결된다. 그래서 이들 codon을 비주형(nonsense) codon이라 한다.

Met. 및 Trp을 지정하는 codon은 각각 1개뿐이지만 다른 아미노산에 대한 codon은 2-6개이다.

tRNA에도 codon과 상보적인 3문자 암호가 있는데 이것을 anticodon이라 한다. mRNA의 codon과 접촉하는 anticodon 부분을 anticodon loop이라 한다. 아미노산을 지정하는 codon 및 개시 codon은 anticodon을 가진 특정 tRNA에 의하여 인식된다.

tRNA은 3'말단에 있는 A의 OH기에 아미노산을 ester결합시키므로 tRNA는 유전정보와 아미노산을 일치시키는 adaptor의 역할을 수행한다.

DNA의 유전정보를 전사 받은 mRNA는 핵막 공을 빠져 나와 세포질에 있는 리보솜 입자에 결합한다. 리보솜은 mRNA의 염기배열순서인 codon을 해독하고 tRNA의 염기배열순서인 anticodon에 의하여 운반되어온 아미노산을 차례로 peptide결합시켜 단백질을 합성한다.

mRNA를 구성하는 4 종류의 염기가 20종의 아미노산에 상응하기 위해서는 3개의 염기가 하나의 유전암호(triplet code)로 되어서 64가지를 만들 수밖에 없다. 64종류의 암호가 20개의 아미노산, 3개의 종결 codon, 그리고 1개의 개시 codon과 상응하는 것으로 알려져 있다[표 10-2].

표 10-2 진핵생물의 RNA codon

1/2	U	C	A	G	3
U	Phe	Ser	Thy	Cys	U
	Phe	Ser	Thy	Cys	C
	Leu	Ser	**End**	**End**	A
	Leu	Ser	**End**	Trp	G
C	Leu	Pro	His	Arg	U
	Leu	Pro	His	Arg	C
	Leu	Pro	Gln	Arg	A
	Leu	Pro	Gln	Arg	G
A	Ile	Thr	Asn	Ser	U
	Ile	Thr	Asn	Ser	C
	Ile	Thr	Lys	Arg	A
	*	Thr	Lys	Arg	G
G	Val	Ala	Asp	Gly	U
	Val	Ala	Asp	Gly	C
	Val	Ala	Glu	Gly	A
	Val	Ala	Glu	Gly	G

* initiation codon과 Met을 나타낸다.

chapter 11

비타민

제11장
비타민

1. 비타민(vitamin)의 개념

비타민이란 인체의 조직에서 합성될 수 없지만 인체의 정상적인 성장과 발육을 위해서 반드시 미량으로 요구되는 유기물이다. 비타민은 인체에서 합성될 수 없으므로 결핍되기 쉬운 영양소이지만 에너지원이나 체 구성성분은 아니다. 비타민은 인체의 정상적인 성장과 발육을 위한 생리적 기능을 영위하는데 도움이 되는 물질이다. 그러므로 비타민이 결핍되면 특징적인 결핍증이 나타난다. 비타민의 요구는 생물 간에 차이가 있다.

2. 비타민의 분류

1) 지용성 비타민(fat soluble vitamins)

(1) 비타민 A(retinol)

비타민 A는 지용성 비타민으로 carotenoids(β –carotene)가 전구체이고, 1가 알코올인 retinol이라고도 한다. 비타민 A는 [그림 11-1]에 나타난 trans형 retinol과 같은 생리활성을 가진 물질군의 총칭으로 동물의 간, 유제품, 난황 등에 많이 함유되어 있다. 또한 녹황색 채소에 많이 함유되어 있는 β-carotene은 소장점막에서 dioxygenase에 의하여 비타민 A(retinol)로 전환되므로 provitamin A라 한다. 체내에 비타민 A가 충분하면 이 전환반응이 일어나지 않고 β-carotene은 체내에 흡수된 후 지방조직 등에 축적된다.

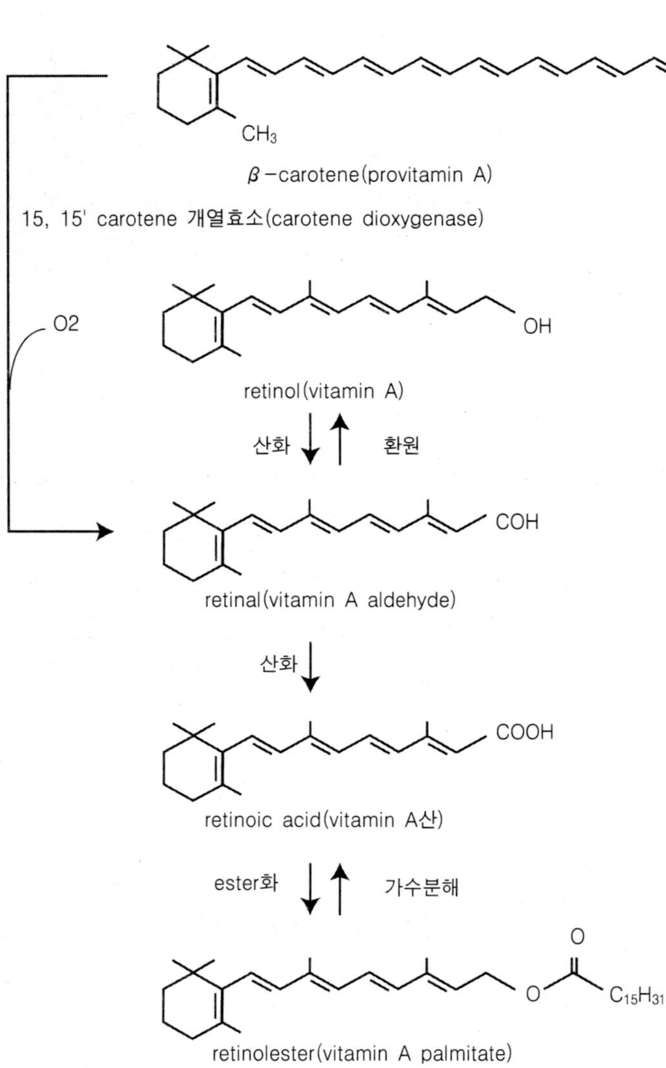

그림 11-1 비타민 A의 구조

① 대사

섭취된 프로비타민 A는 가수분해 되어서 retinol로 흡수되고, 소장점막 상피세포에서 retinol결합단백질에 결합한다. 이 상피세포의 retinol결합단백질로부터 retinol이 떨어지면 retinol ester로 되어서 chylomicron에 흡수되고, 림프를 거쳐 간으로 운반된다. 간에서는 retinol결합단백질은 prealbumin과 함께 단백질 복합체를 형성해서 혈류를 따라 표적조직으로 운반되고, 필요할 때 retinoic acid로 전환되어서 그 기능을 발휘한다. 또한 나머지 일부는 retinol ester로 전환되어서 지방세포에 지방적으로 저장된다.

② 기능

비타민 A의 활성형은 retinol과 retinol의 산화형인 retinoic acid이다. 비타민 A는 상피조직을 건강하게 유지하는데 필요하다. 또한 비타민 A는 신체의 발육, 피부 등의 상피조직 분화, 시각기능, 생식 등에 꼭 필요하다. 최근에는 비타민 A에 항암작용이 있는 것으로 밝혀졌다. Retinol은 시각색소(rhodopsin)의 형성에 관여하고, 그 외로 성장촉진을 위시한 비타민 A의 여러 기능은 retinoic acid에 의존한다[표 11-1].

비타민 A가 망막에 들어가면 retinol은 retinal로 산화되고, retinal은 간상세포와 원추세포에서 opsin 단백질과 결합해서 rhodopsin으로 된다. 그런데 rhodopsin이 빛을 받으면 retinal은 11-cis형에서 all-trans형으로 변화되면서 opsin과 분리된다. 이때의 변화가 자극을 일으켜서 시신경에 전해지는 것으로 생각된다. 그러나 어두운 곳에서는 효소의 작용으로 rhodopsin이 복원된다.

표 11-1 비타민 A의 생리기능

	활성형	기능
비타민 A	retinol retinoic acid	시각색소형성 성장촉진작용 피부, 기도, 소화관, 각막의 각화방지 자궁상피각화 및 정소위축의 억제에 의한 생식기능의 유지 피부암, 방광암, 유방암, 백혈병 등의 예방과 억제

③ 결핍증

비타민 A가 결핍되면 각막의 각질화와 피부, 구강, 기관지, 장 등의 점막상피도 각질화 된다. 그리고 세균에 대한 저항성이 떨어지고, 생식선의 퇴행변성이 일어난다. 더욱 특이적인 증상은 야맹증(night blindness)이다.

④ 권장량

성인 남녀의 비타민 A 권장량은 700 R.E.이고, 임신부 100R.E. 그리고 수유부는 300R.E.를 추가한다. 비타민 A의 국제단위(IU)는 retinol로 0.3㎍, β-carotene의 경우는 흡수율을 고려하여서 1.8㎍이다. 따라서 권장량은 4,200㎍ β-carotene이다.

(2) 비타민 D(cholecalciferol)

비타민 D에는 D_2(ergocalciferol)와 D_3(cholecalciferol)이 있으나 그 기능은 거의 같다. 비타민 D_2는 버섯 등의 식물성 식품에 많고, 비타민 D_3는 어류, 난황, 간유 등에 많이 함유되어 있다. 비타민 D_3는 인체에서도 만들어진다. 콜레스테롤 합성의 중간체로 피부에 존재하는 7-dehydrocholesterol은 자외선의 광화학반응에 의해 비타민 D_3로 전환된다[그림 11-2].

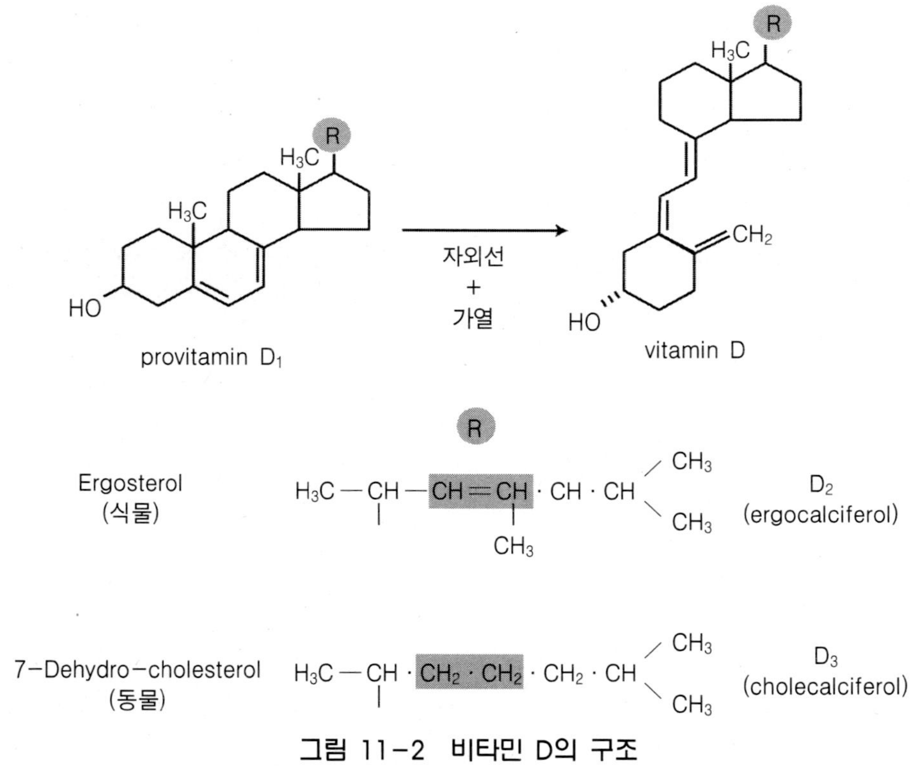

그림 11-2 비타민 D의 구조

① 대사

섭취된 비타민 D_2와 D_3는 회장에서 흡수된다. 흡수된 비타민 D_2와 D_3는 chylo- micron형태로 림프를 통해 지방조직 및 근육에 일시 저장된다. 이렇게 저장된 비타민 D_2와 피부에서 만들어진 비타민 D_3는 비타민 D결합단백질과 결합하여 간장으로 운반된다. 간에서 25번 탄소가 수산화되고, 다시 신장으로 옮겨져서 1번 탄소가 수산화 되면 활성 형 비타민 D인 1, 25-dihydroxyvitamin D로 된다.

② 기능

비타민 D는 체내의 칼슘과 인의 항상성을 유지시킨다. 그래서 골 형성에 중요한 비타민이다. 십이지장과 신 세뇨관에서 칼슘과 인산의 흡수와 재흡수를 촉진한다. 또한 비타민 D는 부갑상선호르몬과 협동작용으로 골 조직에서 칼슘과 인의 동원을 촉진하므로 혈액 중의 칼슘과 인의 농도를 일정하게 유지한다.

비타민 D_3는 일반적으로 세포의 칼슘섭취를 촉진한다. 특히 소장하부에서 칼슘과 인의 흡수를 촉진하여 골의 석회화와 체내 축적을 촉진한다.

③ 결핍증

비타민 D가 결핍되면 혈액중의 칼슘과 인의 농도가 저하되어서 골 형성이 지연되고, 골 석회화가 억제되므로 구루병 및 골연화증의 원인이 된다. 또한 신부전 및 인공투석 등으로 신장기능이 저하된 경우에는 활성 형 비타민 D의 생성량이 부족하여 혈액중의 전해질 이상과 함께 골병변이 일어나기 쉽다[그림 11-3].

소아에서 비타민 D_3가 결핍되면 구루병에 걸린다. 임신부가 비타민 D_3 결핍증에 걸리면 골연화증을 일으키기 쉽다.

④ 권장량

성인 남녀의 비타민 D 권장량은 5㎍이고, 임신부와 수유부는 5㎍을 추가한다. 비타민 D의 IU는 0.025 ㎍이므로 성인은 하루에 200 IU정도를 필요로 한다.

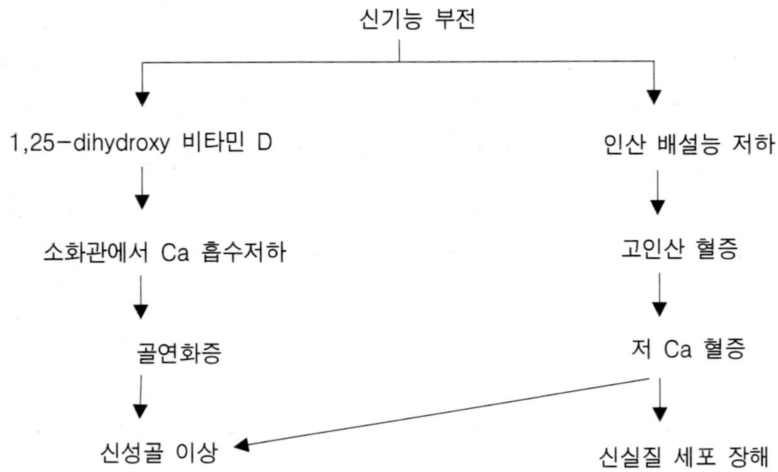

그림 11-3 비타민 D와 신기능부전

(3) 비타민 E(α-tocopherol)

비타민 E 에는 α-, β-, γ-, δ-tocopherol과 이것들에 상응하는 α-, β-, γ-, δ-tocotrienol이 알려져 있다[그림 11-4]. 이것들은 곡류, 두류, 녹황색 채소류 등에 함유되어 있고, 특히 식물성 기름은 비타민 E류의 우수한 급원이다. 생리활성이 제일 높은 것은 α-tocopherol이고, 체 내에서 비타민 E류의 수송과 대사 형태의 차이점 등을 고려하면 α-tocopherol이 활성 형 비타민 E이다. 비타민 E는 소맥의 씨눈에 많다.

① 대사

섭취된 비타민 E류 중에서 ester형의 것은 가수분해 되어서 유리형으로 흡수되고, 소장점막에서 chylomicron에 흡수되어 림프를 통해 혈액에서 간장으로 운반된다. α-tocopherol은 간장에서 tocopherol결합단백질과 결합하여 VLDL로 되어서 혈액을 통해 말초조직으로 운반된다. 이 tocopherol결합단백질은 간장 외에 존재하지 않고, 또한 α-tocopherol에 강한 특이성을 나타내므로 말초조직에는 α-tocopherol이 선택적으로 운반된다.

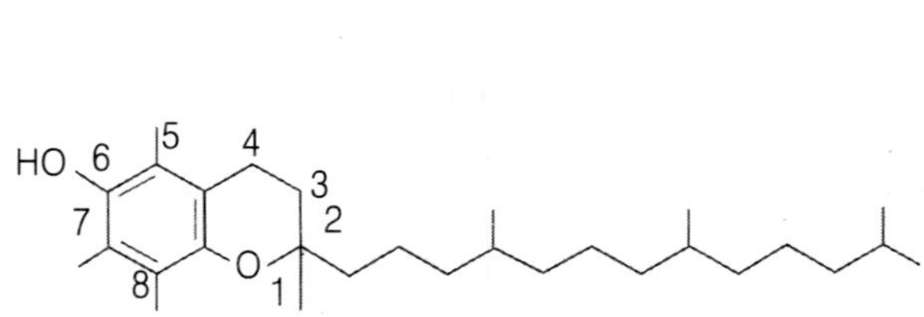

[α-tocopherol(5, 7, 8-trimethyltocol)
β-tocopherol(5, 8-dimethyltocol)
γ-tocopherol(7, 8-dimethyltocol)
δ-tocopherol(8-methyltocol)]

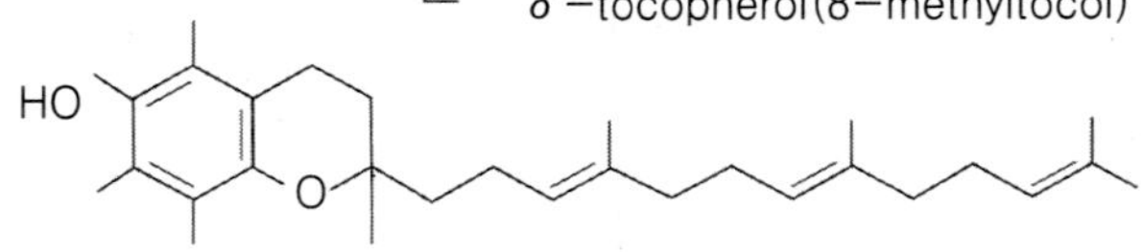

tocotrienol

그림 11-4 비타민 E와 tocotrienol

② 기능

비타민 E의 주요한 기능은 생체막의 안정화와 생체막을 구성하는 인지질의 과산화를 예방하고, 고도불포화지방산과 비타민 A가 공기 중에서 산화되는 것을 방지하는 항산화작용이 있다[표 11-2].

표 11-2 비타민 E의 생리기능

	* 적혈구의 용혈성 빈혈방지
항산화작용	* 백혈구 기능의 유지
	* 혈소판 응집 억제
생체막 안정화작용	* 항 동맥경화기능(혈장 lipoprotein의 산화변성의 방지와 prostanoid 생산의 정상화 및 HDL-cholesterol의 증가 효과)
	* 혈압상승억제(말초혈관 투과성의 정상화)
Prostanoid 생산의 제어	* 심근세포의 산화 stress에 대한 보호
	* 알코올성 지방간 억제
	* 산소에 의한 폐 조직 장해 억제
	* 뇌하수체 호르몬(갑상선자극 호르몬, 난포자극 호르몬)의 분비
	* 발암과정에서 radical 생성 억제

③ 결핍증

비타민 E는 결핍되어도 흰쥐의 발육은 보통 잘 되지만 수컷에서는 고환이 수축되고, 암컷에서는 자궁 내에서 수정란이 발육되지 않는다.

④ 권장량

비타민 E의 결핍증은 사람에서 거의 발견되지 않았지만 항산화작용의 중요성 때문에 α-tocopherol의 권장량은 성인 남녀에서 10mg α-TE이고, 임신부와 수유부는 2-3mg α-TE를 추가한다.

(4) 비타민 K

식품 중에는 비타민 K_1(phylloquinone)과 K_2(menaquinone, 2-methyl-1,4-naphtoquinone)가 존재한다. 전자는 녹색야채, 녹차, 해조류 등에 많고, 후자는 납두, 버터, 치즈 등에 많으며, 합성되기도 하는데 합성품의 작용도 천연 것만큼 강하다[그림 11-5].

① 대사

비타민 K는 지질과 함께 흡수되어서 림프를 통해 체내순환하며 간에 저장된다.

② 기능

비타민 K는 항 출혈성 비타민으로 prothrombin 등 많은 혈액응고인자의 생합성에 필요하다. 또한 비타민 K는 prothrombin에 칼슘 결합 능을 주고, 칼슘에 의해 fibrin의 가교형성을 촉진하여 혈액응고를 일으킨다. 더구나 최근에는 비타민 K가 칼슘대사에 관여하기 때문에 골조울증에 유효한 것으로 생각되고 있다.

③ 결핍증

사람에서는 장내 세균이 비타민 K_2를 합성하기 때문에 결핍증이 없지만 조류에는 결핍증이 있다. 그러나 담즙 분비가 불충분하면 비타민 K는 잘 흡수되지 않으므로 결핍증이 일어날 수 있다. 비타민 K가 결핍되면 간에서 prothrombin의 생성이 감소되어서 혈액응고 시간이 길어져 많은 출혈을 하게 된다.

비타민 K_1(phylloquinone)

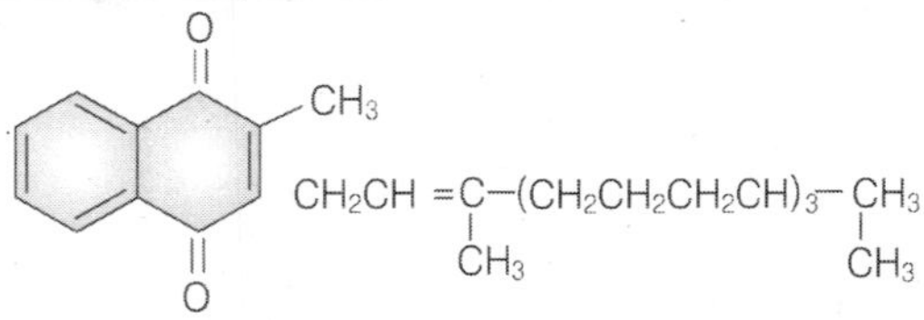

비타민 K_2

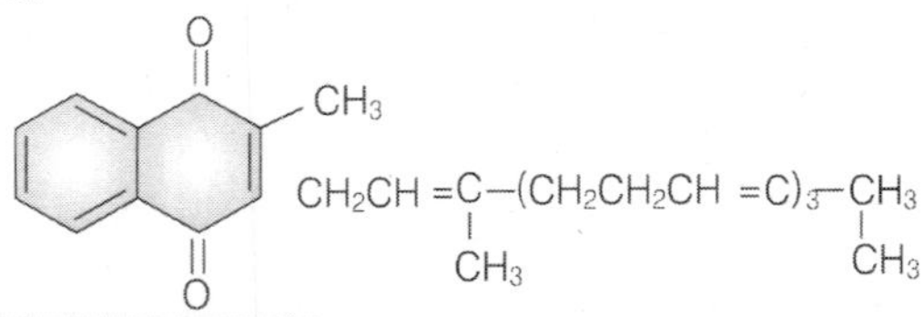

비타민 K_3(menadione)

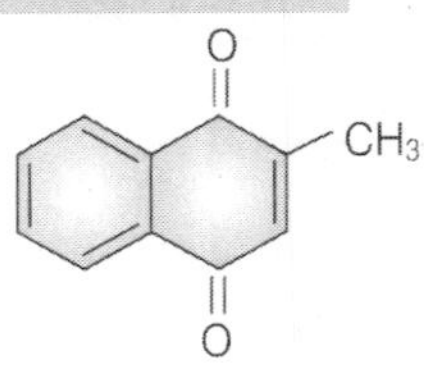

그림 11-5 비타민 K의 구조

④ 권장량

체중 1kg 당 1일에 1.5㎍ 정도가 필요하다. 그러므로 비타민 K의 권장량은 성인 남자에서 80㎍이고, 여자에서는 65㎍이다. 일반적으로 녹황색 야채에 많이 함유되어 있다.

2) 수용성 비타민(water soluble vitamin)

(1) 비타민 B_1(thiamine)

비타민 B군에는 비타민 B_1과 B_2 이외에 성질이 비타민 B와 유사한 미량 영양소가 많이 있다[그림 11-6].

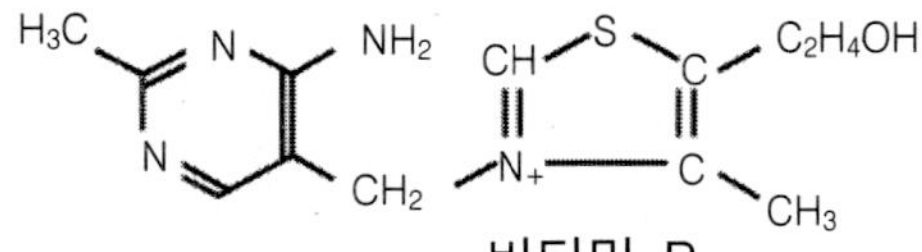

비타민 B_1

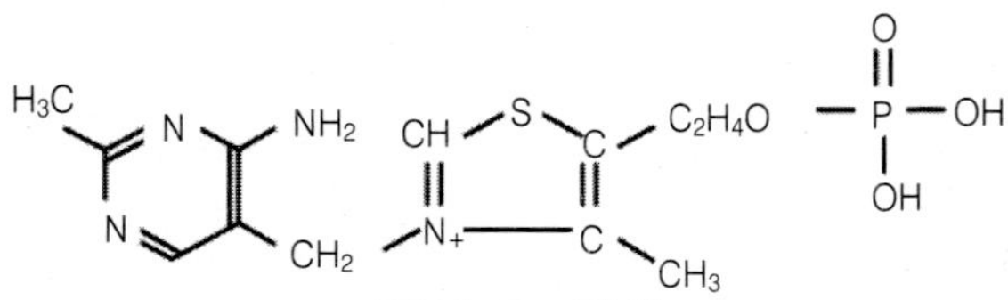

비타민 B_1 인산 ester

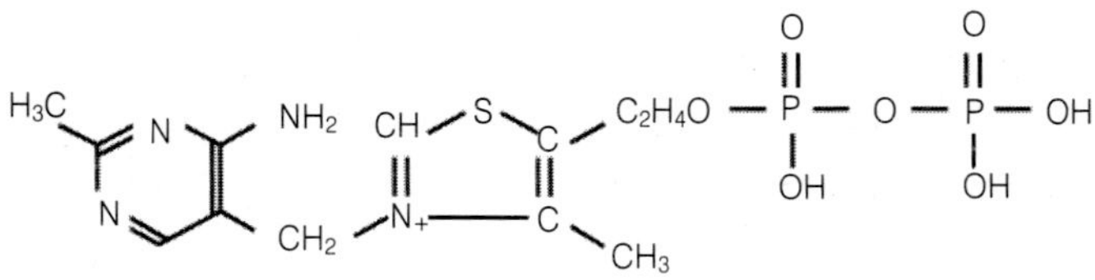

비타민 B_1 2인산 ester

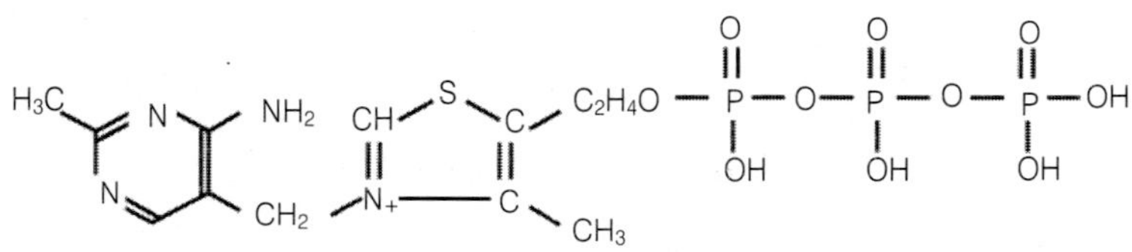

비타민 B_1 3인산 ester

그림 11-6 비타민 B_1의 구조

① 조효소 합성

음식물 중에는 티아민(thiamine)과 이것의 2인산 및 3인산 에스테르(ester)가 존재한다. 인산 에스테르는 소화관 내에서 phosphatase에 의하여 모두 티아민으로 가수분해 되어 흡수된다. 체내에서 티아민은 다시 인산 에스테르로 되는데 티아민 2-인산(thiamine pyrophosphates, TPP)을 활성 형 비타민 B_1이라하며, 당 대사효소의 조효소로 작용한다.

② 조효소의 기능

비타민 B_1은 동물조직에서 인산 ester상태인 TPP로 존재한다. 그리고 이 TPP는 cocarboxylase, α-keto acid dehydrogenase, transketolase, carboxylase 등의 조효소로 작용한다.

티아민 2-인산(TPP)은 pentose phosphate pathway의 transketolase, 해당계와 TCA회로의 중개역할을 하는 pyruvate dehydrogenase complex, 그리고 TCA회로의 α-ketoglutarate dehydrogenase complex 등의 조효소로 작용한다.

③ 결핍증

티아민 결핍증에는 각기병이 있다. 비타민 B1이 결핍된 동물에서는 식욕부진, 신경쇠약증 등 각기병과 약간 다른 증상을 나타내므로 각기병은 비타민 B1의 결핍 이외에 다른 원인이 더해져서 일어나는 것으로 생각된다.

자가증상에는 전신 권태감, 다리 무거움, 수족의 마비, 하지의 부종, 식욕감퇴 등이 있고, 주 증상에는 신경계의 장해, 순환기 및 소화기 증상, 부종 등이 있다.

④ 권장량

성인 남녀의 비타민 B_1 권장량은 1mg이고, 임신부와 수유부는 0.3~0.5mg을 추가한다.

(2) 비타민 B_2(riboflavin)

① 조효소의 합성

Riboflavin이 인산과 결합하면 flavin mononucleotide(FMN)로 되고, adenine 및 인산과 결합하면 flavin adenine dinucleotide(FAD)로 된다. FMN과 FAD는 flavoenzyme 또는 flavoprotein의 조효소이다. Flavoenzyme의 예를 들면 아미노산 산화효소, 지방산 산화에 관여하는 탈수소효소, 호박산 탈수소효소 등이 있다.

음식물 중에는 FMN과 FAD(flavin adenine dinucleotide)가 존재하지만[그림 11-7] 신선한 음식물에는 FAD가 가장 많다. FMN과 FAD는 소장의 융모막 효소에 의하여 riboflavin으로 가수분해된다. riboflavin이 체내로 흡수되면 조효소인 FMN과 FAD로 전환된다.

② 조효소의 기능

FMN 및 FAD는 산화환원효소의 조효소로 기질로부터 전자 또는 수소를 받는다. 이것들을 조효소로 하는 효소를 flavoenzyme이라 한다. Flavoenzyme은 ① 탈수소효소 ② 산화효소 ③ 산소첨가효소 ④ 전자전달계의 일원 등으로 분류할 수 있다. 산화효소인 xanthine oxidase는 감염 균과 외부 침입물로 부터 생체를 지키는데 필수이고, 백혈구가 세균을 식균 작용 할 때에 필요한 supperoxide radical를 생성한다.

③ 결핍증

Riboflavin이 결핍되면 구각염, 구강염, 설염, 각막염 등이 생기며, 코 및 귀 등에 지루성 피부염이 생긴다. 그리고 또한 항문 및 음부가 짓무르고, 동물의 성장이 정지된다.

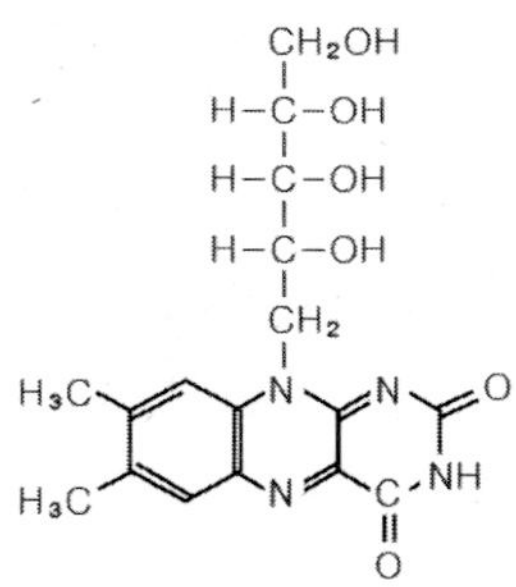

riboflavin

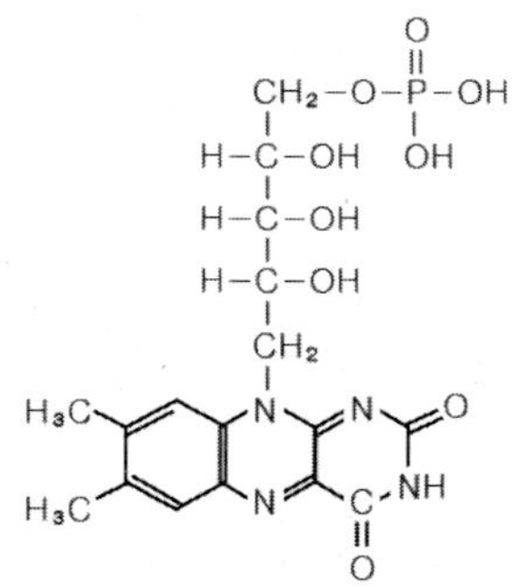

FMN(flavin mononucleotide)

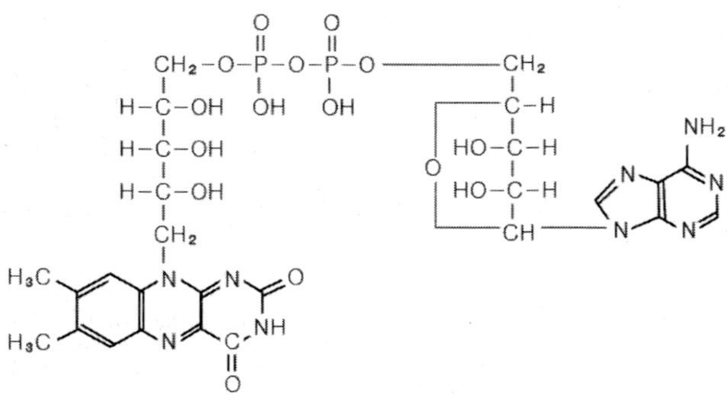

FAD(flavin adenine dinucleotide)

그림 11-7 비타민 B_2의 구조

④ 권장량

성인 남녀의 비타민 B_2 권장량은 1.2mg이고, 임신부와 수유부는 0.3~0.6mg을 추가한다.

(3) 비타민 B_6(pyridoxal)

① 조효소의 합성

음식물 중에는 피리독살(pyridoxal)과 그의 인산 에스테르인 피리독살인산(pyridoxal phosphate)으로 존재하는 것이 많다[그림 11-8]. 피리독살인산은 피리독살로 가수분해 되어서 흡수되고, 체내에서 다시 피리독살인산으로 합성된다.

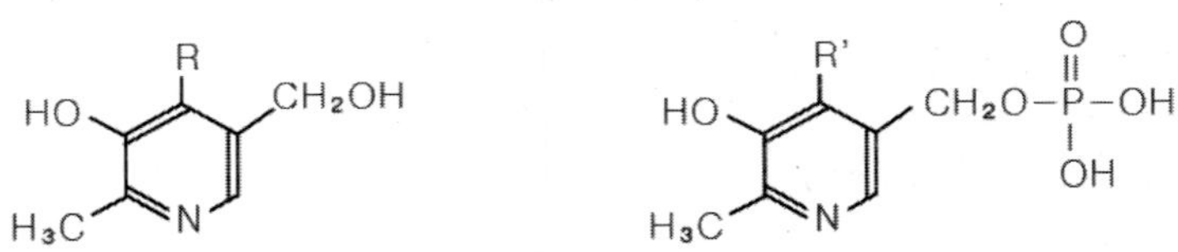

유리형 비타민　　　보효소형 비타민

pyridoxin : R = $-CH_2OH$

pyridoxal : R = $-CHO$

pyridoxamine : R = $-CH_2NH_2$

pyridoxal − 5' − phosphate : R' = $-CHO$

그림 11-8 비타민 B_6의 구조

② 조효소의 기능

Pyridoxal phosphate는 aminotransferase 및 기타 몇 개의 아미노산 대사에 관여하는 효소의 조효소로 반드시 필요하다. 이 조효소는 아미노산의 아미노기 전이, 가수분해, 탈탄산, 라세미화, 합성, 치환 또는 아민의 산화 등에 관여한다. 더구나 글리코겐의 가인산분해반응에도 필수이고, steroid 호르몬의 작용발현에도 관여하고 있다.

③ 결핍증

피리독살이 결핍되면 피부염, 경련, 빈혈, 고콜레스테롤혈증 및 동맥경화증, 지방간 및 간경변증, 항체형성부전증 등이 나타난다. 소아에서 비타민 B_6가 결핍되면 신경과민증을 일으키고, 간질 같은 경련을 나타낸다.

④ 권장량

남녀 성인의 비타민 B_6의 권장량은 1.5mg이고, 임신부와 수유부은 0.5~0.6mg을 추가한다.

(4) 비타민 B_{12}(cyanocobalamine)

코발라민은 악성빈혈에 유효한 인자로 간장에 많다. 코발트(Co)를 함유한 붉은 비타민으로 처음에는 유산균 발육인자로 발견되었다.

① 조효소의 합성과 분해

비타민 B_{12}를 cyanocobalamine이라고 하지만[그림 11-9] cyanocobalamine은 비타민 B_{12}를 생체에서 분리할 때 이것의 안정화를 위해서 가한 cyan ion이 비타민인 cobalamine에 배위하여 생긴 인공산물이지 생체 내에 존재하는 형태는 아니다.

체내로 흡수된 cobalamine은 조효소 형의 adenosylcobalamine이나 methylcobalamine으로 합성되고, 이것들은 수송단백질인 transcobalamine Ⅱ와 결합해서 간장, 조혈조직, 증식성 세포 등으로 수송되며, 대부분은 간에 축적된다.

② 조효소의 기능

사람에서 비타민 B_{12}가 관여하는 2개의 반응이 알려져 있는데 하나는 adenosylcobalamine이 관여하는 methylmalonyl-CoA mutase에 의한 반응이고, 다른 하나는 methylcobalamine이 관여하는 methionine synthase에 의한 반응이다.

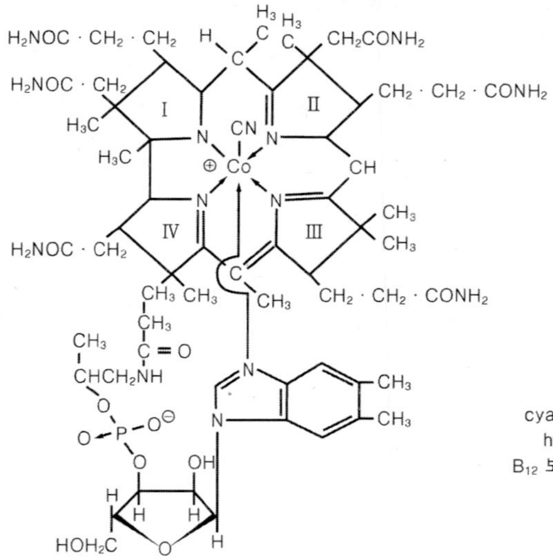

cyanobalamin : R = −CN
hydroxocobaamin : R = −OH
B_{12} 보효소 : R = 5⁺−deoxyadenosine
또는 $-CH_3$

그림 11−9 비타민 B_{12}의 구조

③ 결핍증

비타민 B_{12}가 결핍되면 methylmalonyl−CoA mutase에 의한 반응이 저하되어서 체내에 methylmalonyl−CoA가 축적되어서 요 중으로 methylmalonic acid의 배설이 증가한다. 이 현상은 비타민 B_{12} 결핍증의 진단에 이용된다. 또한 코발라민이 결핍되면 엽산, methionine, TMP, 등이 생성되지 않으므로 적혈구의 DNA가 생산되지 않아서 세포분열을 못하므로 골수에 적혈구가 커지면서 수가 적어지는 거대적아구성 빈혈(악성빈혈)이 생긴다. 그리고 주로 지각장애를 일으키는 말초신경장애도 많이 발생 한다

④ 권장량

성인 남녀의 비타민 B_{12}의 권장량은 1㎍이고, 임신부는 0.4㎍, 수유부는 0.3㎍을 추가한다.

(5) 나이아신(niacin, nicotinic acid)

① 조효소의 합성

동물성 식품에는 nicotinamide와 NAD(nicotinamide adenine dinucleotide)로, 식물성 식품에는 nicotinic acid와 NAD로 존재하지만[그림 11-10], 신선한 식품에는 NAD가 많이 함유되어 있다. NAD는 소장 내에서 nicotinamide로 분해되어서 흡수되고, 체내의 모든 장과 조직에서 NAD로 재 합성된다.

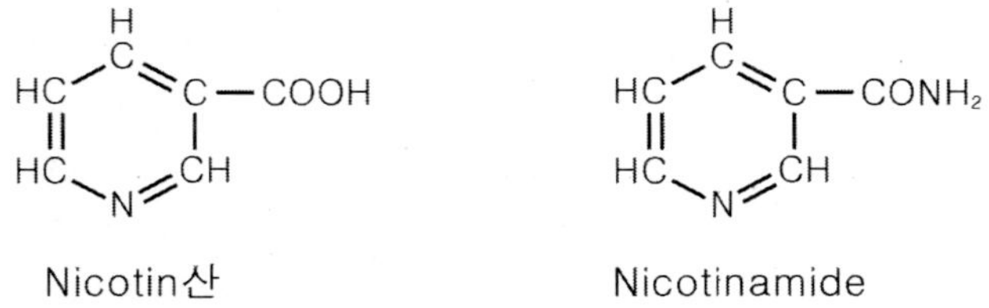

그림 11-10 Niacin의 구조

② 조효소의 기능

생체는 tryptophan에서 niacin을 생합성하는 경로를 유지하고 있는데도 불구하고 비타민 B군중에서 niacin을 가장 많은 량으로 요구한다.AD와 NADP 등은 약 400종류의 산화환원효소의 조효소로 작용한다.

③ 결핍증

Niacin이 결핍되면 광선을 쪼인 부분에 홍반과 수포 및 농포가 생기고, 암갈색으로 색소가 침착되면서 피부가 탈락되는 피부염이 생긴다. 이와 같은 증상을 가진 피부병을 pellagra라 한다.

옥수수가 주식인 지역에서는 나이아신 결핍증인 pellagra가 발생하기 쉽다. pellagra의 증상에 피부염(dermatitis), 소화 장애, 신경장애 등이 있다.

④ 권장량

성인 남녀의 나이아신 권장량은 13N.E.이상이고, 임신부는 1-2N.E., 그리고 수유부는 5N.E.를 추가한다.

(6) 판토텐산(pantothenic acid)

TCA 회로와 지방산의 활성화에 관여하는 CoA는 pantothenic acid를 구성성분으로 한다[그림 11-11].

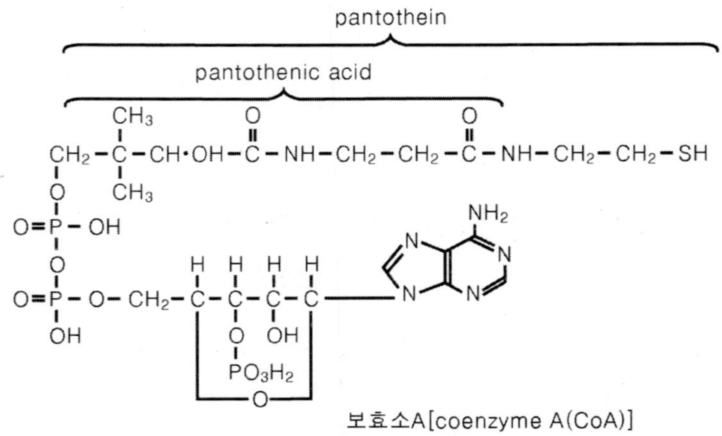

그림 11-11 판토텐산의 구조

① 조효소의 합성

판토텐산은 간, 계란, 쇠고기, 두류, 밀기울 등에 함유되어 있다. 음식물 중의 판토텐산은 acyl기 운반체인 CoA(coenzyme A)의 구성성분이고, CoA는 acetyl-CoA와 지방산 acyl-CoA의 구성성분이다. CoA는 소장에서 pantothenic acid나 pantetheine으로 분해되어 흡수된다.

② 조효소의 기능

판토텐산은 당대사에서 피루브산을 TCA회로에 도입하는 pyruvic acid dehydrogenase complex와 TCA회로의 α-ketoglutaric acid dehydrogenase의 조효소로 작용하다. 또한 acetyl-CoA로 되어서 pyruvic acid carboxylase와 phosphoenol pyruvic acid carboxylase의 활성화인자로도 작용하고, 지방산 대사에서는 지방산의 활성화, β-산화, 지방산 합성, 지방산 불포화에 acyl기를 운반하는 중심적 역할 등을 수행한다. 그리고 아미노산 대사에서 지방족 아미노산의 탄소골격을 운반하는 역할도 담당한다.

③ 결핍증

흰쥐에서 이 비타민이 결핍되면 발육 및 생식 장애, 위장염, 출혈성 괴사 등이 생기고, 사람에서는 위 장관장애, 우울증 등을 일으킬 수 있다. 수용성이므로 과다증은 없고, 고온이나 장시간 조리 시에 파괴된다.

④ 권장량

성인 남녀의 1일 권장량은 알려져 있지 않지만 보통 5~10mg정도면 충분하다고 한다.

(7) 바이오틴(biotin, 비타민 H)

① 조효소 합성

음식물(간, 우유, 계란, 효모 등) 중에 있는 이 바이오틴은 단백질의 lysine 잔기에 있는 ε-아미노기와 결합한 형으로 광범위하게 존재한다[그림 11-12]. 바이오틴은 체내에서 바이오틴을 필요로 하는 효소 단백질의 lysine 잔기에 결합하여 조효소로 기능을 발휘한다. 즉 biotin의 조효소 형태는 biocytin이다.

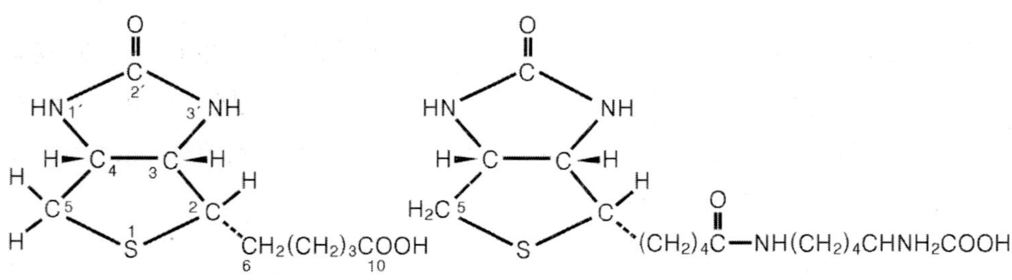

그림 11-12 Biotin의 구조

② 조효소의 기능

Biotin은 acetyl-CoA에 CO_2가 붙어서 malonyl-CoA를 만들 때와 같이 CO_2를 고정하는 반응에 관여하는 acetyl-CoA carboxylase의 조효소이다.

바이오틴은 guanylate cyclase를 활성화하여 세포내 정보전달 물질인 cGMP

농도를 상승시키기 때문에 단백질 합성, RNA 합성, 내당능, purine합성 등을 조절하는데 관여한다.

③ 결핍증

닭에서는 biotin이 결핍되면 피부염 및 신경증상을 일으키며 생 난단백의 avidin은 단백질소화효소의 작용을 받기 어렵다. 그래서 biotin 이 avidin과 결합되면 biotin의 흡수가 방해되므로 결핍증을 일으킬 수 있다.

결핍되면 피부염, 식욕감퇴, 불면증, 근육통, 메스꺼움(nausea)과 우울증(depression) 등이 나타날 수 있다.

④ 권장량

성인 남녀의 biotin 권장량은 알려져 있지 않지만 하루에 150㎍정도면 충분하다고 한다.

(8) 엽산(folic acid, folacin)

① 조효소의 합성

음식물(녹색야채, 곡류, 견과류, 두류 등) 중의 엽산은 대개 여러 개의 glutamic acid가 결합된 polyglutamic acid 형이다[그림 11-13]. 이것은 상부 소장상부의 상피세포에 있는 folyl-polyglutaminic acid hydrolase에 의하여 monoglutamic acid 형으로 분해되어 흡수된다.

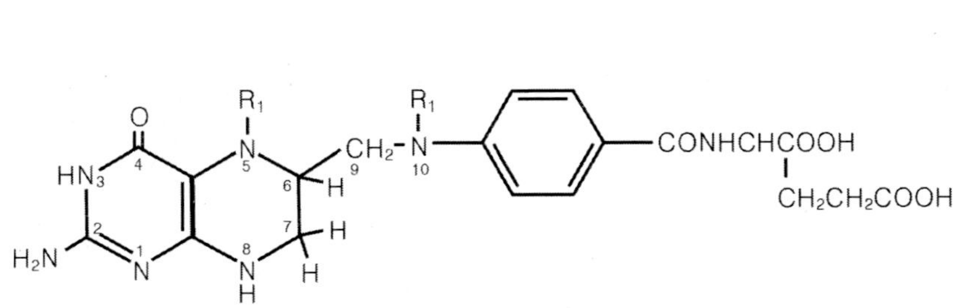

5, 6, 7, 8, −tetrahydrofolate(H_4PteGlu)

엽산조효소	1 탄소단위의 결합위치		
	R_1	R_2	R_1R_2
H_4PteGlu	H	H	—
5−formyl−H_4PteGlu	−HCO	H	—
10−formyl−H_4PteGlu	H	−HCO	—
5−formimino−H_4PteGlu	−CH=NH	H	—
5, 10−methenyl−H_4PteGlu	—	—	CH
5, 10−methylene−H_4PteGlu	—	—	−CH_2−
5−methyl−H_4PteGlu	−CH_3	H	—

그림 11−13 엽산의 구조

② 조효소의 기능

엽산은 개미산 및 formaldehyde에서 1개의 탄소 단위를 받아서 그것을 운반하기 때문에 1 탄소단위 전이효소의 조효소로 핵산염기, 아미노산, 단백질 등의 생합성계에 작용한다.

엽산은 동물체 내에서 tetrahydrofolate로 환원된 후 활성화되어 transformylase의 조효소 역할을 한다.

③ 결핍증

엽산이 결핍되면 위 장관 장해와 거대 적아구성 빈혈을 나타내고, 심계항진, 헐떡임, 현기증, 설염, 구각염 등의 증상이 나타나며, 우울증 등의 신경증상 및 정신장애를 수반하는 것이 많다.

엽산이 결핍되면 빈혈, 백혈구 감소, DAN합성 저하 등을 일으킨다.

④ 권장량

성인 남녀의 엽산 권장량은 250㎍이고, 임신부는 100㎍, 그리고 수유부는 250㎍을 추가한다.

(9) 비타민 C(ascorbic acid)

① 기능

Ascorbic acid는 수용성이다. ascorbic acid는 환원형 또는 산화형으로 식물성 식품에 널리 존재한다[그림 11-14].

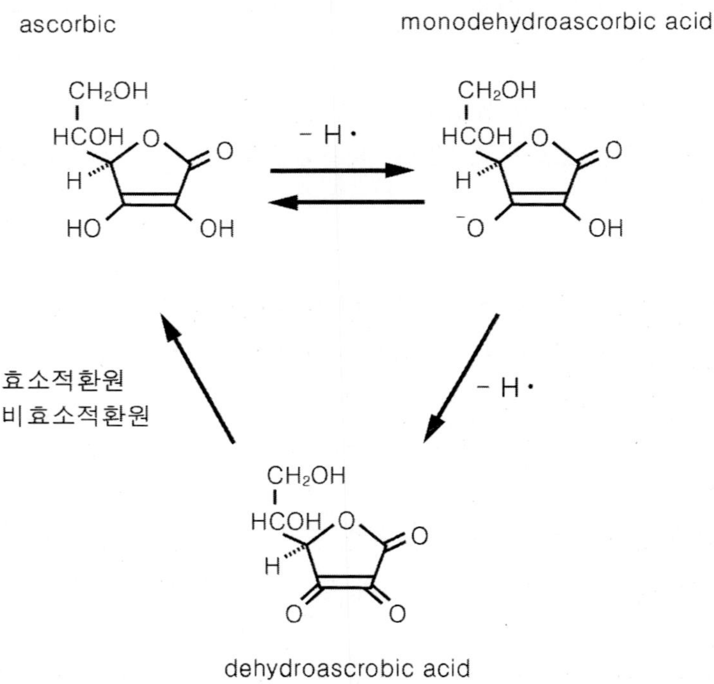

그림 11-14 비타민 C의 산화환원

1 항산화능

체내의 비타민 C는 활성산소를 강력하게 제거하는 제거제이다. 예를 들면 동맥경화증의 발생 원인의 하나인 LDL의 산화를 비타민 C가 현저하게 억제한다.

2 Collagen의 합성

콜라겐은 사람의 몸에서 가장 많이 존재하는 단백질로 총 단백질의 약 30%를 차지하는데 비타민 C는 콜라겐 합성에 관여한다.

3 생체 이물질의 해독

체내로 섭취된 여러 이물질은 cytochrome P 450에 의하여 해독대사 된다. 비타민 C는 이 cytochrome P 450 효소류의 활성을 유지하는데 꼭 필요하다.

4 Carnithine 합성

Carnithine은 지방산의 β-산화에 필수성분이다. 비타민 C는 lysine에서 carnithine이 합성되는 과정에 2개의 수산화효소의 cofactor로 필요하다.

5 콜레스테롤 대사

동물실험 결과 콜레스테롤로부터 담즙산을 합성하는데 비타민 C가 필요하다는 것이 밝혀졌다. 그래서 고 콜레스테롤혈증은 비타민 C의 부족 때문인 것으로 추측된다.

6 기타

음식물 중의 비타민 C는 철의 흡수를 촉진한다. 또한 nitrosamine이란 발암물질이 소화관 내에서 생성되는 것을 강력하게 저해한다. 더구나 면역능을 항진시키는 작용도 보고되고 있다.

② 결핍증

비타민 C가 결핍되면 혈관이 손상되기 쉬워서 괴혈병을 일으킨다. 그리고 손상된 부분이 치료되기 어렵고, 콜라겐의 형성이 불완전하기 때문에 뼈가 부스러지기 쉽다.

괴혈병의 증세에는 잇몸이 붓고 출혈이 생기며, 꼽술머리와 각화증이 나타나는 것 이외에 피로감, 관절통 등도 생긴다. 그리고 중증이 되면 점상 및 반상의 피하출혈이 일어나며 상처 등의 치유가 현저하게 지연된다.

③ 권장량

성인 남녀의 비타민 C 권장량은 55mg이고, 수유부에서는 35mg을 추가하도록 권장하고 있다. 또한 흡연자의 혈청과 백혈구의 비타민 C 농도는 비 흡연자에 비해서 낮은 것이 역학적 연구로 명백하게 밝혀졌다. 그래서 어떤 나라에서는 흡연자에 대해서 비타민 C의 소요량을 증가시키고 있다.

이상에서 검토한 비타민 권장량과 비타민 B군의 조효소 관계를 요약하면 [표 11-3]과 같다.

표 11-3 비타민 B군과 조효소

비타민 B군	조효소(활성기)	효소반응
B_1(thiamine)	cocarboxylase(TPP)	피루브산, α-keto 글루탈산의 탈탄산화반응
B_2(riboflavin)	FMN, FAD	아미노산, 지방산 산화반응
B_6(pyridoxine)	pyridoxal phosphate	아미노기 산화 및 탈탄산화 반응
Nicotinic acid	NAD, NADP	탈수소화 반응
Pantothenic acid	CoA-SH	지방산의 아실기 전이반응
Lipoic acid	아포효소의 리신잔기와 결합	α-케토산의 산화반응
Biotin	acetyl-CoA carboxylase	탄소고정반응
Folic acid	tetrahydrofolic acid(FH4)	C1 전이반응
B_{12}(cobalamin)	transmethylase	메칠기 전이반응

3) 비타민 유사물질

비타민으로 알려진 것은 아니지만 비타민과 같은 작용을 나타내는 식이 성분이 있다. 이것들을 종합해 비타민 유사물질이라 한다. [표 11-4]에 정리하였다.

표 11-4 비타민 유사물질의 명칭과 생리작용

명 칭	생 리 작 용
Choline	항 지방간 인자로 결핍되면 지방간이 형성되고, 성장이 억제된다. 신경흥분전달물질인 acetylcholine과 인지질(lecithin, sphingomyelin)의 구성성분이다. Methyl기 공여체 체내에서 serine으로부터 합성된다.
Inositol	항 지방간 작용 간 mitochondria 및 microsome 인지질의 중요한 성분 체내에서 glucose 6-phosphate로부터 합성된다.
Lipoic acid	Pyruvic acid 및 α-keto acid의 산화적 탈탄산반응에 관여한다.
Orotic acid	유즙 분비촉진작용을 한다. 체내에서 carbamoyl phosphate와 aspartic acid으로부터 합성된다.
Carnitine	지방산의 mitochondria 내막 투과에 관여한다. 체내에서 lysine으로부터 합성된다.
Vitamin P (투과성 비타민)	Orange 껍질에 함유되어 있는 hesperidin, 메밀, 토마토 등에 함유되어 있는 lutein이 비타민 P 활성을 가진다. 모세혈관의 항 저항력저하 및 혈장 단백질에 대해서는 투과성을 방지하는 작용을 가진다.
Vitamin U	Cabbage 등에 함유되어 있다. 항 궤양인자 Methyl methionine은 비타민 U 활성을 가진다.
Bifidus인자	Lactobacillus bifidus의 증식인자 Pantetheine 유도체, 어떤 종류의 oligo당이 이 활성을 가진다.
Ubiquinone (coenzyme Q)	전자전달계 내의 flavin 단백질과 cytochrome계간에 개재된다. 강한 항 산화성을 가지고 있기 때문에 tocopherol과 같은 불포화지방산의 산화방지 작용이 있다. 체내에서 phenylalanine으로부터 합성된다.

chapter 12

무기물

제12장 무기물

1. 무기물(minerals)의 종류와 생리적 기능

1) 무기물의 종류

인체에 존재하는 무기물은 중량 비로 약 4%정도이다. 무기물의 99% 이상은 칼슘(Ca, 50.8%), 인(P, 29.4%), 칼륨(K, 6.7%), 유황(S, 5.1%), 염소(Cl, 3.7%), 나트륨(Na, 2.9%), 마그네슘(Mg, 1.1%) 등의 다량원소들(macrominerals)이 차지하고, 철(Fe, 0.2%)과 기타의 원소(0.1%)들은 모두 합쳐도 0.5% 미만이므로 미량원소(microminerals)라 하며, 특히 이것 중에서 철보다 미량으로 영양상 꼭 필요한 아연(Zn), 망간(Mn), 셀렌(Se), 동(Cu), 요오드(I), 코발트(Co), 몰리브덴(Mo), 크롬(Cr), 불소(F), 규소(Si), 비소(As) 등을 필수미량원소라 한다.

2) 무기물의 생리적 기능

(1) 세포와 조직의 구성성분으로 작용하는 구성 성분의 기능
(2) 효소활성 및 물질운반기능을 높이거나 낮추는 방법으로 물질대사를 조절하는 기능 즉 유기체의 기능조절에 직접 작용하는 운반과 촉매의 기능
(3) 유기체의 내부환경, 즉 삼투압, pH, 세포막의 투과성 등을 일정하게 조절하는 전해질 기능
(4) 무기물 각각의 고유한 생물학적 기능

3) 무기물의 조건

(1) 식이에서 무기물을 제거하면 분명한 결핍증상이 일어나고, 첨가하면 결핍 증상이 없어지는 물질이어야 한다.
(2) 무기물은 신체 조직이나 체액의 구성요소로 필요하고, 효소나 기타 여러 조절 계에서 꼭 필요한 물질이어야 한다.
(3) 정제된 식이에 무기질을 첨가하면 건강 또는 신체기능이 증강되어야 한다.

2. 무기물 각론

1) 다량 원소(macrominerals)

(1) 칼슘(calcium, Ca)

① 흡수

칼슘은 1일에 약 1g이 장으로 분비되지만 대부분은 재 흡수된다. 칼슘은 주로 요 중으로 배설되고, 신장염 등으로 Ca^{2+}의 재흡수가 저해되거나 acidosis가 발병하였을 때에는 요 중의 배설량이 높아진다.

칼슘이 잘 흡수되는 조건을 열거하면 다음과 같다.

- 알칼리성일 때보다 산성일 때 더 잘 흡수된다.
- 칼슘의 흡수는 비타민 D에 의하여 촉진된다.
- 음식물의 Ca : P의 비가 1 : 1일 때 가장 잘 흡수되지만 1 : 0.5~2정도도 좋은 편이다.
- 칼슘 흡수는 임신과 수유 등으로 요구가 증가되거나 섭취량이 저하되면 촉진된다.
- 고단백질식이는 칼슘의 흡수를 도와주지만 저단백질식이는 칼슘의 흡수를 저하시킨다.
- 탄산칼슘 및 인산칼슘도 담즙산염이 존재하면 물에 많이 녹아 잘 흡수된다.
- 우유에는 칼슘의 흡수를 촉진하는 물질이 함유되어 있기 때문에 칼슘 공급원으로 아주 우수하다.

- 담즙산염은 칼슘의 흡수를 돕는다.
- 구연산 등은 가용성 염을 만들기 때문에 흡수를 높여준다

그리고 칼슘의 흡수를 저해하는 조건을 열거하면 다음과 같다.

- 시금치의 수산(oxalic acid)과 곡물의 피틴산(phytinic acid)이 소화관 내에서 칼슘과 결합해서 불용성의 염을 형성하므로 칼슘의 흡수를 저해한다.
- 지방을 과잉 섭취하면 지방이 담즙산염을 전부 빼앗아 버리기 때문에 칼슘이 물에 잘 녹지 않으므로 칼슘의 흡수는 좋지 않다
- 질산, 지방산 등은 Ca^{2+}과 불용성 염을 만들므로 흡수를 저하시킨다.

② 함량의 조절

칼슘 대사는 [그림 12-1]에 나타난 것처럼 비타민 D 및 부갑상선호르몬 등에 의하여 제어되므로 혈액 중의 Ca농도가 일정하게 유지된다.

칼슘은 혈액 중에서 혈장에만 존재한다. 그리고 혈장의 칼슘 농도는 9~11mg%이다. 칼슘이온의 농도가 증가하면 인산이온의 농도는 감소된다.

부갑상선기능항진으로 parathormone이 과잉되면 세뇨관에서 인산의 재흡수가 저해되기 때문에 요 중 인산의 배설량이 많아진다. 그래서 혈장의 인산 량이 감소되어서 Ca와 P의 균형이 파괴되고, 골 조직에서 Ca염이 혈액 중으로 동원되어서 혈액 중의 Ca^{2+}농도는 높아진다.

이 결과로 골과 연골의 석회화가 저해되어서 골다공증(osteoporosis)을 일으킨다. 여성에서 폐경기 전후 자주 나타나는 골다공증은 estrogen투여로 Ca대사의 균형을 유지하면 좋아질 수 있다.

Parathormone의 분비가 감소되면 혈장의 칼슘농도가 감소되므로 Tetany질병을 일으켜서 사망하게 된다. 그러나 parathormone을 주사하면 혈장의 칼슘농도는 증가된다.

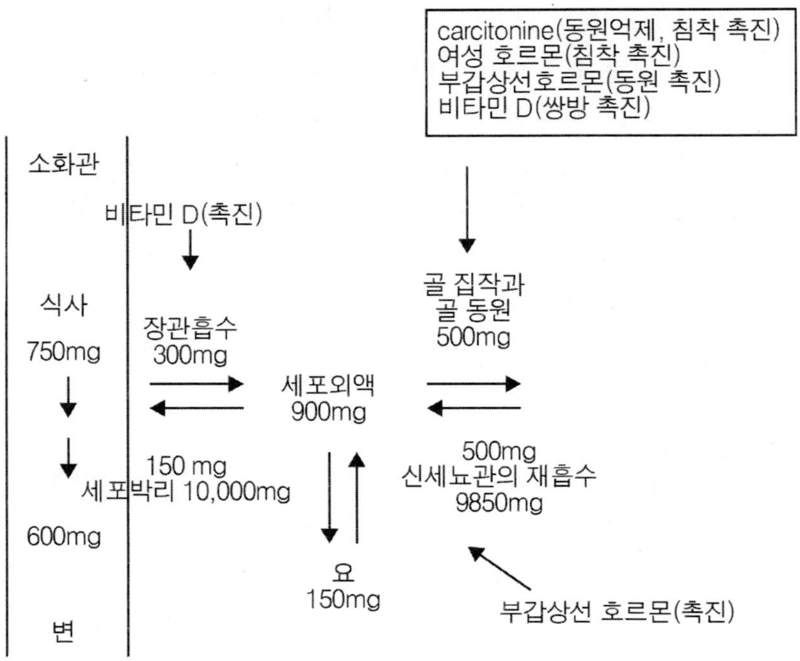

(각 수치는 1일에 750mg의 칼슘을 섭취한 경우를 나타낸다)

그림 12-1 칼슘 대사

③ 기능

칼슘의 일부는 이온화되고, 혈액응고작용에 관여한다. Ca^{2+}은 세포막의 투과성을 저하시키고, acetylcholine의 합성을 저해하며, 어떤 dipeptidase 및 enolase 등의 활성을 저해한다. 그러나 Ca^{2+}은 근 myosin의 ATPase의 작용을 활성화하고 lipoprotein lipase를 활성화하며, 신경과 근육의 흥분성을 저하시킨다.

전해질의 칼슘은 [표 12-1]에 종합된 것처럼 세포분열, 혈액응고, 근육수축, 신경활동, 면역기능의 유지 등 중요한 생명현상에 관여한다. 이 반응들의 대부분은 세포 내로 칼슘이온이 유입되거나 칼슘이온에 의한 효소반응의 활성화에 따라서 일어난다.

표 12-1 칼슘이 관여하는 생체반응

세포의 분열, 증식, 분화	위액 분비(타액, 위액, 췌장액)
근육의 수축	내분비(각종 호르몬)
신경. 감각세포의 흥분	혈액응고
면역(식균, 항원인식, 항체분비)	정자의 운동

④ 결핍증

혈장 중의 칼슘이온 농도가 내려가면 중추신경이 흥분하기 쉽고, 심하면 Tetany병(경련의 일종)을 유발한다. Tetany 질병은 비타민 D의 결핍, 상피 소체의 기능저하 및 알칼리성 체질로 혈청 칼슘이 감소되었을 때 강축증, 근 진전, 경련, 천명 등의 증상이 병존하는 증후군을 말한다. 또한 성장기에 칼슘이 만성적으로 부족하면 상아질의 발달저하 및 상. 하악골 발육불량 등이 일어난다.

(2) 인 및 인산(phosphorus, phosphoric acid, P)

① 흡수

인(P)은 인산(H_3PO_4)의 형태로 핵산, 인지질, casein 등에 주로 함유되어 있다. 이 인산은 대개 단백질 같은 유기물과 결합한 유기인산화합물의 형태로 식품으로부터 섭취되고, 일부는 무기인산으로 섭취된다. 이 유기인산화합물이 소화되면 인산이 유리되고, 유리된 인산은 인산염으로 흡수된다.

② 함량의 조절

구루병의 경우 혈청의 인산함량이 저하되고, 신장염성 acidosis는 인산 보유가 주원인이므로 이 때의 혈청 인산함량은 증가되고, 칼슘이온의 함량은 저하된다. 당뇨병에서는 혈청에 유기인산은 감소되지만 무기인산은 증가된다.

Parathormone은 골에서 칼슘의 동원을 촉진하고, 신장에서 인의 배설을 촉진하므로 일반적으로 혈액 중의 칼슘함량을 증가시키고, 인의 함량을 감소시킨다.

③ 기능

[1] 뼈

골 및 치아는 단백질로 된 지주조직에 불용성의 무기염이 침착 된 것이다. 골수를 제외한 경 조직에는 수분이 25% 함유되어 있다. 수분을 제외한 고형 분의 40%는 단백질이고, 60%는 무기물이다. 무기물질의 대부분은 인산칼슘 $[Ca_3(PO_4)_2]$이다.

[2] 치아

치아의 조성은 골과 거의 같다. 즉 시멘트질의 구성성분은 골과 같고, 상아질의 구성성분은 수분이 10% 이하이고 무기성분은 약간 많다. 그리고 에나멜질의 구성성분은 수분이 5%이고, 단백질이 4%이며, 무기성분은 대부분 인산칼슘이고 탄산칼슘($CaCO_3$)은 적으며 불화물이 약간 많다.

[3] 석회화의 기작

골 및 치아의 석회화 과정은 불명확한 점이 많지만 최초에 침착하는 것은 인산칼슘($CaHPO_4$)이고, 이것이 후에 $Ca_3(PO_4)_2$으로 변화된다고 한다.

[4] 탈회과정(decalcification)

골의 칼슘은 다음과 같을 때 용해되어서 혈액으로 이행된다.

ⓐ 체내의 산-염기 평형이 산성으로 기울어져 있을 때

ⓑ 부갑상선 호르몬을 공급하였을 때

이상의 경우는 칼슘이 뼈에서 유리되어 요 중으로 배출된다.

ⓒ 칼슘, 인, 또는 비타민 D가 결핍되었을 때

ⓓ 임신부처럼 칼슘에 대해 수요가 특별히 높아졌을 때

영양불량의 임신부에서 생기는 골연화증은 ⓒ, ⓓ의 원인이 중복되어서 발병되는 것이다.

④ 결핍증 및 과다증

인의 결핍증상으로 근육위축, 식욕부진, 위화감 등이 알려져 있지만 대부분의 식품은 인을 풍부하게 함유하고 있으므로 결핍되지 않는다. 인의 1일 섭취량이 2g을 초과하면 부갑상선기능항진, 골 대사장해 등의 피해를 준다.

(3) 나트륨(natrium, sodium, Na)

① 흡수

혈장 양이온의 90%는 Na^+이고, 이것은 신장을 통해 배설된다. 섭취된 나트륨의 양이 많으면 많이 배설되고, 섭취된 양이 적을 때에는 배설량도 적어진다.

Na대사는 부신피질호르몬인 mineralocorticoid에 영향을 받고 이 호르몬의 결핍으로 혈청의 Na^+감소와 Na^+배설의 증가를 나타낸다. 특히 aldosterone은 신장의 세뇨관에 작용하여 나트륨의 재흡수를 촉진하므로 나트륨이 체내에 축적됨과 동시에 칼슘의 배설이 많아진다.

② 기능

나트륨은 중탄산염 및 인산염을 만들어서 혈액의 pH를 일정하게 유지하는 완충작용을 가지고, 세포 외액의 삼투압을 일정하게 유지한다. 나트륨은 체액의 상실을 막고, 근육의 수축을 촉진하며, 근육의 정상 흥분성의 유지 및 세포의 투과성에도 관여한다.

③ 결핍증

신염, 특히 산증(acidosis)을 수반하는 경우에는 세뇨관에서 재흡수 저하 및 산 중화에 Na^+이 사용되므로 Na^+의 결핍을 초래할 수 있다.

채식주의자의 음식물 중에는 나트륨염이 적고 칼슘염이 많지만 칼슘염은 나트륨염의 배설을 촉진하므로 자연히 식염에 대한 욕구가 강하게 되고, 일반적으로 부종이 있을 때처럼 세포 외액이 증가되는 경우에는 체내에 나트륨이 축적된다.

④ 과다증

식염을 과잉 섭취하면 혈압이 높아지고, 식염섭취를 줄이면 혈압이 내려간다. 나트륨은 주로 이온으로 세포 외액에 존재하면서 세포 외액의 삼투압 조절과 수량의 유지 등에 관계한다.

Cushing병, 신염, 울혈성 심장질환 그리고, 당뇨병에 의한 급속한 수분상실은 혈청의 Na^+을 증가시킨다. 그러나 Addison병에서는 부신피질의 기능저하 때문에 Na^+을 감소시킨다.

(4) 칼륨(kalium, potassium, K)

① 흡수

칼륨은 식물에 많으므로 채식하면 섭취된다. 칼륨은 나트륨과 같이 소장에서 잘 흡수되므로 분 중으로 배설되는 양은 적다. 칼륨의 흡수속도는 나트륨보다 약간 느리다. 칼륨의 대부분은 이온으로 세포 내액에 존재한다. 칼륨의 항상성은 무기질 코르티코이드(mineralocorticoid)에 의해서 유지된다.

② 기능

세포 내액의 주요한 염기성 원소로 외액의 Na와 같이 산·염기평형, 삼투압, 수분보유 등의 기능에 관여한다. K^+의 변동은 근육에 영향을 주고, 골격근의 미비, 심근의 전도와 활동에 이상을 일으킨다.

③ 결핍증 : 혈청 K감소(저칼륨혈증)

부신피질 호르몬, cortisone, ACTH 등을 투여하면 K^+ 결핍을 초래한다. Cushing 증후군 등에서 부신피질을 활성화시켜도 저 K 혈증을 일으킨다.

설사 및 이뇨촉진 등으로 수분과 함께 대량의 칼륨이 손실되면 저칼륨혈증으로 근력저하, 무기력, 반사저하 등이 생긴다. 여름을 타는 것도 대량의 발한으로 인한 저칼륨혈증이 원인이라 한다.

④ 과다증 : 혈청 칼륨증가(고칼륨혈증)

고칼륨혈증의 병인인 탈수, 쇼크 등으로 혈청의 K^+값이 상승하면 수혈증을 일으킨다. 한편 세포 내액의 K^+증가를 수반하는 혈청 K^+증가는 부신피질기능부전(Addison병)으로 일어난다.

칼륨은 심근 및 중추신경의 흥분성에 관계하는데, 고칼륨혈증에서 심장박동이 느려지고, 결국은 심장정지에 도달한다.

(5) 마그네슘(Mg, magnesium)

① 흡수 및 배설

장에서 흡수는 칼슘의 경우와 같지만 배설량은 1일 약 0.23g이고, 이것의

50~80%가 분으로 배설된다.

② 조절

혈청 중의 Mg^{2+}은 어느 정도 Ca^{2+}과 반비례적으로 변동하므로 Ca^{2+}이 증가하면 Mg^{2+}은 감소하고, Mg^{2+}주사로 Ca^{2+}이 감소된다. 칼슘이 결핍되면 골의 Ca으로 대체할 수 있지만 과잉의 경우는 오히려 석회화를 저해한다.

③ 기능

Mg염은 이뇨 및 설사약으로 이용되고, 에너지 의존반응, TPP 의존반응에 꼭 필요하다.

마그네슘은 포도당의 인산화, TCA회로의 산화적 탈탄산, 지방산 대사의 출발점인 acetyl-CoA의 생성, 단백질 합성, 핵산대사 등에 관계하는 약 300 종의 효소반응을 활성화하는데 필요하다.

④ 결핍증

마그네슘이 결핍되면 여러 정신신경증상과 순환기증상이 생긴다. 또한 마그네슘 결핍은 심전도 변화를 나타내므로 알코올성 심근증, 허혈성 심질환, 부정맥 등의 발증과 관련이 있는 것으로 생각된다.

(6) 유황(sulphur, sulfur)

① 흡수

유황은 보통 단백질로 필요량을 충분히 섭취할 수 있지만 섭취된 유기성 유황은 체내에서 단백질 및 아미노산 같은 화합물 합성에 관여할 뿐만 아니라 간에서 산화되어 최종적으로 (SO_4^{2-})로 되고 phenol류 등과 화합하여 배설되든지, chondroitin황산 등의 황산화에 이용된다.

② 기능

유황은 유황 아미노산으로 단백질의 기능에서 대부분의 역할을 수행한다. 비타민 B_1, pantothenic acid 등의 비타민류 및 glutathione, 인슐린 등도 유황 화합물이다.

③ 결핍증

영양 상 유효한 유황의 공급원은 식품 단백질 중의 유황 아미노산이다. 그러므로 단백질 영양이 건전하면 의식하지 않아도 유황 섭취량은 적절하게 된다.

(7) 염소(chlorine, Cl)

① 흡수

식염의 성분으로 음식물과 함께 섭취되며, 소장에서 완전히 흡수된다. 위액에서는 HCl형성에 중요하고, 식사에서 NaCl로 충분히 섭취되며, Na배설에 따라 배설된다.

② 기능

NaCl의 한 성분으로 수분평형, 삼투압 조절, 산염기평형에 중요한 역할을 한다. 위액에서는 HCl형성에 중요하고, 식사에서 NaCl로 충분히 섭취되며, Na배설에 따라 배설된다. 위액에서는 HCl형성에 중요하다.

위액 중의 염산은 pepsin의 활성화, 위액의 최적 pH 확보, 살균, prostaglandin 합성자극, 췌장액 분비촉진 등의 기능을 수행한다. 그리고 염소는 조직액의 주요한 음이온으로 나트륨과 함께 삼투압, 수분대사, 그리고 산염기평형에 관계한다.

③ 결핍증

염소가 결핍되면 위액의 산도가 저하되고, 식욕감퇴 및 소화불량이 생긴다. 염소이온은 신속하게 세포막을 통과하여 쉽게 요 및 땀으로 배설되므로 식염을 다량으로 섭취하여도 염소에 관한 과잉장해는 일어나지 않는다.

2) 미량원소(microminerals)

(1) 철(iron, Fe)

① 흡수

철의 체내 보유량은 장 점막의 흡수율 증감에 따라 조절된다.

정상인의 철 흡수율은 섭취량의 약 10%이지만 철 저장량이 감소되면 30% 전후로 증가된다. 동물성 식품 중의 철은 대부분 헴 철의 형태로 존재하고, 식물성 식품 중의 철은 3가 철(Fe^{3+}, ferric, 제 2철)의 형태로 존재한다. 그런데 헴 철은 직접 흡수될 수 있지만 3가 철은 소화관 내에서 산(HCl) 및 환원제에 의하여 2가 철(Fe^{2+}, ferous, 제 1철)로 환원되어야만 십이지장과 소장 상부에서 흡수될 수 있다. 그러나 장 점막의 Fe^{2+}은 그곳의 ferritin 및 혈 중의 Fe^{3+}과 평형상태로 되고, 그것들과의 상호관계로 Fe^{2+}의 흡수가 조절된다.

그리고 흡수된 2가 철은 혈장으로 들어가서 3가 철로 산화되고, 단백질인 transferrin과 결합하여 운반된다.

Phytic acid 및 옥살산은 불용성 화합물이 형성되기 때문에 장에서 철 흡수를 저해한다.

② 저장

흡수된 Fe^{2+}은 장 점막 단백질인 apoprotein과 결합하여 ferritin을 형성한 후 저장된다. Ferritin의 철은 3가 철(Fe^{3+})에 가까운 수산화2철인산[$Fe(OOH)_5 \cdot FeOPO_3H_2$]이다. 장 점막의 Fe^{2+}은 ferritin으로 변화되지 않고 직접 혈 중으로 들어가서 Fe^{3+}로 산화된 형태로 β-globin과 결합해서 transferrin을 형성한다.

인체 내의 철 함량 중 30~35%는 주로 간장, 비장, 골수 등에 단백질과 결합한 ferritin형으로 저장되어 있다.

간장, 비장, 골수에서 적혈구가 파괴되는데 이 때 유리되는 철은 대부분 ferritin으로 저장된다[그림 12-2]. Ferritin으로 저장 가능한 한계를 초월하여 철이 체내에 존재하는 경우는 간에 축적되어 hemosiderosis라고 하는 고철혈증을 일으킨다.

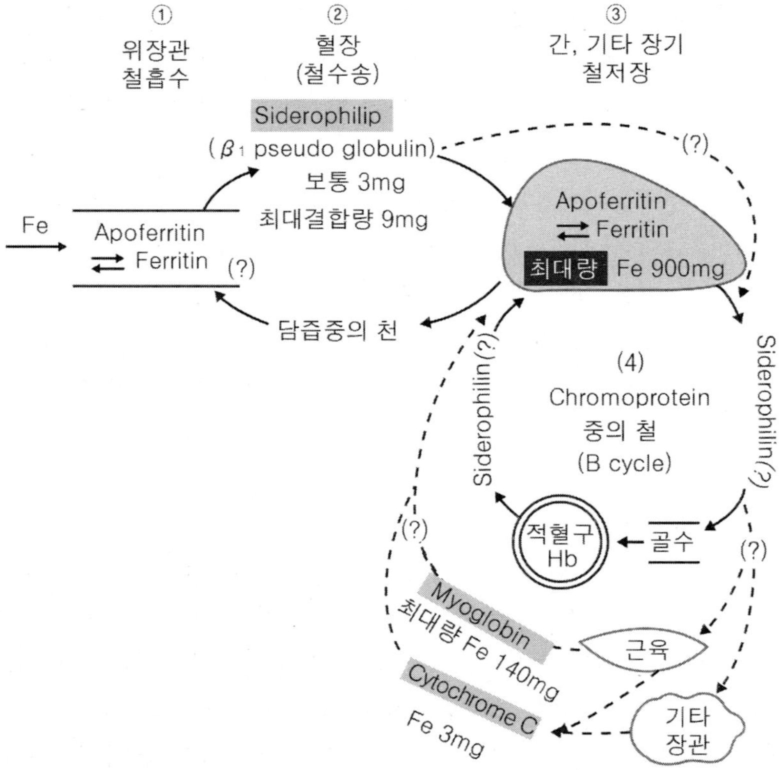

그림 12-2 성인의 철분대사

③ 기능

인체 내에 있는 철은 2 가지로 분류할 수 있다. 첫 번째의 철은 헤모글로빈, 미오글로빈, 치토크롬 등과 같이 헴을 구성하는 기능 철로 효소의 운반, 에너지 대사, 산화환원반응, 해독작용 등의 기능을 수행한다. 두 번째의 철은 페리틴(ferritin)이나 헤모시데린(hemosiderin)같은 저장 철이다.

④ 결핍증

Fe결핍뿐만 아니라 Cu 및 Co결핍에서도 Hb감소성의 소혈구성 빈혈을 나타낸다. Fe 및 Cu결핍의 경우에는 catalase, peroxidase, cytochrome계 효소의 활성도 저하되는 것이 많다.

(2) 망간(manganese, Mn)

① 생체성분

망간은 보통 식사에서 4mg/day을 얻을 수 있다. 생체에서 pyruvate carboxylase와 superoxidodismutase 등은 Mn을 함유한다.

② 기능

당, 지질대사 및 골 형성에 관여한다.

③ 결핍증

동물실험에 의하면 망간의 결핍은 암컷에서 발정 및 수유를 불가능하게 하고, 수컷에서는 생식세포를 위축시킨다.

④ 과다증

반대로 망간이 체내에 많으면 중독을 일으킨다. 망간에 중독 되면 대뇌피질인 회백질에 변화가 생겨서 Parkin's질병과 유사한 증상을 나타낸다.

(3) 구리(copper, Cu)

① 흡수

하루에 약 2~5mg 섭취되지만 흡수율은 30% 정도이고, 1일 필요량은 0.6~2mg 정도이다. 혈장 중의 동은 간에 저장된 ceruloplasmin으로부터 밝혀졌다.

② 기능

구리 함유 효소계인 Hb합성(헴 합성)에 관여한다. 그리고 멜라닌 합성, 결합조직의 형성, 라디칼의 처리, Dopamine대사 등에도 관여한다.

③ 결핍증

선천성 구리 흡수장해, 빈혈, 모와 피부의 탈색, 중추신경의 이상, 골의 탈회, Elastin형성부전, 면역기능 저하, 혈색소 합성장애, cytochrome oxidase 등의 활성을 저하시키는 것으로 나타난다.

④ 과다증

구리가 간과 뇌수에 축적되면 Wilson병(hepatolenticular degeneration)이 생긴다. 이 질병은 동 대사의 이상뿐만 아니라 장관에서 과잉으로 흡수된 구리가 간과 뇌에 축적되고, 그 부분의 세포가 변성되어서 간 경변과 함께 Parkinson증후군이라고 하는 신경증상을 나타내는 질병이다.

(4) 요오드(iodine, I)

① 요오드의 흡수

해조류를 통해 섭취된 요오드는 이온의 형태로 소장에서 흡수된다. 요오드는 요, 담즙, 땀 등으로 배설되는 외에 타액, 젖 그리고 폐를 통해서도 배출된다.

② 요오드의 기능

장에서 흡수되어 혈장으로 들어온 요오드 이온은 신속히 갑상선에 흡수되어 thyroglobulin으로 갑상선에 저장되고, 이것이 분해되어 thyroxine(T_2-T_4)을 생성한다.

③ 결핍증 및 과다증

성인의 1일 소요량은 약 25㎍이며, 소아는 약 50㎍이다. 해산물 중에 다량으로 함유되어 있기 때문에 해조류를 많이 섭취하는 사람에서는 결핍증이 없지만 해조류가 귀한 내륙지방에서는 음식물 중의 요오드가 적기 때문에 요오드 결핍이 발생할 수 있다.

요오드의 섭취가 부족하면 단순갑상선종(simple goiter)이 생기고, 심하면 점액수종(myxedema)이 생긴다.

내륙지방에서는 요오드 결핍으로 인한 지방병성 갑상선종양과 크레틴병이 자주 발생된다. 그러나 갑상선 종은 요오드의 과잉 섭취에 의해서 생긴다.

(5) 아연(zinc, Zn)

① 분포

췌장에는 아연이 많지만 그것의 대사회전은 빠르고 대부분은 췌장액 속으로 분비된다.

또한 carboxypeptidase, alcohol dehydrogenase, lactic dehydrogenase, dipeptidase, alkaline phosphatase, RNA(DNA)polymerase, aldolase, superoxide dismutase(SOD) 등의 기능에도 아연이 필요하다.

② 기능

탄산탈수화효소(carbonic anhydrase)의 구성성분으로 단백질 합성에 관여하고, 미각과 성의 기능을 유지하는데 작용하며, 창상치유와 당 대사에도 관여한다.

아연은 insulin의 작용을 강화한다. 당뇨병 환자의 췌장에는 아연 함량이 정상인의 것보다 2배정도 낮다.

③ 결핍증

아연이 결핍되면 성장이 억제되고, 비만세포에서 histamine과 heparin의 함량이 3-4배 낮아지며, 성장이 억제된다. 그리고 식욕부진, 미각장해, 남성 성기능부전, 면역기능저하 등의 결핍증상도 생긴다.

(6) 셀레늄(seleniun, Se)

① 분포

셀레늄은 glutathione peroxidase, 정자에 함유된 selenoprotein, 그리고 selenocysteine의 구성성분으로 간장, 심장, 신장 등에 많이 존재한다.

② 흡수

섭취된 셀레늄은 약 90%가 흡수되고, 폐에 의한 배출량은 Se의 과다소비로 증가된다.

③ 기능

셀레늄은 수소수용체로 작용함으로써 H_2O_2를 파괴하는 glutathione peroxidase의 구성성분이다. 비타민 E의 작용이 꼭 같은 것은 아니지만 두 물질은 비슷한 작용을 하므로 서로 절약효과를 나타낸다. 세포막의 산화적 손상에 대해 보호 작용을 가지므로 항산화작용을 가진 비타민 E의 작용과 비슷하다. 즉 여러 효소의 구성성분으로 과산화물의 처리, 갑상선호르몬 대사, 항 종양작용, 중금속 해독작용 등에 관계한다.

④ 결핍증 및 과다증

결핍증상에는 심근장해, 하지통, 보행곤란, 탈력감, 관상동맥질환 및 암 발생률의 상승 등이 있다고 한다. 셀레늄 중독이 발생할만한 직종에 종사하는 사람은 전자, 유리 및 도료공업에 종사하는 사람들이고, 이 중독의 초기 증상은 dimethyl selenide의 배출로 호흡 시 마늘냄새가 나는 것이다.

(7) 몰리브덴(molybdenum, Mo)

① 분포 및 흡수

소장에서 쉽게 흡수되는 몰리브덴은 간장, 신장 등의 metalloflavoprotein 효소인 xanthine oxidase, aldehyde oxidase, 아황산 oxidase 등에 많이 함유되어 있고, 소변 및 담즙으로 배설된다.

② 기능

음식물에는 몰리브덴과 구리가 적당한 비율로 함유될 필요가 있고, 과다하면 구리의 결핍증상을 초래한다고 한다. 몰리브덴은 purine체 대사에 관여한다.

③ 결핍증

몰리브덴이 결핍되면 고 methionine혈증과 저 뇨산혈증, 혼수성 정신장애를 일으킨다.

(8) 크롬(chromium, Cr)

① 흡수 및 배설

크롬은 아연과 공통경로에 의하여 소장으로부터 흡수된다. 크롬은 주로 요로 배설되며, 포도당을 투여하면 혈청 크롬 농도가 증가되고, 노인과 임부인 경우를 제외하고 요 중으로 크롬의 배설이 증가된다.

② 크롬의 기능

크롬의 인슐린 강화력 때문에 식이에 크롬을 첨가하는 것은 정상적인 탄수화물 대사에 위험을 초래할 수 있다.

심한 당뇨병을 가진 중년과 노년기의 사람들은 크롬의 투여로 포도당 내성이 개선되는 것으로 나타났다. 또 포도당 내성이 부족하여 단백질 영양실조에 걸린 어린이들도 크롬치료로 포도당 내성을 개선할 수 있다.

③ 결핍증 및 과다증

성인의 1일 필요량은 0.005~0.2mg이다. 크롬이 결핍되면 내당능 장애, 공복시 인슐린 증가 등의 증상이 나타난다.

(9) 코발트(cobalt, Co)

① 기능

비타민 B_{12}의 구성 성분이다. 비타민 B_{12}에는 Co가 함유되어 있다. 많은 코발트 결합화합물과 알코올을 섭취하면 심기능부전을 촉진한다고 한다.

② 결핍증 및 과다증

코발트가 결핍된 동물의 장내 세균은 비타민 B_{12}를 합성할 수 없다. 그러므로 숙주인 동물은 비타민 B_{12}를 얻을 수가 없어서 악성 빈혈증을 일으킨다. 동물에 코발트를 투여하면 적혈구가 과다하게 생성되어서 적혈구 과다증을 초래한다.

(10) 불소(fluorine, F)

① 분포

불소는 미량이지만 불화칼륨(CaF)의 형태로 골 및 치아와 몇몇 효소계(특히 enolase 등)에 함유되어 있다.

② 기능

불소는 치아를 건강하게 유지하고, 치아의 발달에 좋은 영향을 주지만 과다하면 enamel질이 손상된다.

③ 결핍증 및 과다증

불소가 부족하면 충치가 생기고 과다하면 반상치가 형성되므로 치아건강에 중요하다. 불소는 많은 효소를 억제하기 때문에 많이 섭취하면 당질과 지질대사에 장애가 생긴다.

chapter 13

호르몬

제13장 호르몬

1. 호르몬의 분류

호르몬의 분류기준은 많다. 호르몬의 분비 장소와 내분비선에 의하여 국소호르몬과 내분비선 합성 호르몬이 있고, 신경조직의 매개체호르몬, 시상하부조절인자, 뇌하수체호르몬, 말초내분비선호르몬 그리고 호르몬 정보에 의해 생산되는 2차 전달물질(cAMP) 등이 있으며, 화학구조에 의하면 peptide 호르몬(tyroxine), 아미노산 호르몬(epinephrine), 단백질 호르몬(insulin), steroid 호르몬(cortisol) 등이 있다. 그리고 작용기전에 의하여 분류하면 세포막의 수용체에 작용하는 peptide 호르몬과 세포질의 수용체에 작용하는 steroid호르몬이 있다.

2. 호르몬의 작용기전

모든 호르몬은 일정한 조직과 세포에 대하여 친화성을 가지므로 표적조직과 세포가 있다. 매개 호르몬이 특정 조직이나 세포에만 친화성을 가지는 것은 수용체가 있기 때문인데 이 수용체의 특성은 첫째, 특정 호르몬에 대한 친화성과 특이성이 높다. 두 번째, 호르몬 관의 결합능력에 제한성이 있어서 한 세포는 약 500~30,000개 정도의 호르몬과 결합할 수용체가 있고, 수용체는 일정한 장기에 특이적으로 분포한다. 셋째, 일반적으로 peptide 호르몬의 수용체는 세포막에 있고, steroid 호르몬의 수용체는 세포질에 있다. 그러므로 peptide 호르몬은 세포막의 정보를 세포질 속으로 전달하는 물질인 cAMP와 cGMP 그리고 Ca^{2+} 등의 제2전달물질에 의하여 작용이 나타나므로 steroid 호르몬과 다르다.

1) c-AMP의 작용기전

cAMP는 원핵세포에서 일정한 유전자부위를 활성화하나 진핵세포에서는 주로 제2차 전달물질의 기능을 수행한다. 세포막에 있는 adenylate cyclase 단백질은 막 바깥쪽에서는 수용체기능을 담당하고, 막 안쪽에서는 adenylate cyclase의 활성을 촉매해서 ATP를 cAMP로 전환시킨다.

cAMP는 세포질에서 nucleotide posphodiesterase에 의하여 5'-AMP로 분해되어서 활성을 잃는다. 그러므로 세포질의 cAMP 농도는 adenylate cyclase와 phosphodiesterase의 활성에 의하여 조절되고, cAMP는 cAMP의존성 protein kinase의 활성을 높인다. 그리고 활성화된 protein kinase는 염색체의 단백질을 인산화 하여 염색체 일정부위의 구조를 변화시켜서 그 부위의 전사기능을 높이고, RNA 합성을 촉진한다.

2) c-GMP의 작용기전

일부세포에서는 cGMP가 제2 전달물질의 기능을 수행하고, cGMP는 guanylate cyclase에 의하여 ATP로부터 만들어진다. 이 효소는 원형질 속에 있으므로 세포 밖의 정보 전달을 직접 받을 수 없으므로 제2차 전달물질은 아니다.

Guanylate cyclase는 Ca^{2+}에 의해 활성화되어서 ATP로부터 cGMP를 형성한다. cGMP는 cAMP와 길항작용하고, phosphodiesterase를 활성화시켜서 cAMP의 량을 줄인다. cGMP는 주로 동화작용을 그리고 cAMP는 이화작용을 촉진한다.

3) Ca^{2+}에 의한 작용기전

세포막에는 2개의 Ca^{2+}통로가 있으며, 세포 외액에서 들어오는 것은 확산에 의하지만 Ca^{2+}을 세포 밖으로 내보기 위해서는 Ca^{2+} pump를 사용하여야 한다. 그런데 Ca^{2+} pump는 여러 호르몬의 조절을 받는다. 예를 들면 serotonin은 Ca^{2+}의 유입을 촉진함과 동시에 mitochondria의 Ca^{2+}유리를 자극한다. 동원된 Ca^{2+}은 cAMP의 합성을 억제한다.

그래서 cAMP, cGMP, Ca^{2+}은 서로 동적 평형상태에 있다. 결국 Ca^{2+}은 guanylate cyclase를 활성화시켜 cGMP의 농도를 높이고, cAMP의 분해를 억제한다. 그리고 cAMP는 Ca^{2+}이 소포체에 침착되는 것을 촉진해서 Ca^{2+}의 농도를 낮춘다.

4) Steroid 호르몬의 작용기전

Steroid 호르몬은 친지성이므로 세포 속으로 쉽게 들어가서 수용체와 결합하여 호르몬-수용체 복합체를 만든다. 이 복합체는 온도 또는 이온력의 작용에 의하여 입체구조변화를 일으킴으로써 핵 속으로 들어갈 수 있게 된다.

핵 속으로 들어온 steroid 호르몬은 염색체의 일정한 부위를 활성화시켜서 그 부위의 mRNA와 단백질 및 효소합성이 촉진되어서 세포의 기능변화를 유발한다.

3. 호르몬의 기능

1) 갑상선 호르몬(Thyroxine)

갑상선은 기관의 양쪽에 하나씩 2개의 엽과 이를 연결하는 부위가 있어서 전체 선의 모양은 H자형으로 되어 있다.

갑상선호르몬은 thyroglobulin으로 갑상선에 존재한다. 이 단백질은 분자량이 65만이고, 0.5~1.0%의 요오드와 1분자 당 120개 정도의 단당류를 함유한다. 호르몬의 작용을 나타내는 것은 이 단백질에 함유되어 있는 thyronine에 요오드가 붙은 것이다. 대표적인 것은 thyroxine이지만 미량으로 함유된 3, 5, 3-triiodothyronine은 thyroxine의 5~10배의 작용을 가진다[그림 13-1].

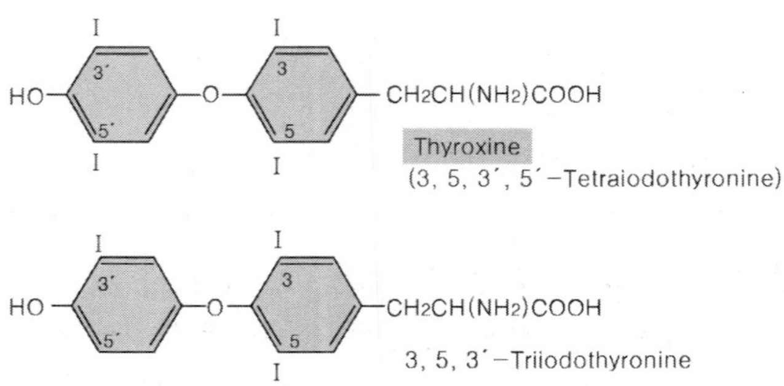

그림 13-1 thyroxine 구조

장에서 흡수된 요오드 이온은 신속하게 갑상선에서 섭취된다. 2시간에 약 60~70%가 갑상선에 모인다. 전 신체 중의 요오드 량은 약 50㎎이고, 이 중의 대부분이 갑상선에 존재한다. 요오드 이온은 산화되어서 요오드로 되고, iodinase의 작용에 의하여 tyrosine 및 monoiodothyronine 등에 부가되며 갑상선호르몬이 생성되는 과정은 [그림 13-2]와 같다.

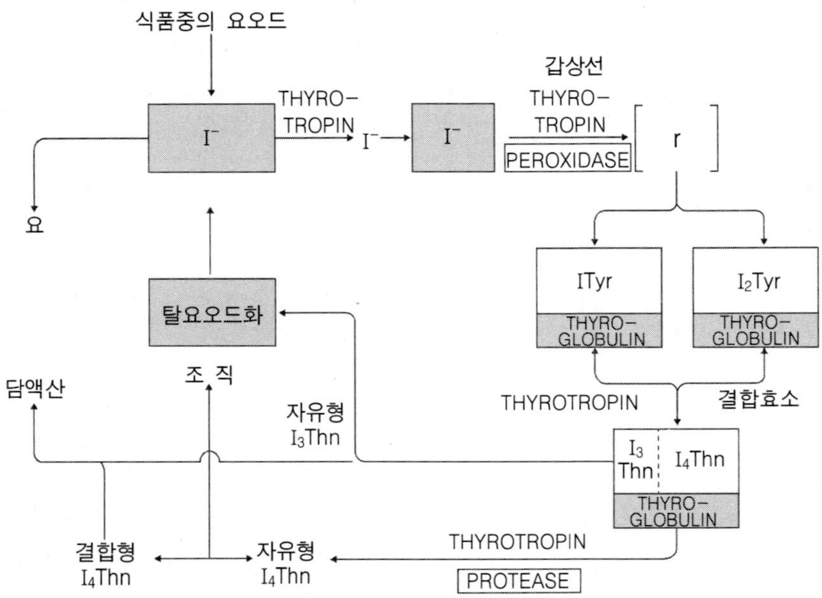

ITyr = Monoiodotyrosine ; I_2Tyr = Diiodotyrosine;
I_3Thn ; Triiodothyronine ; I_4Thn= Thyroxine

그림 13-2 갑상선 호르몬과 요오드 대사

갑상선을 적출한 경우에 또는 갑상선 기능부전의 경우에 성인에서는 점액수종이 생기고, 소아에서는 cretinism으로 되지만 thyroxine을 투여하면 회복된다. 갑상선은 사춘기 또는 임신, 분만 시, 폐경기에 비대해진다. 내륙지방에서는 요오드 섭취가 부족하여 갑상선이 대상적으로 비대해지는 지방병성 갑상선종(endemic goiter)이 생긴다. 이것은 미량의 요오드 화합물의 투여로 치유되고 예방될 수 있다.

Basedow병(Grave's disease)은 갑상선의 기능항진을 수반하는 갑상선종이다.

Calcitonin은 peptide 호르몬으로 뼈에 작용하여 calcium의 유출을 억제하므로 혈장의 Ca량 및 인산량을 감소시킨다. 이 호르몬을 장기간 투여하면 골화석증을 일으킨다.

2) 부갑상선 호르몬(Parathormone)

부갑상선은 4개의 작은 분비선으로 갑상선과 매우 밀접하게 관련되어 있다. 부갑상선을 적출하면 혈장의 칼슘은 감소되고, 인산은 증가하며, 골은 구루병처럼 변화를 일으킨다. 그리고 조골세포의 수가 경감한다. Ca감소결과 tetany 증상이 생기고, 치료하지 않으면 후두와 호흡근의 경련으로 인한 질식 때문에 사망한다.

부갑상선 호르몬을 과잉으로 주사하면 혈장 칼슘은 증가하고, 인산은 감소하며, 요중으로 Ca배설이 증대하여 신장에서 석회침전을 일으킨다. 양측성의 신장결석은 주로 부갑상선기능항진의 경우에 나타난다.

부갑상선호르몬은 신장에서 비타민 D의 활성화, 즉 25-hydroxycholecalciferol의 1,25-dihydroxycholecalciferol로의 변환을 촉진하므로 소장과 신장에서 Ca흡수와 재흡수를 증대시킨다. 부갑상선호르몬의 분비는 혈장의 Ca농도에 의하여 음성되먹임 조절된다.

3) 부신수질 호르몬(epinephrine, adrenalin)

부신은 외배엽에서 유래하는 수질과 발생학적으로 생식선에 가까운 중배엽에서 유래하는 피질로 구성되어 있으며 수질과 피질의 기능은 전혀 다르다. 부신수질은 교감신경의 흥분에 의하여 epinephrine(adrenalin)과 norepinephrine (noradrenalin)을 분비한다 [그림 13-3]. 부신수질호르몬인 epinephrine의 분비는 추위, 피로, 쇼크 등의 stress에 의해 항진된다.

Epinephrine은 골격근의 혈관을 확장시키고 피부, 점막과 내장의 소동맥을 수축시키나 norepinephrine은 모든 혈관을 수축시킨다. epinephrine은 심장에 대하여 자극적으로 작용하여 맥박 수와 강도 그리고 박출 량을 증가시키나 norepinephrine은 심장에 대하여 비효과적이다. epinephrine과 norepinephrine은 모두 혈압을 상승시키나 norepinephrine은 모든 혈관을 수축시키기 때문에 shock로 인한 저혈압 시 중요한 역할을 한다. Epinephrine은 위장과 기관지, 방광 등의 평활근을 이완시키지만 기타의 평활근에 대해서는 역으로 작용한다. 그리고 뇌하수체의 ACTH 생산을 증대한다고 한다. epiniphrine은 항상 분비되는 것이 아니고 교감신경의 흥분에 의하여 분비된다. epinephrine은 간에서 glucagon과 같은 기작으로 phosphorylase의 생성을 증대한다. 그 결과로 간의 glycogen 분해가 촉진되고, 고혈압을 일으킨다.

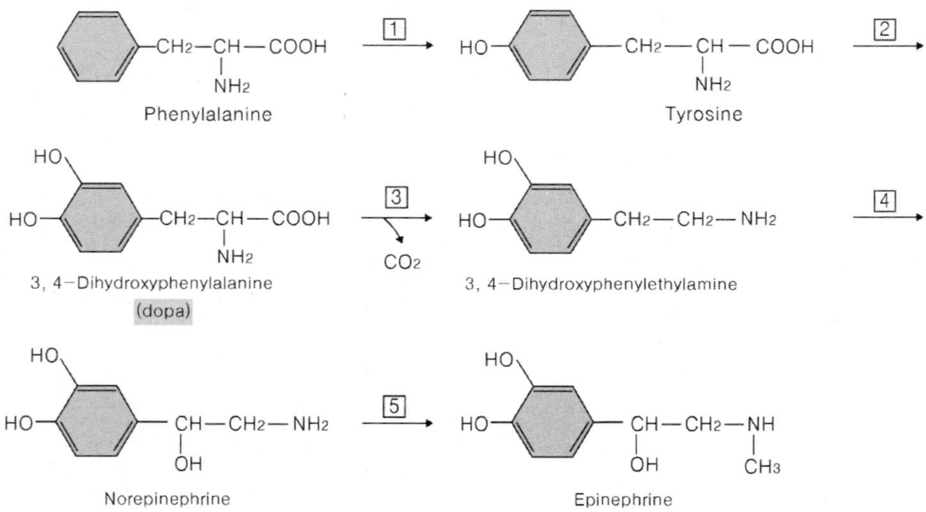

그림 13-3 부신수질 호르몬의 생성과정

1 간
2 tyrosine hydroxylase
3 aromatic-L-amino acid decarboxylase
4 3,4-dihydroxyphenylethylamine hydroxylase
5 phenylethanolamine-N-meyhyl transferase

4) 부신피질 호르몬(Adrenal corticosteroids)

(1) 종류와 생성과정

부신피질은 다량의 lipid 및 ascorbic acid를 함유하고 있는 상피성세포로 만들어져 있다. 부신피질호르몬의 종류는 [표13-1]과 같다.

뇌하수체 전엽 호르몬인 ACTH는 부신피질의 cholesterol로부터 부신피질호르몬의 생성을 촉진하지만 ascorbic acid를 감소시킨다.

표 13-1 부신피질 호르몬

명칭		약칭	측쇄탄소의 위치		
			11위	17위	19위
Deoxycorticosterone(DOC)			CH_2	CH	CH_3
Corticosterone		B	CHOH	CH	CH_3
Dehydrocorticosterone		A	C=O	CH	CH_3
11-Deoxy-17 α-hydroxycorticosterone	11-Deoxycortisol		CH_2	COH	CH_3
17 α-Hydroxycorticosterone	Hydrocortisone, cortisol	F	CHOH	COH	CH_3
11-Dehydro-17 α-hydroxycorticosterone	Cortisone	E	C=O	COH	CH_3
Aldosteron			CHOH	CH	CH_3

초산이 cholesterol, progesterone를 경유하여 부신피질호르몬으로 생합성 되는데, progesterone에서 steroid 호르몬이 만들어지는 경로는 progesterone → deoxycortisol → cortisol과 progesterone → deoxycorticosterone → corticosterone → aldosterone 등이 있다[그림 13-4].

ACTH에 의한 부신피질호르몬의 생성증대 기구는 ACTH에 의하여 부신에서 cAMP의 생성이 증대되기 때문이다. 그 결과 phosphorylase가 활성화되고, glycogen 분해가 촉진되어 G-6-P의 생성이 증가하며, G-6-P dehydrogenase에 의하여 부신피질호르몬 생성에 필요한 $NADHP_2$가 생성되기 때문이다.

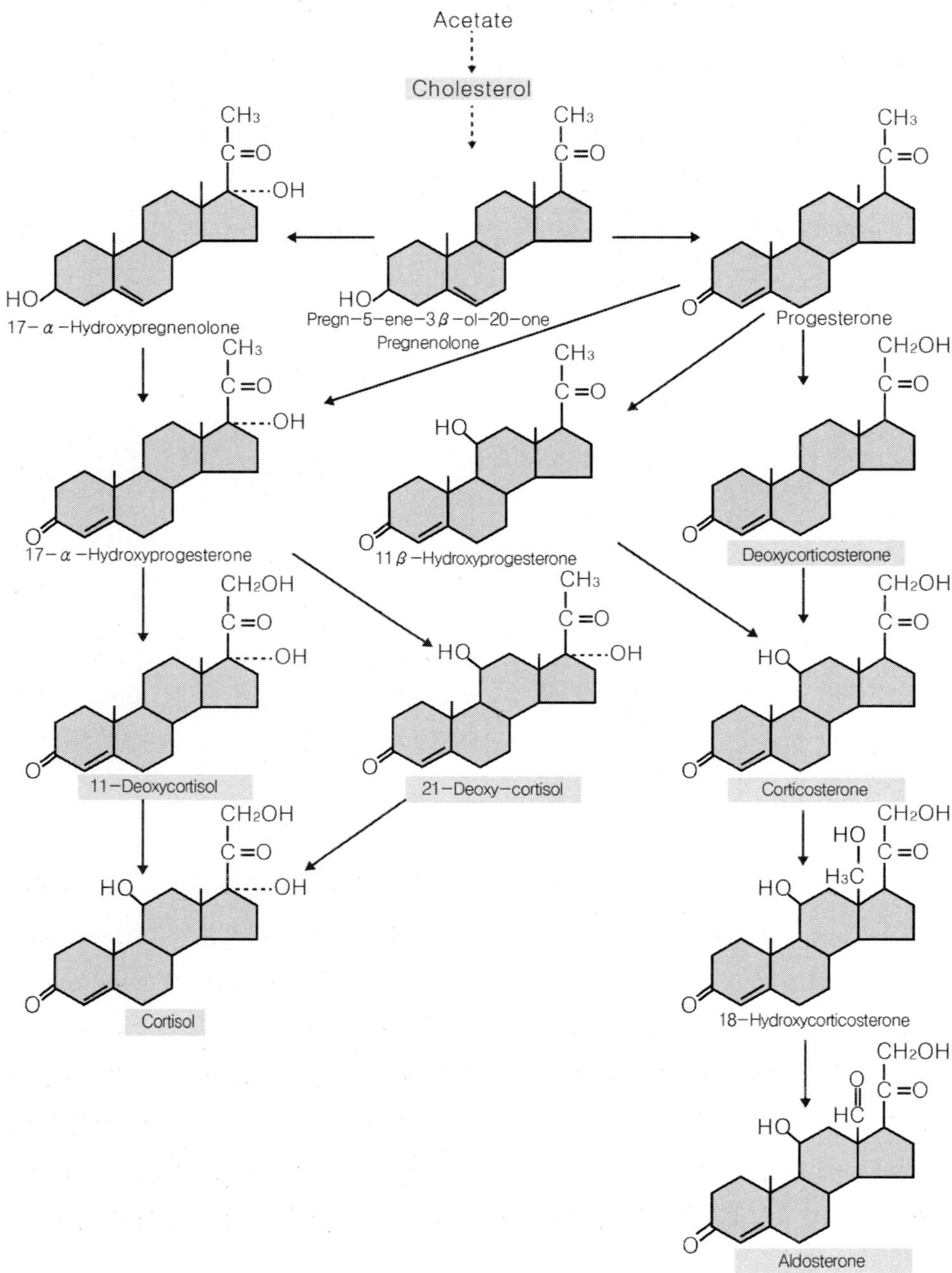

그림 13-4 부신피질호르몬의 생성과정

(2) 수분과 염류의 대사에 미치는 작용

부신피질호르몬은 정도의 차는 있지만 신장의 세뇨관에서 Na^+와 Cl^-의 재흡수와 K^+의 배설을 촉진한다. 이 작용이 강한 것을 mineralocorticoid라 하고, deoxycorticosterone, aldosterone 등이 이것에 속한다. 이 호르몬은 NaCl을 체내에 보유할 뿐만 아니라 세포외액의 Na^+과 세포내액의 K^+을 교환하므로 세뇨관에서 K^+의 배설을 촉진한다. 동시에 결합조직에서 Na^+이 동원되고, 심한 때에는 세포외액이 20%정도 증가된다.

(3) 당질 및 단백질 대사에 미치는 작용

가장 많이 작용하는 호르몬을 glucocorticoid라 한다. 이 호르몬은 혈당을 상승시킨다. 간에서 포도당의 이탈을 촉진하고, 조직에서 단백질보다 아미노산의 생성을 촉진하며, 간에서 아미노산으로부터 당신합성을 왕성하게 한다. 그리고 지방의 생성을 억제하고, 당의 소비를 억제 한다. 그 결과 혈당이 높게 되고, 더구나 간의 glucogen량도 증대된다.

이 호르몬은 NADH의 산화를 억제한다. 그 때문에 pyruvic acid에서 탈탄산되어 acetyl-CoA를 생성하는 반응이 억제되고, pyruvic acid가 다시 당의 합성에 이용된다고 한다. 또 근육조직에서는 단백질 합성이 억제되고, 단백질의 분해가 촉진되지만 간에서는 단백질 합성이 촉진된다.

세뇨관에서 요산염의 재흡수를 감소시키고, 흉선·림프선을 퇴화수축시키며, 호산성세포를 감소시킨다. 위 및 장에서는 소화효소의 분비가 증대된다. 이것에 속하는 호르몬은 외계의 stress에 대항하는 항염증작용이 있다.

(4) 성호르몬의 작용

부신피질은 steroid성 호르몬을 분비하는데 남성 호르몬의 하나로 부신의 기능항진에 의하여 조발성성숙증과 여성의 남성화를 일으킨다. 이 호르몬에는 체내에 질소, 인, K^+, Na^+, 및 Cl^- 등을 저축시키는 작용이 있으므로 단백질 동화호르몬이라고도 한다. 기타 progesterone, estrone 등도 부신피질에서 만들어진다.

부신을 제거하면 Na^+의 무제한 배설과 K^+의 정체가 일어나고, 그 결과 염분의 상실, 탈수증, 혈장용적의 감소, 혈압의 저하, 더구나 허탈을 일으켜서 사망하다. 또 간에서 아미노산으로부터 당의 생합성이 불가능하고, 간 glycogen의 양이 감소하며, 혈장의 저하를 초래하여 무력증이 된다. 이런 증상들은 부신 추출물의 투여로 소실되고, 생명을 지속시킬 수 있다. 또 부신을 제거한 동물에 식염을 투여하면 생명을 연장할 수 있다. 부신질환으로 그 기능이 감퇴하면 Addison 병을 일으킨다.

부신피질호르몬이 과잉인 경우에는 Na^+이 정체하며, K^+이 배설된다. 그리고 고혈당을 초래하고, 림프구의 감소, 혈장 γ -globulin의 증가, 호산성 백혈구의 감소를 초래한다. 이와 같은 상태가 오래 지속되면 Cushing 증후군이 나타난다.

5) 성호르몬(sex hormones)

생식선은 발생학적으로 부신피질과 관계가 깊기 때문에 고환과 난소는 정자와 난자를 생성하는 이외에도 steroid 호르몬을 생성한다. 이 호르몬들은 제2차 성징과 생식주기를 지배하며 아울러 강력한 단백질합성 효과를 나타낸다.

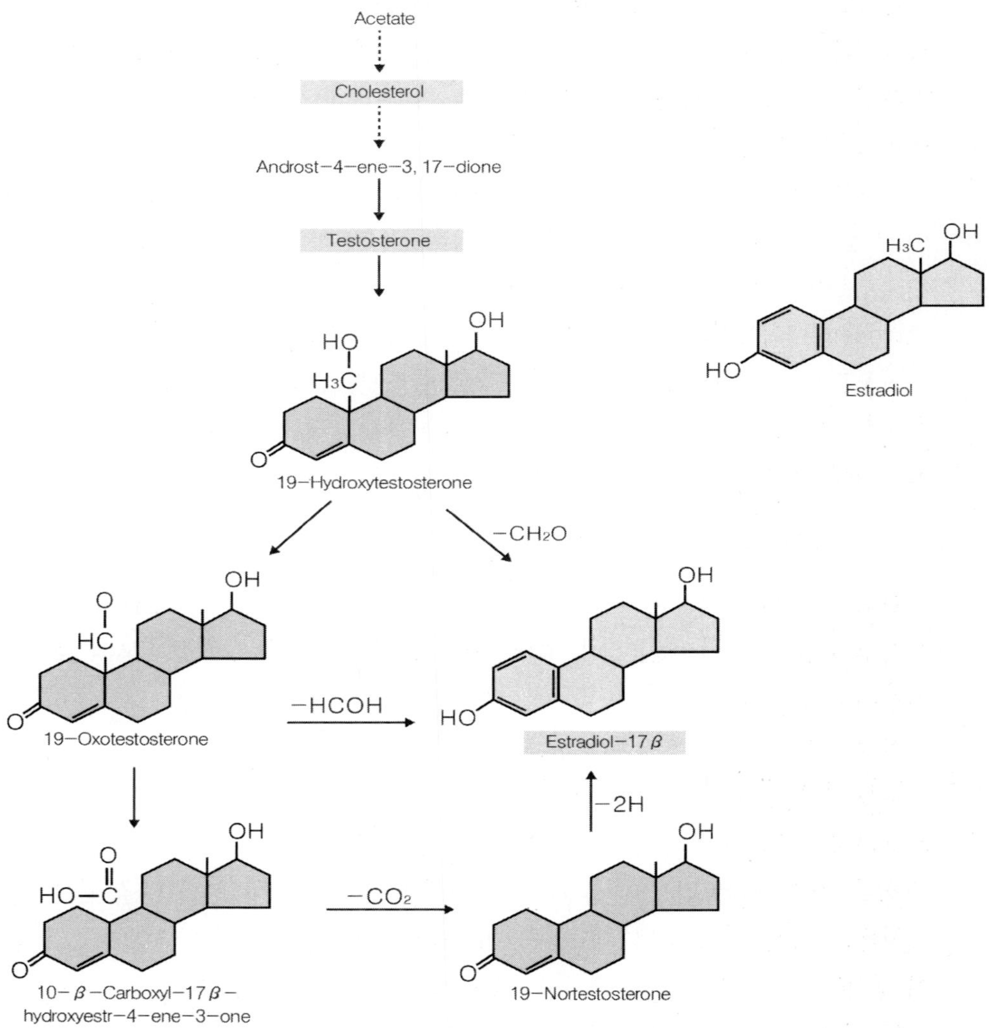

그림 13-5 Estrogen의 생성과정

(1) 여성호르몬(estrogen, progesterone)

난소에서 분비되는 여성호르몬은 두 종류로 대별된다. 그 하나는 Graafian follicle에서 분비되는 estrogen이고, 다른 하나는 파열된 난포가 난소 내에서 형성하는 황체에서 유래하는 progesterone이다.

① 난포호르몬(follicle hormone, estrogen)

이 호르몬은 난포의 여포내판에서 분비되며, 임신시에는 태반의 융모상피에서 생산된다. 난소에서 이 호르몬의 생산은 뇌하수체 전엽의 여포자극호르몬에 의해 지배된다. Estrogen은 난소나 태반에서, 그리고 미량이지만 고환이나 부신피질에서도 생성되는데 그 전구물질은 남성호르몬이다[그림 13-5].

난포호르몬은 주로 여성성기나 유선에 작용하는 일종의 성장호르몬이다. 자궁에 직접 작용하여 자궁내막의 증식과 비후를 촉진하며 유선을 발육시킨다. 거세된 암컷에 이 호르몬을 주사하면 발정하므로 발정호르몬이라고도 한다. estrogen은 여성성기의 발달 및 여성의 2차 성징을 나타낸다.

난포호르몬은 사람에서 전 월경주기를 통해 항상 분비되는데 특히 난포의 발육성장 정도에 따라 그 양이 증가한다. 즉 배란기에 가장 많고 그 후 감량되어 월경개시 경에 가장 적다.

② 황체호르몬(luteinizing hormone)

황체에서 분비되는 호르몬으로 progesterone이라 한다. 이 호르몬의 분비는 뇌하수체 전엽의 최유호르몬(LTH)에 의해 지배되고 있다. 이 호르몬은 태반이나 부신에서도 생산된다.

황체호르몬은 난포호르몬에 의해 증식, 비후된 자궁내막에 작용하여 자궁선의 분비를 촉진하고, 수정란이 착상하기 쉽도록 한다. 임신하지 않았을 경우 황체는 퇴행하여 황체호르몬의 분비가 정지된다. 임신 시에 황체는 임신황체로 되고, 황체호르몬의 분비는 점점 더 증가하며, 임신의 지속 및 유선의 발달을 돕는다. 임신황체는 임신 3개월경에 최고성숙기에 달하며 그 후로는 차차 퇴행하는데 곧이어 태반이 완성되고, 태반에서 progesterone이 분비된다. 황체의 지속은 성숙 또는 배란을 억제하는 작용이 있다[그림 13-6].

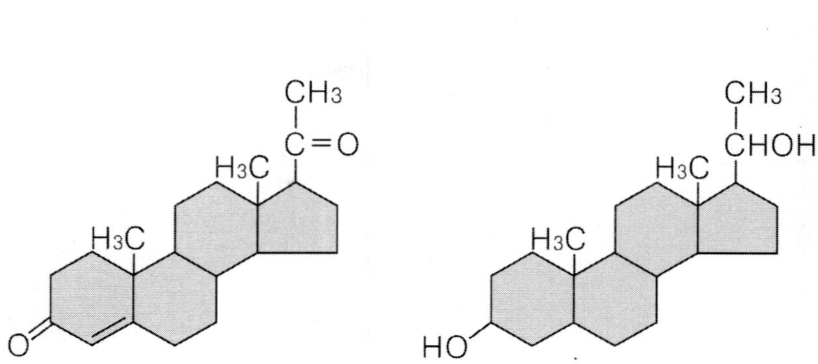

그림 13-6 황체호르몬

(2) 남성호르몬

① androgen, testosterone

Androgen은 고환의 간질세포에서 분비되고, 초산이나 cholesterol에서 생성된다.

Androgen은 남성성기의 발달을 촉진하며, 남성의 2차 성징을 나타낸다. Androgen을 투여하면 정낭에서 fructose의 생성이 촉진되고 또 이와 동시에 aldose reductase나 ketose의 활성도 상승된다. 전립선의 단백질 합성이 촉진되고, 구연산 및 지방산의 생성이 촉진되며, 질소의 체내저류가 촉진된다[그림 13-7].

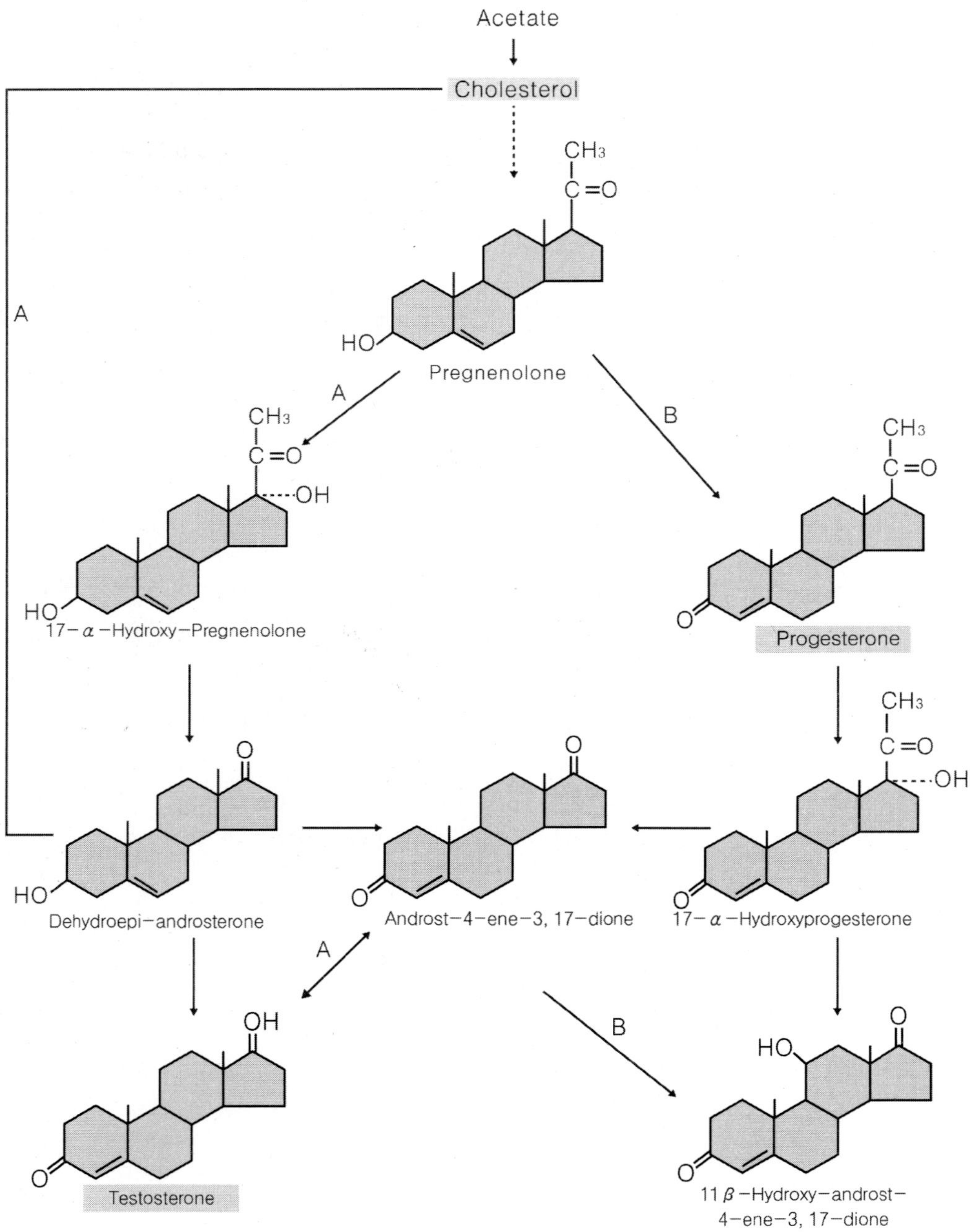

그림 13-7 Androgen의 생성과정

A: 고환, 난소, 부신피질, 태반에서

B: 부신피질에서

② prostaglandins

정액 중에서 최초로 발견된 후 폐, 흉선, 신장, 췌장 등에서도 검출되었다. Prostaglandins은 매우 강력하고도 다양한 작용을 하는 호르몬성 물질이다. 탄소수 20개의 특이한 구조를 갖고 있는 지방산의 일종으로 prostanoic acid를 모체로 하는 일군의 불포화 지방산이다. Prostaglndins은 전립선과 관련이 있다는 의미로 명명되었으나 현재에는 정낭선에서 생성되는 것으로 밝혀졌다[그림 13-8].

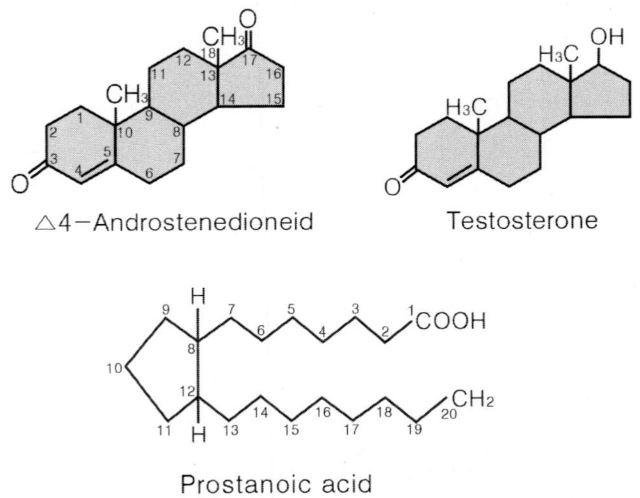

그림 13-8 남성 호르몬과 prostaglandin

6) 태반호르몬

수정란이 착상하는 즉시 태반은 융모성 성선자극 호르몬(chorionic gonadotropin)을 분비한다. 이 호르몬은 임신부의 요 중에서 검출되므로 임신여부를 조기 진단하는데 도움이 되며 출산 시까지 계속 분비된다.

황체형성호르몬(luteinizing hormone)과 유사한 작용을 하나, 화학적으로 뇌하수체전엽호르몬과 다르다. 이 호르몬은 뇌하수체전엽호르몬과 협동적으로 작용하며 여포자극호르몬(FSH)의 생산을 촉진한다. 태반에서는 estrogen, progesterone, testosterone도 생산된다고 한다.

7) 췌장 분비 호르몬

췌장에서 2가지 호르몬이 분비된다. Langerhans섬의 α-세포에서는 glucagon이 분비되고, β-세포에서는 insulin이 분비된다.

(1) insulin

Insulin은 탄수화물의 대사, glycogen의 저장, 지방산합성, amino acid 흡수 그리고 단백질 합성 등을 증가시킴으로써 대사에서 중대한 역할을 한다.

Insulin은 분자내의 S-S 결합이 환원되어 -SH 형으로 되면 작용이 없어지고, carboxyl기를 ester화하여도, 더구나 tyrosine의 phenol핵을 요오드화 하여도 작용이 없어진다[그림 13-9].

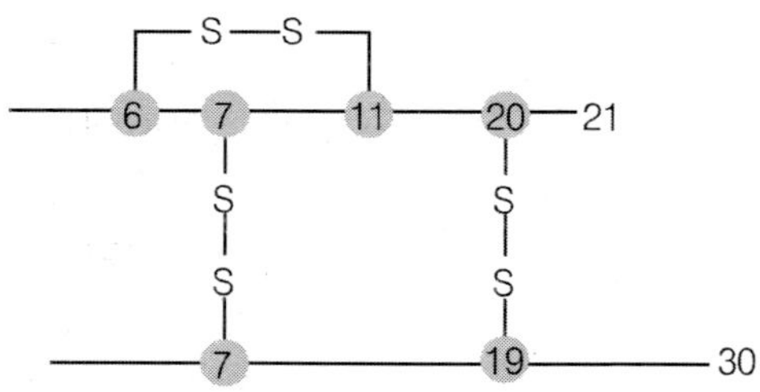

그림 13-9 소의 insulin구조

A사슬, B사슬, 그리고 C-peptide로 구성되었고, C-peptide가 절단되어서 떨어져야만 insulin이 활성화 된다고 한다. 모든 동물의 insulin 분자는 S-S 교량으로 연결된 2개의 사슬로 되어 있다. 3번째 S-S 결합은 A사슬 내에 존재한다. 알칼리나 또는 환원제로 S-S결합을 파괴하면 insulin의 활성은 상실된다.

Insulin의 가장 큰 역할은 생체 내에서 포도당의 이용과 소비를 촉진하여 혈당을 저하시키는 저혈당작용이다. Insulin을 주사하면 근육에서는 glycogen의 합성이 촉진되고, 간장에서는 포도당으로부터 지방으로 전이반응이 촉진된다.

또한 말초조직에서 산화가 항진되어 pyruvate 및 젖산의 생성을 촉진한다. 이

외에도 간장을 제외한 여러 조직에서 아미노산으로부터 단백질합성 및 지방산 합성을 촉진한다(in vitro).

한편 insulin은 세포막을 통해 DNA에 작용하여 포도당의 이용과 소비에 관여하는 효소합성에 영향을 주는 mRNA를 증가시키며, 그 결과 혈당을 저하시키는 작용을 한다. pyruvate kinase는 insulin의 투여에 의해 증가한다. Insulin분비는 정상상태에서는 혈당의 상승에 따라 촉진되며 혈당의 하강에 의해 억제된다. Insulin이 상대적으로 부족하면 당뇨병이 된다. 당뇨병에서는 포도당의 분해 및 산화가 장애를 받게 되어 결과적으로 지방만이 에너지원으로 이용되기 때문에 ketone체 생성이 증대된다.

(2) Glucagon

Glucagon은 간 glucose의 재빠른 동원과 정도는 덜하지만 지방조직으로부터 지방산 동원에 관련되는 주요한 hormone이다. Langerhans섬 α-세포에서 주로 분비되는 polypeptide로 아미노산의 배열순서도 결정되었다[그림 13-10].

Glucagon은 소화관 및 포유류의 뇌 조직에서도 발견되는데, 신경전달물질로 작용하는 것으로 추측된다.

His — Ser — Gly — Thr — Phe— Thr — Ser —Asp—Tyr —Ser —Lys —Tyr —Leu

— Asp— Ser— Arg— Arg— Ala— Gln— Asp—Phe— Val —Gln — Try —Leu — Met—

— Asn— Thr

그림 13-10 glucagon의 구조

Glucagon은 간에서 adenylate cyclase에 작용하여 cyclic AMP합성을 증가시켜서 간 phosphorylase 작용을 활성화한다. 그 결과 간의 glycogen분해가 촉진되어 혈당치가 높아진다. 또한 glucagon은 간에서 지방산합성을 저하시키고, ketone체의 생성을 증가시키며, 단백질 분해도 촉진한다. 흰쥐에 glucagon을 매일 투여하면 요 중으로 질소, 인, creatinine의 배설이 증가하고, 체중은 감소되는데 이것은 간 및 근육의 중량이 감소되기 때문이다[그림 13-11].

결과적으로 glucagon은 insulin과 정반대 작용을 하는 것으로 생각된다.

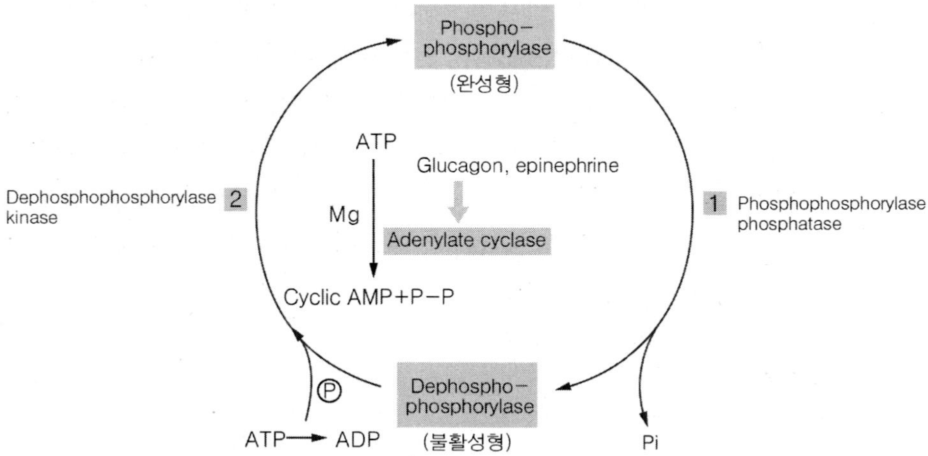

그림 13-11 Glucagon, epinephrine의 작용기전

8) 뇌하수체 호르몬(Pituitary gland, hypophysis hormone)

(1) 뇌하수체 전엽호르몬(Anterior pitutiary gland hormone)

① 성장호르몬(growth hormone)

성장호르몬은 동물에 따라 그 화학구조가 조금씩 다르다. 사람의 성장호르몬은 190개의 아미노산으로 된 단일사슬의 polypeptide로 분자량은 약 21,500이고 N-말단과 C-말단에 phenylalanine을 가지며 53번과 165번 그리고 182번과 189번 아미노산 사이에 -S-S-결합을 가진다[그림 13-12].

GH은 핵에 작용하여 RNA 합성을 증가시켜 효소합성을 증가시키고, 세포막에 작용하여 아미노산 이동을 증가시키는데 이 점은 insulin과 비슷하며 단백질 합성을 자극하기 때문에 양의 질소평형을 유지시킨다. GH은 지방조직에서 지방의 분해를 증가시키므로 혈장에 유리지방산이 증가되고, 간에서 지방산 산화가 증가된다. 그리고 GH는 근육에서 insulin과는 반대로 해당 작용을 억제하는데 이 작용이 GH의 직접 작용인지, 아니면 유리지방산 증가로 인한 해당 작용 억제 때문인지 확실치 않다. 또한 GH은 간 glycogen을 증가시키는데 이는 아미노산에서 포도당신생(gluconeogenesis)을 증가시키기 때문인 것 같다.

성장기에 이 호르몬의 분비가 정지 혹은 결핍되면 난쟁이가 된다. 반대로 성장기 중에 호산성 세포에 발생된 종양으로 인하여 성장호르몬의 분비가 많아지면 거인이 되는데 이를 거인증이라고 하며 이는 골격, 근육, 신체내부기관 및 피부 등 신체의 모든 부분이 비정상적으로 커진다.

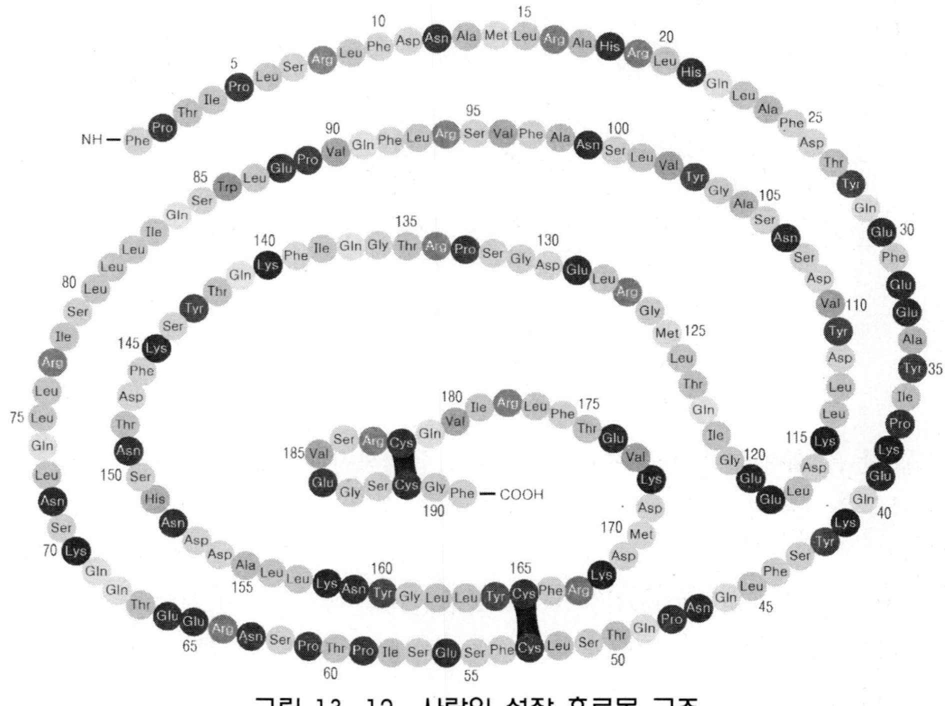

그림 13-12 사람의 성장 호르몬 구조

② 최유호르몬(prolactin), 황체자극호르몬(luteotropic hormone, LTH)

소·양 등의 뇌하수체 전엽의 호산성 세포에서 정제되고 분자량 23,500이며, 당을 함유하지 않은 198개의 아미노산으로 된 단일사슬의 polypeptide로 N-말단에는 threonine이 있고 C-말단에는 cystine의 -S-S-결합이 있다.[그림 13-13]

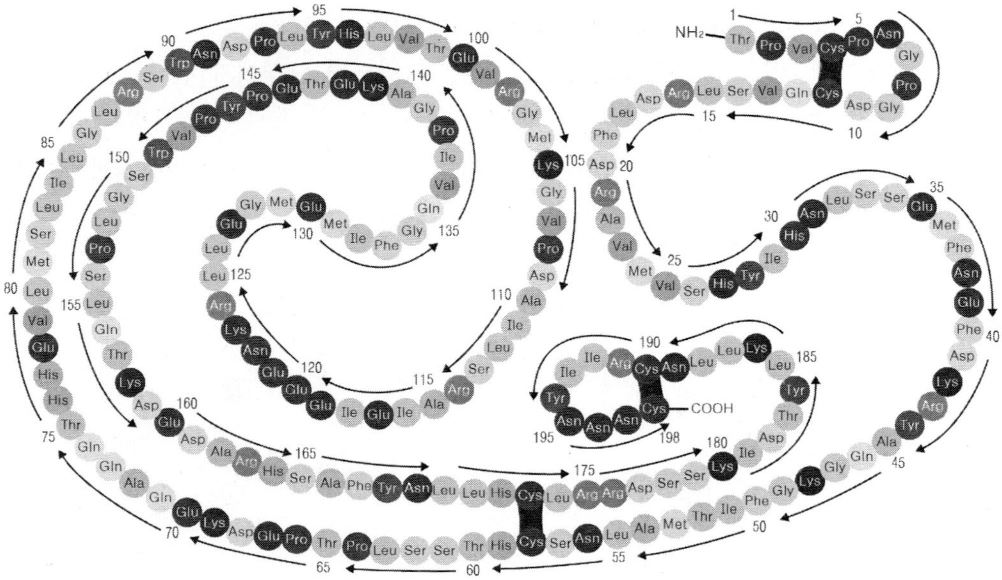

그림 13-13 양의 prolactin 구조

호르몬은 황체호르몬의 분비를 개시하고 유지하며, 난포호르몬에 의하여 발달된 유선에 작용하여 유즙의 분비를 일으킨다. 임신 중에는 태반에서 estrogen이 나와서, 이 호르몬의 분비를 억제하지만, 출산과 동시에 그 저해작용이 없어지기 때문에 유즙 분비가 개시된다. 그러므로 출산직후 유선을 자극하여 젖의 분비를 촉진하고, 임신 중에는 유방의 발달에 기여하며, 황체를 자극하여 progesterone을 분비하면서 수정란의 착상 및 임신유지에 관여한다. 또한 성선자극호르몬의 분비를 억제하기도 한다. 남성의 경우 고환에 작용하여 정자의 생산을 돕는다.

③ 갑상선 자극 호르몬(thyroid stimulating hormone, TSH)

이 호르몬은 갑상선에 작용하여 갑상선 상피세포의 증식비대와 갑상선 호르몬의 생성 및 분비를 증가시킨다. 그리고 혈장에서 갑상선으로 요오드 섭취를 촉진한다. 갑상선 자극 호르몬을 투여하면 갑상선이 비대 되어 무게가 증가되고 조직

내의 혈관분포가 풍부해진다. 상피세포가 커져서 분열상을 나타내고, 세포수가 많아지면서 갑상선 호르몬인 thyroxine과 triiodothyroxine의 분비를 촉진시킨다. 그리고 혈장중의 PBI(proteinbound iodine)가 증가되고, 직접 눈에 작용하여 안구돌출증을 일으킨다.

갑상선 자극 호르몬의 분비는 시상하부핵에 의하여 조절되고 있으며 시상하부에 갑상선 자극 호르몬 방출인자 thyrotropin releasing factor(TRF)란 신경분비 물질이 생겨 뇌하수체 전엽에 이르러 작용하고 있는 것으로 생각된다. 뇌하수체를 제거하면 갑상선은 위축되고, thyroxine을 투여하면 TSH의 분비가 억제된다.

④ 부신피질자극호르몬(adrenocorticotropic hormone, ACTH)

부신피질자극호르몬은 뇌하수체 전엽의 호염기성 세포에서 분비되는 39개의 아미노산으로 된 단일 polypeptide 사슬로 분자량은 약 4,500이고 당은 함유되지 않았으며, N-말단에는 serine, C-말단에는 phenylalanine이 있다[그림 13-14].

부신피질자극호르몬은 부신피질의 정상적인 성장과 발달을 촉진하고, 부신피질에 있는 선세포를 자극하여 부신피질 호르몬의 합성 및 분비를 촉진하며, 특히 당질코르티코이드의 분비를 촉진시킨다. 이 호르몬의 분비가 감퇴되면 피질호르몬 생산이 억압되고 부신피질 자체도 위축되며 여성의 경우 음모, 액모의 손실이 수반되고, 특히 증상으로 허약한 체질, 무력, 탈수, 저혈압, 구토, 저온, 피부탈색, 성욕감퇴 등이 나타나기도 한다.

ACTH에는 MSH(melanocytestimulating hormone)와 같은 작용도 있다. Epinephrine은 ACTH의 분비를 촉진하고, 피질호르몬은 ACTH의 분비를 억제한다. ACTH는 지방조직에서 lipase의 활성과 지방산의 이탈을 촉진한다.

Ser —	Tyr —	Ser —	Met —	Glu —	His —	Phe —	Arg —	Tyr —	Gly —	Lys —	Pro —	Val
1	2	3	4	5	6	7	8	9	10	11	12	13
— Gly —	Lys —	Lys —	Arg —	Arg —	Pro —	Val —	Lys —	Val —	Tyr —	Pro —	Asp —	Ala —
14	15	16	17	18	19	20	21	22	23	24	25	26
— Gly —	Glu —	Asp —	Gln —	Ser —	Ala —	Glu —	Ala —	Phe —	Pro —	Leu —	Glu —	Phe
27	28	29	30	31	32	33	34	35	36	37	38	39

그림 13-14 사람의 ACTH 구조

⑤ 여포자극 호르몬(follicle stimulating hormone, FSH)

당 단백질이지만 동물의 종류에 따라 당의 함량에 차이가 있다. 사람에서는 난포의 발달을 촉진하고 남성에서는 정자의 형성을 촉진한다. 난소 내 원시 그라피안 여포(primary Graafian follicle)의 성장을 촉진하여 배란시까지의 성숙을 지속시키고, 여포에서 여성 호르몬인 에스트로겐의 분비를 촉진시킨다. 또한 남성의 경우 정소를 자극하여 정자의 성숙을 촉진하기도 한다.

미성숙 된 동물에 여포자극 호르몬을 투여하면 난소의 무게를 증가시키고, 여포의 발육을 촉진시키며 estrogen의 분비를 돕게 된다. 황체형성호르몬(LH)과 함께 투여하면 estrogen의 분비는 물론이고 자궁의 정상 발육과 발정현상을 나타낸다. 남성의 경우는 정소의 간질세포 Leydig's cell를 자극하여 정자의 성숙, 정세관의 발달을 촉진시킨다.

⑥ 황체형성호르몬(luteinizing hormone, LH)

황체형성호르몬은 황체의 형성을 촉진하여 여포자극 호르몬과 함께 여포의 완전성숙과 배란에 관여하고, 배란 후에 황체형성을 촉진한다. 그 결과로 황체호르몬인 progesterone의 분비가 증가한다.

남성에서 정소의 간질세포 증식과 남성호르몬 androgen(testosterone)의 분비를 촉진한다. 그런 의미에서 간질세포자극호르몬이라고도 한다. 이 호르몬의 분비는 시상하부의 황체형성호르몬방출인자(luteinizing hormone releasing factor)에 의하여 조정되고 있다.

(2) 뇌하수체 중엽 호르몬(melanocyte stimulating hormone, MSH)

멜라닌세포자극호르몬(MSH)는 22개의 아미노산으로 된 peptide이다. 피부의 멜라닌색소 침착을 일으키는 호르몬으로 혈 중 농도가 높아지면 피부의 색소침착은 물론 뇌하수체의 기능이 저하되고 피부가 창백해진다.

(3) 뇌하수체후엽호르몬(posterior lobe hormone)

뇌하수체후엽에서 분비되는 호르몬에는 항이뇨호르몬(antidiuretic hormone, ADH)인 vasopressin과 분만촉진호르몬인 oxytocin 두 종류가 있다. 모두 9개의 아미노산이 환상으로 결합한 것으로 분자량은 약 1,000이다[그림 13-15].

① 항이뇨호르몬(antidiuretic hormone, ADH)

항이뇨호르몬은 일명 vasopressin 이라고도 하는데 간뇌 시상하부의 시상핵에서 생산되며, 생리학적 활성은 세뇨관의 재흡수 촉진으로 인한 항이뇨작용, ACTH의 분비촉진, 혈당상승, 관상동맥 및 말초혈관 수축으로 인한 혈압상승작용, 장관수축작용 등이 있다. 항이뇨호르몬은 신장의 원위세뇨관과 집합관의 세포에서 요 중의 수분에 대한 투과성을 항진시키고 세뇨관 속에 있는 요 중의 수분을 모세혈관 내 혈액으로 재흡수하는 항이뇨작용을 나타낸다. 또한 ADH의 분비가 감소되면 신장에서 수분 재흡수가 저하되어 요 량이 현저히 증가된다. 이 현상을 요붕증(diabetes insipidus) 이라고 하며 심할 경우 1일 소변배설 량이 20~30ℓ 까지 증가한다.

S — S (①–⑥)

	①	2	3	4	5	⑥	7	8	9
Oxytocin	Cys —	Tyr —	Ileu —	Glu NH_2 —	ASP NH_2 —	Cys —	Pro —	Leu —	Gly NH_2
Vasopressin	Cys —	Tyr —	Phe —	Glu NH_2 —	ASP NH_2 —	Cys —	Pro —	Arg —	Gly NH_2
Vasotocin	Cys —	Tyr —	Ileu —	Glu NH_2 —	ASP NH_2 —	Cys —	Pro —	Arg —	Gly NH_2

그림 13-15 뇌하수체후엽 호르몬의 구조

1번과 6번의 cysteine분자가 -S-S 결합하여 환상구조를 가지고 있다.

② 분만촉진호르몬(oxytocin)

이 호르몬은 자궁 근을 수축시켜 분만을 촉진하기 때문에 진통이 약한 임산부에게 분만 직전에 투여하여 분만을 도와준다. 특히 자궁근은 임신말기에 가까워질수록 oxytocin에 대한 감수성이 증가된다. 또한 oxytocin은 유방에 있는 유선벽의 근 상피세포를 수축시킴으로써 젖의 분비를 촉진시킨다. 어린아이가 엄마의 젖꼭지를 빨면, 이로부터 구심성 흥분이 시상하부에 있는 방실핵과 시상핵에 도달하여 뇌하수체 줄기를 따라 뇌하수체 후엽에 작용해서 oxytocin이 분비되므로 젖의 분비를 촉진시킨다.

찾아보기

Index

저 자

김송전 명지대학교 식품영양학과 명예교수

오성천 대원대학교 제약식품계열 교수
osc5000@mail.daewon.ac.kr

영양생화학

2014년 9월 1일 초판인쇄
2014년 9월 4일 초판발행

지은이 / 김송전 · 오성천
펴낸이 / 이상태
펴낸곳 / 청구문화사
주 소 / (120-831) 서울특별시 서대문구 성산로 11길 15
전 화 / 02) 332-0541(代) **전 송** / 02) 337-9577
등 록 / 1990년 11월 2일 제9-247호

정가 23,000 원

ISBN 978-89-5616-625-4 93510